GAODENG ZHIYE JIAOYU GONGCHENG ZAOJIA ZHUANYE XILIE JIAOCAI

高等职业教育

工程造价专业系列教材

U0216042

JIANSHE GONGCHENG
ZAOJIA GUANLI

建设工程 造价管理 (第三版)

主　编　廖天平　　何永萍

副主编　奉丽玲

参　编　叶　皓

主　审　武育秦

重庆大学出版社

内 容 提 要

　　本书是高等职业教育工程造价专业系列教材之一,主要介绍了建筑工程造价管理的概念、构成,建筑项目决策、设计、施工3个阶段工程造价的确定与控制,以及项目竣工决算的编制与竣工后费用的控制。对造价的构成、设计预算、施工图预算、工程的变更、索赔、工程量清单报价、建筑工程的结算等进行了详细的阐述。本教材内容系统全面,讲解深入浅出,实用性和可操作性较强。

　　本书可作为工程造价管理、建筑项目管理等专业的教学用书,也可作为从事建筑工程管理、工程预算等建筑从业人员的学习参考用书。

图书在版编目(CIP)数据

建设工程造价管理/廖天平,何永萍主编.—3版.—重庆:
重庆大学出版社,2012.4(2021.2重印)
高等职业教育工程造价专业系列教材
ISBN 978-7-5624-2595-3

Ⅰ.建…　Ⅱ.①廖…②何…　Ⅲ.①建筑造价管理—高等职
业教育—教材　Ⅳ.①TU723.3

中国版本图书馆 CIP 数据核字(2012)第 052872 号

高等职业教育工程造价专业系列教材
建设工程造价管理
(第三版)

主　编　廖天平　何永萍
副主编　奉丽玲
主　审　武育秦

责任编辑:刘颖果　林青山　　　版式设计:林青山
责任校对:任卓惠　　　　　　　责任印制:赵　晟

*

重庆大学出版社出版发行
出版人:饶帮华
社址:重庆市沙坪坝区大学城西路 21 号
邮编:401331
电话:(023) 88617190　88617185(中小学)
传真:(023) 88617186　88617166
网址:http://www.cqup.com.cn
邮箱:fxk@ cqup.com.cn(营销中心)
全国新华书店经销
重庆市正前方彩色印刷有限公司印刷

*

开本:787mm×1092mm　1/16　印张:14.25　字数:356 千
2012 年 4 月第 3 版　　2021 年 2 月第 24 次印刷
印数:64 071—66 070
ISBN 978-7-5624-2595-3　定价:36.00 元

本书如有印刷、装订等质量问题,本社负责调换
版权所有,请勿擅自翻印和用本书
制作各类出版物及配套用书,违者必究

编委会

顾　问　尹贻林　阎家惠

主　任　武育秦

副主任　刘　洁　崔新媛

委　员　（以姓氏笔画为序）

马　楠	王小娟	王　亮	王海春	付国栋
刘三会	刘　武	许　光	李中秋	李绪梅
张　川	吴心伦	杨甲奇	吴安来	张建设
张国梁	时　思	钟汉华	郭起剑	涂国志
崔新媛	盛文俊	蒋中元	彭　元	谢远光
韩景玮	廖天平			

特别鸣谢（排名不分先后）

天津理工大学经济管理学院
重庆市建设工程造价管理总站
重庆大学
重庆交通大学应用技术学院
重庆工程职业技术学院
平顶山工学院
江苏建筑职业技术学院
番禺职业技术学院
青海建筑职业技术学院
浙江万里学院
济南工程职业技术学院
湖北水利水电职业技术学院
洛阳大学
邢台职业技术学院
鲁东大学
成都大学
四川交通职业技术学院
湖南交通职业技术学院
青海交通职业技术学院
河北交通职业技术学院
江西交通职业技术学院
新疆交通职业技术学院
甘肃交通职业技术学院
山西交通职业技术学院
云南交通职业技术学院
重庆市建筑材料协会
重庆市交通大学管理学院
重庆市建设工程造价管理协会
重庆泰莱建设工程造价咨询有限公司
重庆江津市建设委员会

序

　　《高等职业教育工程造价专业系列教材》于 1992 年由重庆大学出版社正式出版发行,并分别于 2002 年和 2006 年对该系列教材进行修订和扩充,教材品种数也从 12 种增加至 36 种。该系列教材自问世以来,受到全国各有关院校师生及工程技术人员的欢迎,产生了一定的社会反响。编委会就广大读者对该系列教材出版的支持、认可与厚爱,在此表示衷心的感谢。

　　随着我国社会经济的蓬勃发展,建筑业管理体制改革的不断深化,工程技术和管理模式的更新与进步,以及我国工程造价计价模式和高等职业教育人才培养模式的变化等,这些变革必然对该专业系列教材的体系构成和教学内容提出更高的要求。另外,近年来我国对建筑行业的一些规范和标准进行了修订,如《建设工程工程量清单计价规范》(GB 50500—2008)等。为适应我国"高等职业教育工程造价专业"人才培养的需要,并以系列教材建设促进其专业发展,重庆大学出版社通过全面的信息跟踪和调查研究,在广泛征求有关院校师生和同行专家意见的基础上,决定重新改版、扩充以及修订《高等职业教育工程造价专业系列教材》。

　　本系列教材的编写是根据国家教育部制定颁发的《高职高专教育专业人才培养目标及规格》和《工程造价专业教育标准和培养方案》,以社会对工程造价专业人员的知识、能力及素质需求为目标,以国家注册造价工程师考试的内容为依据,以最新颁布的国家和行业规范、标准、法规为标准而编写的。本系列教材针对高等职业教育的特点,基础理论的讲授以应用为目的,以必需、够用为度,突出技术应用能力的培养,反映国内外工程造价专业发展的最新动态,体现我国当前工程造价管理体制改革的精神和主要内容,完全能够满足培养德、智、体全面发展的,掌握本专业基础理论、基本知识和基本技能,获得造价工程师初步训练,具有良好综合素质和独立工作能力,会编制一般土建、安装、装饰、工程造价,初步具有进行工程造价管理和过程控制能力的高等技术应用型人才。

由于现代教育技术在教学中的应用和教学模式的不断变革,教材作为学生学习功能的唯一性正在淡化,而学习资料的多元性也正在加强。因此,为适应高等职业教育"弹性教学"的需要,满足各院校根据建筑企业需求,灵活调整及设置专业培养方向。我们采用了专业"共用课程模块 + 专业课程模块"的教材体系设置,给各院校提供了发挥个性和设置专业方向的空间。

本系列教材的体系结构如下:

共用课程模块	建筑安装模块	道路桥梁模块
建设工程法规	建筑工程材料	道路工程概论
工程造价信息管理	建筑结构基础	道路工程材料
工程成本与控制	建设工程监理	公路工程经济
工程成本会计学	建筑工程技术经济	公路工程监理概论
工程测量	建设工程项目管理	公路工程施工组织设计
工程造价专业英语	建筑识图与房屋构造	道路工程制图与识图
	建筑识图与房屋构造习题集	道路工程制图与识图习题集
	建筑工程施工工艺	公路工程施工与计量
	电气工程识图与施工工艺	桥隧施工工艺与计量
	管道工程识图与施工工艺	公路工程造价编制与案例
	建筑工程造价	公路工程招投标与合同管理
	安装工程造价	公路工程造价管理
	安装工程造价编制指导	公路工程施工放样
	装饰工程造价	
	建设工程招投标与合同管理	
	建筑工程造价管理	
	建筑工程造价实训	

注:①本系列教材赠送电子教案。

②希望各院校和企业教师、专家参与本系列教材的建设,并请毛遂自荐担任后续教材的主编或参编,联系 E-mail:linqs@ cqup. com. cn。

本次系列教材的重新编写出版,对每门课程的内容都作了较大增加和删改,品种也增至 36 种,拓宽了该专业的适应面和培养方向,给各有关院校的专业设置提供了更多的空间。这说明,该系列教材是完全适应工程造价相关专业教学需要的一套好教材,并在此推荐给有关院校和广大读者。

编委会

2012 年 4 月

前言

　　《建设工程造价管理》是高等职业教育工程造价专业系列教材之一。本书立足于建设工程全过程的工程造价管理，结合目前我国工程造价管理体制改革的最新成果和最新的工程造价计价方法，以造价工程师应具备的知识、能力为主线，按照工程造价专业培养方案的基本要求，主要介绍了建设工程造价管理概论、建设工程造价构成、建设项目决策阶段工程造价的确定与控制、建设项目设计阶段工程造价的确定与控制、建设项目施工阶段工程造价的确定与控制、竣工决算的编制与竣工后费用的控制等方面的知识。重点阐述工程建设的决策阶段、设计阶段和施工阶段工程造价的确定与控制，概略地介绍了工程量清单计价规范的主要内容和计价方法，使学生初步树立工程造价管理全过程的观念。

　　本书根据我国工程造价管理发展状况，在第一版和第二版的基础上，按照加强案例教学和新版技术经济指标评价体系的要求进行了全面修订，具有以下特点：

　　①结构完整，无论是工程造价的构成，还是工程造价管理的全过程，都做了较系统的阐述；

　　②内容新颖，充分体现了目前我国工程造价管理体制改革的最新成果、工程量清单计价规范以及新版技术经济评价指标体系；

　　③语言通俗易懂。

　　本书可作为高等职业教育本、专科，高等工程专科教育，成人高等教育以及自学考试等的教学用书，也可作为工程造价管理人员、工程技术人员的学习用书。

本书共 6 章,由廖天平、何永萍主编,奉丽玲任副主编,叶皓参编。其中第 1,5 章由廖天平编写;第 4,6 章由何永萍编写;第 3 章由奉丽玲编写;第 2 章由廖天平、叶皓合编。

由于专业水平有限,修订时间仓促,书中难免存在错误和不足,敬请广大读者谅解,并提出批评意见,以便作者进一步完善。

编 者

2012 年 2 月

目录

1 建设工程造价管理概论

1.1 价格概述

· 1.1.1 价格与价格的形成 ·

价格是商品价值的货币表现。商品价值是商品价格的基础,因此商品价值构成是其价格形成的基础。

1)商品价值的构成

商品价值是凝结在商品中的人类无差别劳动,它是由社会必要劳动时间来计量的。商品生产中社会必要劳动时间消耗越多,商品的价值量就越大;反之,商品的价值量就越小。其构成关系如图1.1所示。

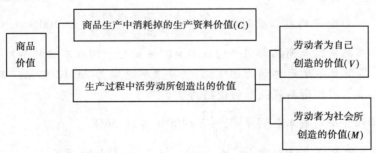

图1.1 商品价值的构成

2)价格形成中的成本

(1)成本的经济性质

成本是指商品在生产和流通过程中所消耗的各项费用的总和,它具有补偿价值的性质。生产领域的成本称为生产成本,流通领域的成本称为流通成本。

(2)成本在价格形成中的地位

成本在价值形成中的地位可从以下三个方面反映:

①成本是价格形成中最重要的因素。成本反映价值中的物化劳动(C)和补偿劳动力价值(V),在价值构成中占的比重很大,它是价值构成中最重要的因素。

②成本是价格最低的经济界限,是维持商品简单再生产的最起码条件。如果价格不能补

偿物化劳动和活劳动消耗,商品的简单再生产就会中断,更谈不上为保证社会经济的发展而需要进行的扩大再生产。因此,只有把成本作为价格的最低界限,才能满足企业补偿物质资料支出和劳动报酬支出的最起码要求。

③成本的变动在很大程度上影响价格。成本是价格形成最重要的因素,成本的变动必然会导致价格的变动。

（3）价格形成中的成本是正常成本

所谓正常成本,从理论上说是反映社会必要劳动时间消耗的成本,也即商品价值中 C 和 V 的货币表现。在经济生活中,正常成本是指新产品正式投产成本或新老产品在正常生产能力和效率条件下的成本;非正常成本一般是指新产品试制成本、小批量生产成本、其他非正常因素形成的成本等。在价格形成中一般不考虑非正常成本的影响。

3）价格形成中的盈利

价格形成中的盈利是价值构成中劳动者为社会所创造的价值（M）的货币表现。它由利润和税金两部分组成。价格形成中的盈利是社会扩大再生产的资金来源,对社会经济发展具有十分重要的意义。

价格形成中盈利的多少从理论上讲取决于劳动者为社会创造的价值量,但要准确计算相当困难。一般来说,在市场经济条件下,盈利是通过竞争形成的,但从宏观控制和微观管理的角度来看,在制订商品价格时要计算平均利润。在我国计算盈利有多种方法可供选择。

（1）按社会平均成本利润率计算盈利和价格

这就是按部门平均成本和社会平均盈利率计算盈利和价格。它反映商品价格中利润和成本间的数量关系。计算公式如下:

$$社会平均成本盈利率 = \frac{全社会产品年盈利总额}{全社会产品年成本总额} \times 100\%$$

$$商品价格 = 商品部门平均成本 \times (1 + 社会平均成本盈利率)$$

【例 1.1】 某企业年生产总额为 200 亿元,年盈利总额为 23.12 亿元。若该商品混凝土的成本为 300 元/m³,问该商品混凝土的价格为多少?

【解】 计算社会平均成本盈利率:$\frac{23.12}{200} \times 100\% = 11.56\%$

该商品混凝土的价格为:300 元/m³ × (1 + 11.56%) = 334.68 元/m³

成本盈利率较全面地反映了商品价值中活劳动和物化劳动的消耗,特别是成本在价格中比重很大的情况下,它可以使价格不至于严重背离价值,同时计算也比较简单。

我国现阶段的建设工程造价就是采用成本盈利率计算的。但是,由于计算盈利的基础是成本,生产中物质消耗和劳动力消耗越多,盈利就越多,这在理论上显然是不合理的,在实践中也不利于生产者节约物化劳动和活劳动的消耗,降低成本;也不利于物化劳动和活劳动消耗较低的产业部门的发展。

（2）按社会平均工资盈利率计算盈利和价格

这就是按部门平均成本和社会平均工资盈利率计算盈利和价格。它反映劳动报酬与盈利间的数量关系。其计算公式为:

$$社会平均工资盈利率 = \frac{全社会商品年盈利总额}{全社会商品年工资总额} \times 100\%$$

商品价格 = 商品部门平均成本 + 商品平均耗费工资数 × 社会平均工资盈利率

从活劳动创造价值的角度看,按工资盈利率计算盈利和价格,能比较近似地反映社会必要劳动量的消耗,因此也就能较准确地反映活劳动的成果,也能较准确地反映各部门的劳动比例和国民收入分配中为自己的劳动与为社会的劳动之间的关系,在计算盈利时也比较简便。但是,平均工资盈利率忽视了物质技术在生产中的作用,从而使资金密集和技术密集的部门盈利水平不高,处于不利地位,所以,它不利于技术进步。尤其是进入知识经济的时代,它就更加不适应发展潮流了。

（3）按社会平均资金盈利率计算盈利和价格

这就是按部门平均成本和社会平均资金盈利率计算盈利和价格,由此计算的商品价格也称为生产价格。它反映全部资金占用和全年总盈利额之间的数量关系。其计算公式为:

$$社会平均资金盈利率 = \frac{全社会商品年盈利总额}{全社会商品占用资金总额} \times 100\%$$

商品价格 = 商品部门平均成本 + 商品平均占用资金 × 社会平均资金盈利率

按资金盈利率计算盈利和价格,是社会化大生产发展到一定程度的必然要求,它承认物质技术装备和资金占用情况对提高劳动生产率的作用,符合马克思关于生产价格形成的理论,也适应市场经济发展的需要。但是它不利于劳动密集型部门和生产力水平较低的部门发展,同时在实践中也较难于计算。

（4）按综合盈利率计算盈利和价格

成本盈利率、工资盈利率和资金盈利率是各自以不同的角度计算商品价格中的盈利额,各有利弊。综合盈利率是一种取它们各自之利而避其害的盈利和价格计算方法。所谓综合盈利率,就是按社会平均工资盈利率和社会平均资金盈利率,分别以一定比例分配（设前者占30%,后者占70%）社会盈利总额,进而计算价格。计算公式为:

$$综合盈利率 = \frac{平均耗费工资数}{部门平均成本} \times 社会平均工资盈利率 \times 30\% +$$
$$\frac{平均占用资金}{部门平均成本} \times 社会平均资金盈利率 \times 70\%$$

商品价格 = 商品部门成本 + 部门平均成本 × 综合盈利率

综合盈利率较全面地反映了劳动者和生产资料的作用,但二者各占多大比例,则应视各部门和整个国民经济发展水平加以选择。从发展的眼光来看,以综合盈利率计算为主导应是一种趋势。同时,在市场经济条件下,盈利最终是由市场竞争决定的。

4）影响价格形成的其他因素

价格的形成除取决于它的价格基础外,还受到供求和币值等因素的影响。

（1）供求对价格的影响

商品供求状况对价格的影响是通过价格波动对生产的调节来实现的。如果某种商品供给大于需求,多余的商品就难以找到买主,商品就要低于其价值出售,价格被迫下降;相反,在供不应求的情况下,商品就会以高于其价值出售,价格就会提高。但是,商品价格下降,会调节生产者减少供应量,商品价格提高又会调节生产者增加供应量,从而使市场供需趋于平衡。这里需要明确的是,价格首先取决于其价值,价格作为市场最重要的信号以其波动来调节供需,然后供需又影响价格,价格又影响供求。两者相互影响,相互制约。从短期看,供求决定价格;但从长期来看,则是价格通过对生产的调节决定供求,使供求趋于平衡。

(2)币值对价格形成的影响

价格是以货币形式表现的价值。这就决定影响价格变动的因素有二:一是商品的价值量,二是货币的价值量。在商品的价值量不变的情况下,货币价值得以增加,价格就会下降,反之价格就会上升。

除供求和币值对价格形成产生影响外,土地的级差收益和汇率等也会在一定条件下对商品价格的形成产生影响,甚至一定时期的经济政策也会在一定程度上影响价格的形成。

·1.1.2　价格的职能和作用·

价格职能是指在商品经济条件下价格在国民经济中所具有的功能作用。实现价格职能对国民经济所产生的效果就是价格的作用。

1)价格的职能

商品价格的职能,就其生成机制来看,可分为基本职能和派生职能。

(1)价格的基本职能

价格的基本职能包括表价职能和调节职能。

①所谓表价职能,就是价格表现商品价值的职能。表价职能是价格本质的反映,它用货币形式把商品内含的社会价值表现出来,从而使交换行为得以顺利实现,也向市场主体提供和传递了信息。商品交换和市场经济越发达,价格的表价职能越能得到充分体现,也越能显示出其重要性。

②所谓调节职能,就是价格在商品交换中承担着经济调节者的职能。一方面它使生产者确切地而不是模糊地、具体地而不是抽象地了解自己商品个别价值和社会价值之间的差异,了解商品价值的实现程度,也即商品在市场上的供求状况。另一方面,价格的调节职能对消费者既能刺激需求,又能抑制需求。消费者在购买商品时追求使用价值的高效和多功能,同时也追求价格的低廉,并在商品的功能和价格比较中作出选择。在商品功能一定的条件下,价格则是消费者进行购买决策的主要依据。由此可见,价格具有对生产消费的双向调节性,而这种调节职能是通过调节收益分配实现的。价格调节收益分配,从而调节生产和消费的职能,促使资源的合理配置、经济结构的优化和社会再生产的顺利进行。

(2)价格的派生职能

商品价格的派生职能是从基本职能派生出来的,包括价格的核算职能和国民收入再分配职能。

①商品价格的核算职能是指通过价格对商品生产中企业乃至部门和整个国民经济的劳动投入进行核算、比较和分析的职能,它是以价格的表价职能为基础的。我们知道,具体的劳动和不同商品的使用价值是不可综合的,也是不可进行比较的。价格的核算职能不仅为企业计算成本和核算盈亏创造了可能,而且也为社会劳动在不同产业部门、不同产品间进行合理分配,提供了计算工具。

②所谓价格的分配职能是指它对国民收入再分配的职能,它是由价格的表价职能和调节职能派生出来的。国民收入再分配可以通过税收、保险、国家预算等手段实现,也可通过价格这一经济杠杆来实现。当价格实现调节职能时,它同时也已承担了国民经济收入企业和部门间的再分配职能。在供求关系影响下,把低于价值出售商品的企业或部门所创造的国民收入,

部分地分配给高于商品价值出售的部门或企业。在市场经济条件下,这一职能是在商品交换中随着供求关系的变化自发地产生,并在分配的方向和数量上不断地调整。国民收入的价值形态是 $V+M$,因此价格的分配职能也只能在其表价职能的基础上产生。

2)价格的作用

价格的作用是指价格职能的外化,它主要表现在以下几方面:

(1)价格是实现交换的纽带

价格是伴随商品交换和货币的产生而产生的。价格的表价职能使得不同商品的价值可以进行量的比较,使商品交换得以顺利实现。价格的这一作用随着商品经济的发展而不断的得到强化。

(2)价格是衡量商品和货币比值的手段

在"商品—货币—商品"的关系中,货币起着中间环节的作用。在"商品—货币""货币—商品"这一交换过程中,价格是衡量商品和货币交换比例的手段,它随着货币价值和商品价值的变动而变动,它与货币价值成反比,而与商品价值成正比。价格的这一作用既使货币的价值尺度、流通手段和支付手段等职能得以实现,也使商品的价值得到了表现。商品与货币比值的确定,为商品与货币的交换创造了现实的可能。

(3)价格是市场信息的感应器和传导器

价格能够最灵敏地反映市场供求状况和动向。现代市场的任何信息,包括社会、经济、心理乃至政治因素的变动,都会在价格上反映出来。所以说价格是市场的晴雨表和最灵敏的感应器。价格在作为市场信息感应器发生作用的同时,自身又形成了新的价格信息。新的价格信息通过商品交易活动或者某些媒体,传导给各个有着切身利益关系的市场主体,这些市场主体将会接受这些价格信息作为自己经济行为的决策依据。

(4)价格是调节经济利益和市场供需的经济手段

价格反映商品的价值,反映凝结在商品中的社会必要劳动时间被承认的程度,价格水平的任何变动都会引起经济利益的重新分配。当价格与其价值相符时,就是等价交换,消耗在商品的社会必要劳动时间就被社会承认和接受了;如果价格低于价值,则该商品所消耗的社会必要劳动时间就未能全部被社会承认;如果商品价格高于其价值,则出售该商品的个人或企业就通过价格无偿占有一部分他人创造的价值。价格对经济利益的调节就迫使和刺激企业去适应价格调节,并追踪价格信息的变动,研究价格变动趋势。在此基础上决定如何调整自己的生产经营活动,调整商品的供给和需求的数量。这种调整,最终有利于优化资源配置,有利于推动技术进步和提高劳动生产率。

·1.1.3　价格的构成·

1)价格构成与价值构成的关系

价格构成是指构成商品价格的组成部分及其状况。商品价格一般由 4 个因素构成,即生产成本、流通费用、利润和税金。但是由于商品价格所处的流通环节和纳税环节不同,其构成因素也不完全相同。比如,工业品出厂价格是由生产成本、税金和利润构成;工业品批发价格是由出厂价格、批发环节流通费用、税金和利润构成;工业品零售价格是由批发价格、零售环节流通费用、税金和利润构成。

价格构成以价值构成为基础,是价值构成的货币表现。价格构成中的成本和流通费用,是价值中 $C+V$ 的货币表现;价格构成中的税金和利润,是价值中 M 的货币表现。

2)生产成本

(1)价格构成中成本的内容

主要包括以下几个部分:

①原材料和燃料费;

②折旧费;

③工资及工资附加;

④其他,如利息支出、电信、交通差旅费等。

(2)企业财务成本

它比价格构成中成本内容广泛,包括:

①原材料、辅助材料、备品配件、外购半成品、燃料、动力、包装物、低值易耗品的原价和运输、装卸、整理费;

②固定资产折旧费、计提的更新改造资金、租赁费和维修费;

③科学研究、技术开发和新产品试制、购置样品样机和一般测试仪器的费用;

④职工工资、福利费和原材料节约、改进技术奖;

⑤工会经费和职工教育经费;

⑥产品包修、包换、包退费用,废品修复或报废损失,停工工资、福利费、设备维护费和管理费,削价损失和坏账损失;

⑦财产和运输保险费,契约、合同公证费和鉴证费,咨询费,专有技术使用费及应列入成本的排污费;

⑧流动资金贷款利息;

⑨商品运输费、包装费、广告费和销售机构管理费;

⑩办公费、差旅费、会议费、劳动保护用品费、取暖费、消防费、检验费、仓库经费、商标注册费、展览费等管理费;

⑪其他费用。

不同产业部门企业成本的开支范围,因其生产特点和产品形态不同而存在一定差异。

财务成本和价格构成中的成本性质不同,前者反映的是企业在商品生产中的实际开支,是后者的计算基础。

(3)影响成本变动的因素

影响成本变动的因素很多,主要有以下方面:

①技术发展水平;

②各类物质资源利用状况;

③原材料等物质资料的价格水平;

④劳动生产率水平;

⑤工资水平;

⑥产品质量;

⑦管理水平。

（4）成本变动对价格的影响

①成本变动趋势。从社会经济发展的趋势看,科学技术的发展促使生产效率的大幅提高,从而降低商品生产中社会必要劳动的消耗。在货币与价值比值不变的条件下,成本必然显现下降的趋势。此时成本与价值变动的方向是一致的,变动的幅度也趋于一致。但由于国民经济各部门或同一部门不同时期,影响成本变动的因素或作用的程度不同,成本变动的情况也会不同。例如工业部门成本下降趋势要比农业部门明显。在工业部门内部,技术和管理水平提高得越快的部门,成本下降越明显,如家用电器行业。有的部门由于资源或原料供应等因素影响,成本也会有上升趋势,如采掘工业和食品加工工业。农业部门由于技术和管理水平相对较低,同时受自然条件的影响,成本下降较慢,甚至在一段时期出现上升。

②成本变动对价格的影响。成本的变动会直接影响价格的变动,成本下降速度较快和幅度较大的部门,价格也会有相应的变动。成本是价格的基本组成,但是价格变动和成本变动有时也不一致,这说明价格变动还受其他因素的影响,如市场因素、宏观政策因素等。

3）流通费用

流通费用是指商品在流通过程中所发生的费用。它包括由产地到销地的运输、保管、分类、包装等费用,也包括商品促销和管理费用。它是商品一部分价值的货币表现。

流通费用可以按不同方法分类。

（1）按经济性质分类

按经济性质分类,流通费用可分为生产性流通费用和纯粹流通费用。生产性流通费用,是由商品的物理运动引起的费用,如运输费、保管费、包装费等,它们是生产过程在流通领域的延续;纯粹流通费用是与商品的销售活动有关的费用,如广告费、商业人员的工资、销售活动发生的其他一些费用。

（2）按和商品流转额关系分类

按和商品流转额关系分类,流通费用可分为直接费用和间接费用。直接费用随商品流转额增加而增加,如运输费、保管费等;间接费用的发生与商品流转额没有直接关系,其绝对额比较稳定,商品流转额上升会使间接费用相对下降,反之则会上升。

（3）按计入价格的方法不同分类

按计入价格的方法不同分类,流通费用可分为从量费用和从值费用。从量费用就是以单位商品的量作为计算流通费用的依据,直接计入价格,如运杂费、包装费等;从值费用就是以单位商品的值,如销售价或销价中的部分金额,作为计算流通费用的依据,计算时一般按规定费率通过一定公式计入价格。

在市场经济条件下,由于竞争的日益激烈和商品流通环节的增加、市场规模的扩大,流通费用在价格中所占份额呈现增加的趋势。

4）价格构成中的利润和税金

（1）利润

利润是盈利中的一部分,是价格与生产成本、流通费用和税金之间的差额。价格中的利润可分为生产利润和商业利润两部分。

①生产利润包括工业利润和农业利润两部分。工业利润是工业企业销售价格扣除生产成本和税金后的余额;农业利润也称为农业纯收益,是农产品出售价格扣除生产成本后的余额。

②商业利润是商业销售价格扣除进货价格、流通费用和税金以后的余额,包括批发价格中的商业利润和零售价格中的商业利润。

(2)税金

税金是国家根据税法向纳税人无偿征收的一部分财政收入。它反映国家对社会剩余价值进行分配的一种特定关系。税金的种类很多,但从它和商品价格的关系来看,可分为价内税和价外税。价外税一般以收益额为课税对象,不计入商品价格,如所得税等;价内税一般以流转额为课税对象,计入商品价格。

·1.1.4　支配价格运动的规律·

价格存在于不断运动之中。支配价格运动的经济规律主要是价值规律、供求规律和纸币流通规律。

1)价值规律对价格的影响

价值规律是商品经济的一般规律,是社会必要劳动时间决定商品价值量的规律。价值规律要求商品交换必须以等量价值为基础,商品价格必须以价值为基础。但这并不是说,每一次商品交换都是等量价值的交换;也不是说商品价格总是和价值相一致。在现实的经济生活中,价格和价值往往是不一致的,价格通常是或高或低地偏离价值。当商品中所含价值量降低时,价格就会下降;价值的含量提高,价格也就会升高。价格是价值的表现。在市场经济条件下,当投入某种商品的社会总劳动低于社会需求时,它的价格就会因市场供不应求而上升;当投入商品的社会总劳动多于社会需求时,价格就会因商品供大于求而下降。供给者的趋利行为会不断改变供求状况,使价格时而高于价值,时而低于价值。因此从个别商品和某个时点上看,价格和价值往往是偏离的;但从商品总体上和一定时期看,价格是符合价值的。价格总是通过围绕价值上下波动的形式来实现价值规律。如果价格长期背离价值,脱离价值基础,就反映了价格的扭曲,反映价格违背了价值规律。在这种情况下,价格的职能非但无法实现,还会对经济发展产生负面影响。在我国改革开放前,建设工程造价就存在严重背离价值的现象,造成了资源浪费、效率低下和建筑业发展滞后等不良后果。

2)商品供求规律对价格的影响

供求规律是商品供给和需求变化的规律。供求关系的变动影响价格的变动,而价格的变动又影响供求关系的变动。供求规律要求社会总劳动应按社会需求分配于国民经济各部门。如果这一规律不能实现,就会产生供求不平衡,从而影响价格。供求关系就是从不平衡到平衡再到不平衡的运动过程,也就是价格从偏离价值到趋于价值再到偏离价值的运动过程。

3)纸币流通规律对价格的影响

纸币流通规律就是流通中所需纸币量的规律。它取决于货币流通规律。货币能够表现价值,是因为作为货币的后盾的黄金自身有价值,每单位货币的价值越大,商品的价格就越低,价格与货币是反比关系。在商品价值与货币比值不变的情况下,流通中需要多少货币,是由货币流通规律决定的。货币流通规律的表达式如下:

$$流通中货币需要量 = \frac{商品价格总额}{货币平均周转次数}$$

在货币流通速度不变的条件下,商品数量越大则货币需要量越大,商品价格越高则货币需要量也越大;反之,货币需要量则减少。同理,在商品总量不变、价格不变的条件下,货币流通速度越快,货币需要量越小。当流通中的货币多于需要量,作为货币后盾的黄金就会退出流通执行贮藏手段的职能;当流通中的货币不能满足需要时,货币又会从贮藏手段转化为支付手段进入流通。

纸币是由国家发行、强制通用的货币符号,本身没有价值,但可代替货币充当流通手段和支付手段。纸币作为金属货币的符号,它的流通量应等同于金币的流通量。但纸币没有贮藏手段职能,如果纸币流通量超过需要量,纸币就会贬值。此时,它所代表的价值就会低于金属货币的价值量,商品的价格就会随之提高。纸币流通量不能满足需要时,它所代表的价值就会高于金属货币的价值,此时价格就会下降。

$$单位纸币所代表的价值量 = \frac{流通中货币必要量}{流通中纸币总量}$$

1.2 建设工程造价概述

· 1.2.1 建设工程造价的概念及特点 ·

1)建设工程造价的概念

建设工程造价的直意就是工程的建造价格。这里所说的工程,泛指一切建设工程,它的范围和内涵具有很大的不确定性。其含义有两种:

第一种含义:建设工程造价是指进行某项工程建设花费的全部费用,即该工程项目有计划地进行固定资产再生产、形成相应无形资产和铺底流动资金的一次性费用总和。显然,这一含义是从投资者——业主的角度来定义的。投资者选定一个投资项目后,就要通过项目评估进行决策,然后进行设计招标、工程招标,直至竣工验收等一系列投资管理活动。在投资活动中所支付的全部费用形成了固定资产和无形资产。所有这些开支就构成了建设工程造价。从这个意义上说,建设工程造价就是工程投资费用,建设项目工程造价就是建设项目固定资产投资。

第二种含义:建设工程造价是指工程价格,即为建成一项工程,预计或实际在土地市场、设备市场、技术劳务市场以及承包市场等交易活动中所形成的建筑安装工程的价格和建设工程总价格。

显然,建设工程造价的第二种含义是以社会主义商品经济和市场经济为前提的,它以工程这种特定的商品形式作为交换对象,通过招投标、承发包或其他交易形式,在进行多次性预估的基础上,最终由市场形成价格。通常是把建设工程造价的第二种含义认定为工程承发包价格。

所谓建设工程造价的两种含义是以不同角度把握同一事物的本质。以建设工程的投资者来说,建设工程造价就是项目投资,是"购买"项目付出的价格;同时也是投资者在作为市场供给主体时"出售"项目时定价的基础。对于承包商来说,建设工程造价是他们作为市场供给主体出售商品和劳务的价格的总和,或是特指范围的建设工程造价,如建筑安装工程造价。

2）建设工程造价的特点

（1）建设工程造价的大额性

建设工程不仅实物体形庞大，而且造价高昂，动辄数百万，特大的工程项目造价可达数百亿上千亿元人民币。建设工程造价的大额性不仅关系到有关各方面的重大经济利益，同时也对宏观经济产生重大影响。这就决定了建设工程造价的特殊地位，也说明了造价管理的重要性。

（2）建设工程造价的个别性和差异性

任何一项建设工程都有特定的用途、功能、规模。因此对每一项工程的结构、造型、工艺设备、建筑材料和内外装饰等都有具体的要求，这就使建筑工程的实物形态千差万别。再加上不同地区构成投资费用的各种价值要素的差异，最终导致建设工程造价的个别性差异。

（3）建设工程造价的动态性

在经济发展过程中，价格是动态的，是不断变化的。任一项工程从投资决策到交付使用，都有一个较长建设时期，在这期间，许多影响建设工程造价的动态因素，如工资标准、设备材料价格、费率、利率等会发生变化，而这种变化势必影响到造价的变动。所以，有必要在竣工决算中考虑动态因素，以确定工程的实际造价。

（4）建设工程造价的层次性

工程的层次性决定了造价的层次性。一个工程项目（学校）往往有多项单项工程（教学楼、办公楼、宿舍楼等）构成。一个单项工程又由多个单位工程（土建、电气安装工程等）组成。与此相对应，建设工程造价有三个层次：建设项目总造价、单项工程造价和单位工程造价。

（5）建设工程造价的兼容性

造价的兼容性首先表现在它具有如本节开始所述的两种含义，其次表现在造价构成因素的广泛性和复杂性。

3）建设工程造价的职能

建设工程造价除具有一般商品的基本职能和派生职能以外，尚具有自己特有的职能。

（1）预测职能

由于建设工程造价的大额性和动态性，因而无论是投资者或是建筑商都要对拟建工程的造价进行预先测算。前者的预先测算可作为项目决策以及筹集资金和控制造价的依据；后者对建设工程造价的预测既是投标决策的依据，也是投标报价和成本管理的依据。

（2）控制职能

建设工程造价的控制职能表现在两个方面：一方面是对投资者的投资控制，即在投资的各阶段，根据对造价的多次性预估，对造价进行全过程和多层次的控制；另一方面，是对承包商的成本控制。在价格一定的条件下，成本越高，盈利越低。所以企业要以建设工程造价来控制成本，增加盈利。

（3）评价职能

建设工程造价是评价总投资和分项投资合理性和投资效益的主要依据之一。建设工程造价资料是评价土地价格、建筑安装产品和设备价格的合理性，评价建设项目偿贷能力、获利能力和宏观效益，以及评价建筑安装企业管理水平和经营成果的重要依据。

(4)调控职能

工程建设直接关系到经济增长,也直接关系到国家重要资源分配和资金流向,对国计民生都产生重大影响。所以国家对建设规模、结构进行宏观调控是在任何条件下都不可缺的,对政府投资项目进行直接调控和管理也是非常必要的。这些都要用建设工程造价作为经济杠杆,对工程建设中的物质消耗水平、建设规模、投资方向等进行调控和管理。

建设工程造价职能实现的条件,最主要是市场竞争机制的形成。建设工程造价职能的充分实现,将在国民经济的发展中起到多方面的良好作用。

·1.2.2 建设工程造价的计价特征·

建设工程造价的特点,决定了建设工程造价的计价特征。了解这些特征,对建设工程造价的确定与控制是非常必要的。

1)计价的单件性特征

工程建设产品的个别性和差异性决定了其计价的单件性。建设工程不能像工业产品那样按品种、规格、质量成批地定价,只能通过特殊的程序,就各个项目计算建设工程造价,即单件计价。

2)计价的多次性特征

建设工程周期长、规模大、造价高,因此要按建设工程程序分阶段进行,为了适应工程建设过程中各方经济关系的建立,适应建设工程造价控制和管理的要求,需要按照设计和建设阶段进行多次计价。其过程如图1.2所示。

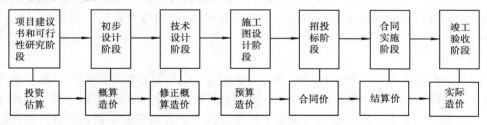

图1.2 工程多次性计价示意图

3)计价的组合性特征

建设工程造价的计算是分部分项工程组合而成的。一个建设项目是一个工程综合体,可以分解为许多有内在联系的独立和不能独立工程。计价时,首先要对建设项目进行分解,按构成首先计算分部分项工程费(或单价),并逐层汇总。其计算过程和计算顺序是:分部分项工程费用(或单价)→单位工程造价→单项工程造价→建设项目总造价。

4)方法的多样性特征

多次性计价有各不相同的计价依据,精度要求也各不相同,由此决定了计价方法有多样性特征,计算和确定概、预算造价的方法有单价法和实物法两种。计算和确定投资估算的方法有生产规模指数估算法和分项比例估算法。

·1.2.3 建设工程造价的分类·

建设工程造价可以根据不同的建设阶段、工程对象(或范围)、承包结算方式等进行分类。

按工程建设阶段的不同,建设工程造价可分为以下7类:

(1)投资估算造价

投资估算是指在项目建议书和可行性研究阶段对拟建项目所需投资进行计算,通过编制估算文件预先测算和确定的过程。估算出的建设项目的投资额,称为估算造价。

投资估算是建设项目前期工作的重要内容之一。准确的投资估算是项目立项、建设的一个重要环节。

(2)概算造价

概算造价是设计单位或造价咨询单位在初步设计阶段,为确定拟建项目所需的投资额或费用而编制的一种文件。它是设计文件的重要组成部分。概算造价的层次性十分明显,分单位工程概算造价、单项工程概算造价、建设项目概算总造价,是由单个到综合、局部到总体、逐个编制、层层汇总而成。

概算造价应按建设项目的建设规模、隶属关系和审批程序,报请审批。对于国有资金投资的项目,总概算造价经有关部门批准后,就成为国家控制该建设项目总投资的主要依据,不得任意突破。

(3)修正概算造价

修正概算造价是指在采用三个阶段设计的技术设计阶段,根据对初步设计内容的深化,通过编制修正概算文件预先测算和确定的建设工程造价。它是对初步设计概算进行修正调整,比概算造价准确,但受概算造价控制。

(4)预算造价

预算造价是指在施工图设计阶段,根据施工图纸编制预算文件,预先测算和确定的建设工程造价。它比概算造价或修正概算造价更为详尽和准确,同时也受前一阶段所确定的建设工程造价的控制。

(5)合同价

合同价是指在工程招投标阶段通过签订总承包合同、建筑安装工程承包合同、设备材料采购合同、技术和咨询服务合同确定的价格。合同价是属于市场价格范畴,但它并不等同于实际建设工程造价。它是由承发包双方根据有关规定或协议条款约定的取费标准计算的用以支付给承包方按照合同要求完成工程内容的价款总额。按合同类型的计价方法来划分,可将合同价分为固定合同价、可调合同价和工程成本加酬金合同价。

(6)结算价

结算价是指在合同实施阶段,在工程结算时按合同调价范围和调价方法,对实际发生的设备、材料价差及工程量增减等进行调整后计算和确定的价格。结算价是该结算工程的实际价格。

(7)实际造价

实际造价是指在竣工决算阶段,通过为建设项目编制竣工决算,最终确定的实际建设工程造价。

· 1.2.4 建设工程造价相关概念 ·

1)静态投资与动态投资

静态投资指编制预期造价(估算、概算、预算造价总称)时以某一基准年、月的建设要素的价格为依据所计算出的建设项目投资的瞬时值,但它包括了因工程量误差而引起的建设工程造价的增减。静态投资包括:建筑安装工程费,设备、工器具的购置费,工程建设其他费用和基本预备费。

动态投资是指为完成一个建设项目预计所需投资的总和。它除了包括静态投资之外,还包括建设期贷款利息、涨价预备金、新开征税费,以及汇率变动部分。动态投资充分考虑了资金的时间价值的变化,适应了市场价格运动机制的要求。

2)建设项目总投资

建设项目总投资是投资主体为获取预期收益,在选定的建设项目上投入所需的全部资金。生产性建设项目总投资包括固定资产投资和包含铺底流动资金在内的流动资产投资两个部分;而非生产性建设项目总投资只有固定资产投资。建设项目总造价是指项目投资中的固定资产投资总额。

3)固定资产投资

固定资产投资是投资主体为了特定的目的,以达到预期收益的资金垫付行为。固定资产是指使用年限在 1 年以上,单位价值在 1 000,1 500 或 2 000 元以上的设备、工具和器具。具体标准由各主管部门规定。固定资产投资包括基本建设投资,更新改造投资,房地产发展投资和其他固定资产投资 4 部分。其中,基本建设投资是形成新增固定资产,扩大生产能力和工程效益的主要手段。在其投资构成中,建筑安装工程费用占 50% ~60% 。

建设项目的固定资产投资也就是建设项目的工程造价,其中建筑安装工程投资也就是建筑安装工程造价,二者在量上是等同的。从中可以看出建设工程造价两种含义的同一性。

4)建筑安装工程造价

建筑安装工程造价是建筑安装产品价值的货币表现,亦称为建筑安装产品价格。它是由建筑工程费用和安装工程费用两部分组成。

1.3　建设工程造价管理

·1.3.1　建设工程造价管理的概念·

与建设工程造价的概念相对应,建设工程造价管理的概念也有两种,即建设工程投资费用管理和建设工程造价管理。

建设工程投资费用管理,属于工程建设投资管理范畴。建设工程投资费用管理,是为实现其投资的预期目标,在拟定的规划、设计方案的条件下,预测、计算、确定和监控建设工程造价及其变动的系统活动。

建设工程造价管理,属于价格管理范畴。在社会主义市场经济条件下,价格管理分微观和宏观两个层次。在微观层次上,是企业在掌握市场价格信息的基础上,为实现其管理目标而进行的成本控制、计价、定价和竞价的系统活动;在宏观层次上,是政府根据社会经济发展的要求,利用法律、经济和行政手段对价格进行的管理和调控,以及通过市场管理规范市场主体价格行为的系统活动。工程建设关系到国计民生,同时政府投资公共、公益性项目今后仍然有相当份额,因而国家对建设工程造价的管理,不仅是对价格的调控,而且在政府投资项目上还承担着微观主体的管理职能。这种双重角色的双重管理职能,是建设工程造价管理的一大特色。

· 1.3.2 建设工程造价管理的基本内容 ·

建设工程造价管理的目的,是按照经济规律的要求,根据社会主义市场经济的发展形势,利用科学的管理方法和先进的管理手段,合理的确定建设工程造价和有效地控制建设工程造价,以提高投资效益和建筑安装企业经营成果。

1)建设工程造价的合理确定

所谓建设工程造价的合理确定,就是在建设程序的各个阶段,即在项目建议书阶段、可行性研究阶段、初步设计阶段、施工图设计阶段、招投标阶段、合同实施阶段及竣工验收阶段,根据相应的计价依据和计算精度的要求,合理地确定投资估算、概算造价、预算造价、承担合同价、结算价、竣工结算价,并按有关规定和报批程序,经有权部门批准后成为该阶段建设工程造价的控制目标。很显然,建设工程造价确定的合理程度,直接影响着建设工程造价的管理。

2)建设工程造价的有效控制

所谓建设工程造价的有效控制,就是在优化建设方案、设计方案的基础上,在建设程序和各个阶段,采用一定的方法和措施把建设工程造价的发生控制在合理的范围和核定造价限额以内,以求合理使用人力、物力、财力,取得较好的投资效益和社会效益。

有效控制建设工程造价应体现以下三个原则:

(1)以设计阶段为重点的建设全过程造价控制

建设工程造价的控制应贯穿于项目建设的全过程,但必须要突出重点。很显然,设计阶段是控制的重点阶段。建设工程的全寿命费用包括建设工程造价和工程交付使用后的经常开支费用以及其项目期满后的报废拆除费用等。统计表明,设计费一般只相当于建设工程全寿命费用的1%以下,但正是这少于1%的费用却基本决定了几乎全部随后的费用。由此可见,设计质量对整个工程建设的效益是何等的重要。

(2)主动控制,以取得令人满意的结果

控制是贯彻项目建设全过程的,也应是主动的。长期以来,人们一直把控制理解为目标值与实际值的比较,以及当实际值偏离目标值时,分析其产生偏差的原因,并确定下一步的对策。这种控制实际值偏离目标值时,分析其产生偏差的原因,并确定下一步的对策。这种控制当然是有意义的,但也是有缺陷的。因为它只能发现偏离,不能使已产生的偏差消失,也不能预防偏差的产生,因而是被动、消极的控制。自系统论、控制论的研究成果用于项目管理后,将"控制"立足于事先主动地采取决策措施,以尽可能地减少以至避免偏离,这是主动的、积极的控制方法,因此称为主动控制。

美国经济学家西蒙提出的现代决策理论的核心是"令人满意"准则。决策时,可先对各种客观因素、执行人据以采取的可能行动以及这些行动的可能性加以综合研究,并研究一套切合实际的衡量准则。若某一可行方案符合这种衡量准则,并能达到预期的目标,则这一方案便是满意的方案,可以采纳;否则应对衡量准则做适当修改,继续挑选。

(3)技术与经济相结合是控制建设工程造价的有效手段

要有效地控制建设工程造价,应从组织、技术、经济、合同与信息管理等多方面采取措施。

组织上的措施,如明确项目组织结构、明确造价控制者及其任务、明确管理职能分工;技术上的措施,如重视设计方案的选择,严格审查监督初步设计、技术设计、施工图设计、施工组织设计,深入技术领域研究节约造价的可能;经济上的措施,如动态地比较造价的计划值与实际值,严格审核各项费用支出,采取对节约投资有利的奖励措施等。

在工程建设过程中把技术与经济相结合,通过技术比较、经济分析和效果评价,正确处理技术先进与经济合理两者之间的对立统一关系,力求在技术先进下的经济合理,在经济合理基础上的技术先进,把控制建设工程造价的观念渗透到各项设计和施工技术措施之中。

· 1.3.3　建设工程造价管理的组织 ·

建设工程造价管理的组织,是为组织实现建设工程造价管理目标,与造价管理功能相关的有机群体。建设工程造价管理组织分为以下三个系统:

1)政府行政管理系统

政府在建设工程造价管理中既是宏观管理主体,又是政府投资项目的微观管理主体。以宏观管理的角度,政府对工程管理有一个严密的组织系统,设置了多层次的管理机构,规定了管理权限和职责范围。建设部标准定额司是政府行政管理系统的领导机构,它在工程造价管理方面的主要职责为:组织制定建设工程造价管理有关法规、制度并组织贯彻实施;组织制定及监督指导全国统一经济定额和部管行业经济定额;制定建设工程造价咨询单位的资质标准并监督执行等。

省、自治区、直辖市和行业主管部门的造价管理机构,在其管辖范围内行使管理职能;直辖市和地区的造价管理部门在所辖地区内行使管理职能。其职责大体和国家建设部的造价管理机构相对应。

2)企、事业机构管理系统

企、事业机构对建设工程造价的管理属于微观管理的范畴。设计机构和工程造价咨询机构,按照业主或委托方的意图,在可行性研究和规划设计阶段合理确定和有效控制建设项目的建设工程造价,通过限额设计等手段实现设定的造价管理目标;在招投标工作中编制标底,参加评标,议标;在项目实施阶段,通过对设计变更、工期、索赔和结算等进行控制。承包企业的造价管理是企业管理中的重要组成,设有专门的职能机构参与企业的投标决策;在施工过程中,进行建设工程造价的动态管理,注意各种调价因素和工种价款的结算,促进企业盈利目标的实现。

3)中国建设工程造价管理协会

中国建设工程造价管理协会是造价管理组织的第三个系统,它成立于 1990 年,是具有团体法人资格的全国性社会团体,对外代表造价工程师和建设工程造价咨询服务机构的行业性组织。

协会的宗旨是:坚持党的基本路线,遵守国家宪法、法律、法规和国家政策,遵守社会道德风尚,遵循国际惯例,按照社会主义市场经济的要求,组织研究建设工程造价行业发展和管理体制改革的理论和实际问题,不断提高建设工程造价人员素质和业务水平,为维护各方的合法权益,遵守职业道德,合理确定建设工程造价,提高投资效益,为促进国际建设工程造价机构的交流与合作服务。

·1.3.4 我国工程造价管理体制·

1)工程造价管理体制历史

1949年新中国成立后,三年经济恢复时期和第一个五年计划时期,为了合理确定工程造价,用好有限的基本建设资金,引进了苏联概预算定额管理制度,成立预算组、标准定额处、标准定额局,1956年单独成立建筑经济局。概预算制度的建立,有效地促进了建设资金的合理安排和节约使用,为国民经济恢复和第一个五年计划的顺利完成起到了积极的作用。但这个时期的造价管理只局限于建设项目的概预算管理。

1958—1966年,概预算定额管理逐渐被削弱,概预算控制投资作用被削弱。

1966—1976年,概预算定额管理遭到严重破坏,概预算和定额管理机构被撤销。

1977年,国家恢复重建造价管理机构。1978年,原国家计委、原国家建设部和财政部颁布《关于加强基本建设概、预、决算管理工作的几项规定》,强调了加强"三算"在基本建设管理中的作用和意义。1983年,原国家计委、中国人民建设银行又颁布了《关于改进工程建设概预算工作的若干规定》。经过20多年的发展,国家在建立健全工程造价管理制度、改进计价依据等方面做了大量工作。

2)工程造价管理体制的改革

随着社会主义市场经济体制的逐步完善,我国工程建设中传统的概预算定额管理模式已无法适应优化资源配置的需求,将传统的概预算定额管理模式进行转变已成为必然趋势。这种改革主要表现在以下几个方面:

①重视和加强项目决策阶段的投资估算工作,努力提高可行性研究报告中投资估算的准确度,切实发挥其控制建设项目总造价的作用。

②进一步明确概预算工作的重要作用。概预算不仅要计算工程造价,更要能动地影响设计、优化设计,从而发挥控制工程造价、促进建设资金合理使用的作用。工程设计要进行多方案的技术经济比较,通过优化,保证设计的技术经济合理性。

③推行工程量清单计价模式,以适应我国建筑市场发展的要求和国际市场竞争的需要,逐步与国际惯例接轨。

④引入竞争机制,通过招标方式择优选择工程承包单位,促使这些单位改善经营管理,提高应变能力和竞争能力,降低工程造价。

⑤提出用"动态"方法研究和管理工程造价。要求各地区、各部门工程造价管理机构定期公布各种设备、材料、工资、机械台班的价格指数以及各类造价指数,尽快建立地区、部门乃至全国的工程造价管理信息系统。

⑥提出对工程造价的估算、概算、预算、承包合同价,结算价、竣工决算实行全过程管理,改变分段管理的状况。

⑦发展壮大工程造价咨询机构,建立健全造价工程人员执业资格制度。

我国工程造价管理体制改革的最终目标是:建立市场形成价格的机制,实现工程造价管理市场化,形成社会化的工程造价咨询服务业,与国际惯例接轨。

3)建筑产品价格的市场化过程

在不同经济发展时期,建筑产品有不同的价格形式、不同的定价主体、不同的价格形成机制,而一定的建筑产品价格形式产生、存在于一定的工程建设管理体制和一定的建筑产品交换方式之中。我国建筑产品价格市场化经历了"国家定价—国家指导价—国家调控价"三个阶段。

（1）国家定价阶段

在计划经济体制下,工程建设任务是由国家主管部门按计划分配,建筑业不是独立的物质生产部门,建设单位、施工单位的财务收支实行统收统支,建筑产品价格仅是经济核算的工具而不是工程价值的货币反映。在这种工程建设管理体制下,建筑产品价格实际上是在建设过程的各个阶段利用国家或地区所颁布的各种定额进行投资费用的预估和计算,即概预算加签证的形式。

这个阶段的主要特征是:这种"价格"分为设计概算、施工图预算、工程费用签证和竣工结算;这种"价格"属于国家定价的价格形式,国家是这一价格形式的决策主体。建筑产品价格形成过程中,建设单位、设计单位、施工单位都按照国家有关部门规定的定额标准、材料价格和取费标准,计算、确定工程价格,工程价格水平由国家规定。

（2）国家指导价阶段

这一阶段是国家指导定价,出现了预算包干价格形式和工程招标投标价格形式。

预算包干价格形式与概预算加签证形式相比,都属于国家计划价格形式,只能按照国家有关规定计算。包干额是按照国家有关部门规定的包干系数、包干标准及计算方法确定。但是因为预算包干价格对工程施工过程中费用的变动采取了一次包死的形式,对提高工程价格管理水平有一定作用。

工程招标投标价格是在建筑产品招标投标交易过程中形成的工程价格,表现为标底价、投标报价、中标价、合同价、结算价格等形式。

这个阶段的工程招标投标价格属于国家指导性价格,是在最高限价范围,国家指导下的竞争性价格。在这种价格形成过程中,国家和企业是价格的双重决策主体。

这个阶段价格形成的特征是:

①计划控制性。作为评标基础的标底价格要按照国家工程造价管理部门规定的定额和有关取费标准制定,标底价格的最高数额受到国家批准的工程概算控制。

②国家指导性。国家工程招标管理部门对标底价格进行审查,管理部门组成的监督小组直接监督、指导大中型工程招标、投标、评标和决标过程。

③竞争性。投标单位可以根据本企业的条件和经营状况确定投标报价,并以价格作为竞争承包工程的手段。招标单位可以在标底价格的基础上,择优确定中标单位和工程中标价格。

（3）国家调控价阶段

国家调控的招标投标价格形式,是一种由市场形成价格为主的价格机制。它是在国家有关部门的调控下,由工程承发包双方根据工程市场中建筑产品供求关系变化自主确定工程价格。其价格的形成可以不受国家工程造价管理部门的直接干预,而是根据市场的具体情况,竞争形成价格。

这个阶段价格形成的特征是:

①竞争形成。应由工程承发包双方根据工程自身的物质劳动消耗、供求状况等市场因素经过竞争形成,不受国家计划调控。

②自发波动。随着工程市场供求关系的不断变化,工程价格经常处于上升或者下降的波

动之中。

③自发调节。通过价格的波动,自发调节建筑产品的品种和数量,以保持工程投资与工程生产能力的平衡。

· 1.3.5 工程造价咨询 ·

1)工程造价咨询概述

咨询是指利用科学技术和管理人才已有的专门知识技能和经验,根据政府、企业以及个人的委托要求,提供解决有关决策、技术和管理等方面问题的优化方案的智力服务活动过程。

常见的咨询服务有房地产和物业咨询服务、工程咨询、土地价格评估、资产评估、房地产评估、工程临理以及工程造价咨询等。

工程造价咨询是指面向社会接受委托,承担建设工程项目可行性研究中的投资估算,项目经济评价,工程概算、预算、结算、决算、标底、投标报价的编制和审核,对工程造价进行监控以及提供有关工程造价信息资料等业务工作。

2)工程造价咨询企业

工程造价咨询企业,是指接受委托对建设项目投资、工程造价的确定与控制提供专业咨询服务的企业。

工程造价咨询企业应当依法取得工程造价咨询企业资质,并在其资质等级许可的范围内从事工程造价咨询活动。工程造价咨询企业资质等级分为甲级、乙级。

甲级工程造价咨询企业资质标准包括:

①已取得乙级工程造价咨询企业资质证书满 3 年。

②企业出资人中,注册造价工程师人数不低于出资人总人数的 60%,且其出资额不低于企业注册资本总额的 60%。

③技术负责人已取得造价工程师注册证书,并具有工程或工程经济类高级专业技术职称,且从事工程造价专业工作 15 年以上。

④专职从事工程造价专业工作的人员(简称专职专业人员)不少于 20 人。其中,具有工程或者工程经济类中级以上专业技术职称的人员不少于 16 人;取得造价工程师注册证书的人员不少于 10 人,其他人员具有从事工程造价专业工作的经历。

⑤企业与专职专业人员签订劳动合同,且专职专业人员符合国家规定的职业年龄(出资人除外)。

⑥专职专业人员人事档案关系由国家认可的人事代理机构代为管理。

⑦企业注册资本不少于人民币 100 万元。

⑧企业近 3 年工程造价咨询营业收入累计不低于人民币 500 万元。

⑨具有固定的办公场所,人均办公建筑面积不少于 10 m^2。

⑩技术档案管理制度、质量控制制度、财务管理制度齐全。

⑪企业为本单位专职专业人员办理的社会基本养老保险手续齐全。

⑫在申请核定资质等级之日前 3 年内无本办法第二十七条禁止的行为。

乙级工程造价咨询企业资质标准包括:

①企业出资人中,注册造价工程师人数不低于出资人总人数的 60%,且其出资额不低于

注册资本总额的 60%。

②技术负责人已取得造价工程师注册证书,并具有工程或工程经济类高级专业技术职称,且从事工程造价专业工作 10 年以上。

③专职专业人员不少于 12 人。其中,具有工程或者工程经济类中级以上专业技术职称的人员不少于 8 人;取得造价工程师注册证书的人员不少于 6 人,其他人员具有从事工程造价专业工作的经历。

④企业与专职专业人员签订劳动合同,且专职专业人员符合国家规定的职业年龄(出资人除外)。

⑤专职专业人员人事档案关系由国家认可的人事代理机构代为管理。

⑥企业注册资本不少于人民币 50 万元。

⑦具有固定的办公场所,人均办公建筑面积不少于 10 m²。

⑧技术档案管理制度、质量控制制度、财务管理制度齐全。

⑨企业为本单位专职专业人员办理的社会基本养老保险手续齐全。

⑩暂定期内工程造价咨询营业收入累计不低于人民币 50 万元。

⑪其他条件。

新申请工程造价咨询企业资质的,其资质等级按照乙级工程造价咨询企业资质标准核定为乙级,设暂定期 1 年。

申请甲级工程造价咨询企业资质的,应当向申请人工商注册所在地省、自治区、直辖市人民政府建设主管部门或者国务院有关专业部门提出申请。

申请乙级工程造价咨询企业资质的,由省、自治区、直辖市人民政府建设主管部门审查决定。其中,申请有关专业乙级工程造价咨询企业资质的,由省、自治区、直辖市人民政府建设主管部门商同级有关专业部门审查决定。

工程造价咨询企业资质有效期为 3 年。资质有效期届满,需要继续从事工程造价咨询活动的,应当在资质有效期届满 30 日前向资质许可机关提出资质延续申请。资质许可机关应当根据申请作出是否准予延续的决定。准予延续的,资质有效期延续 3 年。

3)工程造价咨询管理

工程造价咨询企业依法从事工程造价咨询活动,不受行政区域限制。甲级工程造价咨询企业可以从事各类建设项目的工程造价咨询业务;乙级工程造价咨询企业可以从事工程造价 5 000 万元人民币以下的各类建设项目的工程造价咨询业务。

工程造价咨询业务范围包括:

①建设项目建议书及可行性研究投资估算、项目经济评价报告的编制和审核。

②建设项目概预算的编制与审核,并配合设计方案比选、优化设计、限额设计等工作进行工程造价分析与控制。

③建设项目合同价款的确定(包括招标工程工程量清单和标底、投标报价的编制和审核);合同价款的签订与调整(包括工程变更、工程洽商和索赔费用的计算)及工程款支付,工程结算及竣工结(决)算报告的编制与审核等。

④工程造价经济纠纷的鉴定和仲裁的咨询。

⑤提供工程造价信息服务等。

工程造价咨询企业可以对建设项目的组织实施进行全过程或者若干阶段的管理和服务。

·1.3.6 《建设项目全过程造价咨询规程》(CECA/GC 4—2009)简介·

为了加强行业的自律管理,规范工程造价咨询企业承担建设项目全过程造价咨询的内容、范围、格式、深度要求和质量标准,提高全过程工程造价管理咨询的成果质量,依据国家的有关法律、法规、规章和规范性文件,中国建设工程造价管理协会组织有关单位制订了《建设项目全过程造价咨询规程》(以下称《规程》)。

《规程》的主要内容包括:总则、术语、一般规定、决策阶段、设计阶段、交易阶段、实施阶段、竣工阶段等。

1)决策阶段

(1)投资估算的编制与审核

①投资估算的主要工作内容为编制建设项目投资估算,估算建设项目流动资金。

②投资估算的编制与审查应依据《建设项目投资估算编审规程》(CECA/GC 1—2007)的有关规定进行。

(2)建设项目的经济评价

①建设项目经济评价应执行国家发改委、建设部发布的《建设项目经济评价方法和参数》的有关规定,承担全过程工程造价管理咨询建设项目经济评价工作的主要内容为财务评价。

②建设项目盈利能力分析应通过编制全部现金流量表、自有资金现金流量表和损益表等基本财务报表,计算财务内部收益率、财务净现值、投资回收期、投资收益率等指标来进行定量判断。

③建设项目清偿能力分析应通过编制资金来源与运用表、资产负债表等基本财务报表,计算借款偿还期、资产负债率、流动比率、速动比率等指标来进行定量判断。

④建设项目的不确定性分析应通过盈亏平衡分析、敏感性分析等方法来进行定量判断。

2)设计阶段

(1)设计概算的编制与审核

①设计概算的主要工作内容包括建设项目设计概算的编制、审核,调整概算的编制。

②设计概算的编制应采用单位工程概算、综合概算、总概算三级编制形式。当建设项目为一个单项工程时,可采用单位工程概算、总概算两级概算编制形式。其中建筑单位工程概算可用概算定额法、概算指标法、类似工程预算法等方法编制;设备及安装单位工程概算可按预算单价法、扩大单价法、设备价值百分比法、综合吨位指标法等方法编制。

(2)施工图预算的编制与审核

①施工图预算的主要工作内容包括单位工程施工图预算、单项工程施工图预算和建设项目施工图总预算。

②单位工程施工图预算应采用单价法和实物量法进行编制;单项工程施工图预算由组成本单项工程的各单位工程施工图预算汇总而成;施工图总预算由单项工程(单位工程)施工图预算汇总而成。

③施工图预算的审核可采用全面审查法、标准预算审查法、分组计算审查法、对比审查法、筛选审查法、重点审查法、分解对比审查法等方法;施工图预算审查的重点是对工程量,工、料、机要素价格,预算单价的套用,费率及计取等进行审查。

3）交易阶段

（1）招标文件与合同相关条款的拟订

①在施工招标策划过程中应明确承发包方式、合同价方式的选择等问题。

②在工程施工招标文件及合同条款拟订过程中,应对预付工程款的数额、支付时限及抵扣方式,工程计量与支付工程进度款的方式、数额及时间等进行约定。

③拟订招标文件和合同条款时应当遵循如下程序:准备工作、文本选用、文件编制、文件评审及成果文件提交等。

（2）工程量清单与招标控制价编制

①工程量清单与招标控制价编制的内容、依据、要求、表格格式等应执行《建设工程工程量清单计价规范》(GB 50500—2008)的有关规定。

（3）投标报价分析

投标报价分析一般应包括错漏项分析,算术性错误分析,不平衡报价分析,明显差异单价的合理性分析,措施费用分析,安全文明措施费用、规费、税金等不可竞争费用的审核。

（4）工程合同价款的确定

工程合同价款的约定执行《建设工程工程量清单计价规范》(GB 50500—2008)的有关条款。

4）施工阶段

（1）工程预付款

①工程预付款拨付的时间和金额应按照承发包双方的合同约定执行,合同中无约定的宜执行《建设工程价款结算办法》(财建[2004]369号)的相关规定。

②支付的工程预付款,应按照建设工程施工承发包合同约定在工程进度款中进行抵扣。

（2）工程计量支付

①工程造价咨询单位应按《建设工程工程量清单计价规范》(GB 50500—2008)的有关规定和表式,审核工程计量支付的全部内容。

②工程造价咨询单位在审核与确定本期应支付的进度款金额时,若发现工程量清单中出现漏项、工程量计算偏差以及工程变更引起工程量的增减,应按承包人在履行合同义务过程中完成的实际工程量计算和确定应支付金额。

（3）工程变更

工程造价咨询单位对工程变更的估价的处理应遵循以下原则:合同中已有适用的价格,按合同中已有价格确定;合同中有类似的价格,参照类似的价格确定;合同中没有适用或类似的价格,由承包人提出价格,经发包人确认后执行。

（4）工程索赔

工程索赔的程序应参照《建设工程工程量清单计价规范》(GS 50500—2008)中第4.6.3条的规定执行。

工程索赔价款的计算应遵循下列方法处理:合同中已有适用的价格,按合同中已有价格确定;合同中有类似的价格,参照类似的价格确定;合同中没有适用或类似的价格,由承包人提出价格,经发包人确认后执行。

（5）偏差调整

①工程造价咨询单位应按照施工进度计划，编制工程进度款资金使用计划，并与工程实际完成的进度款进行对比分析，分析偏差及产生的原因，为建设单位提供偏差调整和资金筹措建议。

②工程造价咨询单位应分析投资偏差和进度偏差产生的原因，并向建设单位提出合理的组织措施、经济措施和技术措施，为业主调整资金筹措和使用计划、进度计划，进行偏差的控制与纠正提供可靠依据。

5）竣工阶段

（1）工程竣工结算

工程造价咨询企业应依据工程造价咨询合同的要求，在合同约定的时间内完成工程竣工结算的审查，并应满足发包、承包双方合同约定的工程竣工结算时限或国家有关规定的要求。

工程竣工结算的审查文件组成、审查依据、审查要求、审查程序、审查方法、审查内容、审查时效，应执行《建设项目工程结算编审规程》（CECA/GC 3—2007）的有关规定。

（2）工程竣工决算

基本建设项目竣工财务决算的依据主要包括：可行性研究报告，初步设计，概算调整及其批准文件，招投标文件（书），历年投资计划，经财政部门审核批准的项目预算，承包合同，工程结算等有关资料，有关的财务核算制度、办法，其他有关资料。

基本建设项目竣工财务决算报表主要包括以下内容：

①封面；

②基本建设项目概况表；

③基本建设项目竣工财务决算表；

④基本建设项目交付使用资产总表；

⑤基本建设项目交付使用资产明细表。

竣工决算报告说明书的内容主要包括：

①基本建设项目概况；

②会计账务的处理、财产物资清理及债权债务的清偿情况；

③基建结余资金等分配情况；

④主要技术经济指标的分析、计算情况；

⑤基本建设项目管理及决算中存在的问题、建议；

⑥决算与概算的差异和原因分析；

⑦需要说明的其他事项。

1.4　建设工程造价计价依据

· 1.4.1　工程造价计价依据的分类 ·

所谓工程造价计价依据，是用以计算工程造价的基础资料的总称，包括工程定额，人工、材料、机械台班及设备单价，工程量清单，工程造价指数，工程量计算规则，以及政府主管部门发布的有关工程造价的经济法规、政策等。工程的多次计价有各不相同的计价依据,由于影响造价的因素多,决定了计价依据的复杂性。计价依据主要可分为以下几类:

①设备和工程量计算依据:包括项目建议书、可行性研究报告、设计文件、相关的工程量计算规则、规范等。

②人工、材料、机械等实物消耗量计算依据:包括投资估算指标、概算定额、预算定额、消耗量定额等。

③工程单价计算依据:包括人工单价、材料价格、材料运杂费、机械台班费、概算定额、预算定额等。

④设备单价计算依据:包括设备原价、设备运杂费、进口设备关税等。

⑤措施费、间接费和工程建设其他费用计算依据:主要是相关的费用定额和指标。

⑥政府规定的税、费。

⑦物价指数和工程造价指数等工程造价信息资料。

工程计价依据的复杂性不仅使计算过程复杂,而且需要计价人员熟悉各类依据,并加以正确应用。

根据工程造价计价依据的不同,目前我国处于工程定额计价和工程量清单计价两种计价模式并存的状态。

· *1.4.2* 建设工程定额体系 ·

建设工程定额是在合理的劳动组织和合理地使用材料与机械的条件下,完成一定计量单位合格建筑产品所消耗资源的数量标准。建设工程定额是工程建设中各类定额的总称,按照不同的原则和方法可划分为不同的定额。

1)按照定额反映的生产要素消耗内容分类

将建设工程定额分为人工定额(也称劳动定额)、材料消耗定额和机械台班消耗定额。

2)按照编制程序和用途分类

将建设工程定额分为施工定额、预算定额、概算定额、概算指标、投资估算指标。

(1)施工定额

施工定额是以同一性质的施工过程、工序作为研究对象,表示生产产品数量与时间消耗综合关系编制的定额。施工定额是施工企业(建筑安装企业)组织生产和加强管理在企业内部使用的一种定额,属于企业定额的性质。施工定额是工程建设定额中分项最细、定额子目最多的一种定额,也是工程建设定额中的基础性定额。施工定额主要直接用于工程的施工管理,同时也是编制预算定额的基础。

(2)预算定额

预算定额是以建筑物或构筑物各个分部分项工程为对象编制的定额。预算定额是以施工定额为基础综合扩大编制的,同时也是编制概算定额的基础。它是编制施工图预算的重要基础,同时也可以作为编制施工组织设计、施工技术财务计划的参考。

(3)概算定额

概算定额是以扩大的分部分项工程为对象编制的。概算定额是编制扩大初步设计概算、确定建设项目投资额的依据。概算定额一般是在预算定额的基础上综合扩大而成的,每一综合分项概算定额都包含了数项预算定额。

（4）概算指标

概算指标是概算定额的扩大与合并，它是以整个建筑物和构筑物为对象，以更为扩大的计量单位来编制的。概算指标的设定和初步设计的深度相适应，一般是在概算定额和预算定额的基础上编制的，是设计单位编制设计概算或建设单位编制年度投资计划的依据，也可作为编制估算指标的基础。

（5）投资估算指标

投资估算指标是在项目建议书和可行性研究阶段编制投资估算、计算投资需要量时使用的一种指标，是合理确定项目投资的基础。它往往以独立的单项工程或完整的工程项目为计算对象，编制内容是所有项目费用之和。

3）按照投资的费用性质分类

将建设工程定额分为建筑工程定额、设备安装工程定额、建筑安装工程费用定额、工器具定额以及工程建设其他费用定额等。

（1）建筑工程定额

建筑工程定额是建筑工程的施工定额、预算定额、概算定额和概算指标的统称。

（2）设备安装工程定额

设备安装工程定额是安装工程的施工定额、预算定额、概算定额和概算指标的统称。设备安装工程一般是指对需要安装的设备进行定位、组合、校正、调试等工作的工程。在通用定额中有时把建筑工程定额和安装工程定额合二为一，称为建筑安装工程定额。建筑安装工程定额属于直接工程费定额，仅仅包括施工过程中人工、材料、机械台班消耗的数量标准。

（3）建筑安装工程费用定额

建筑安装工程费用定额一般包括两部分内容，即措施费定额和间接费定额。

（4）工、器具定额

工、器具定额是为新建或扩建项目投产运转首次配置的工具、器具数量标准。工具和器具是指按照有关规定不够固定资产标准而起劳动手段作用的工具、器具和生产用家具。

（5）工程建设其他费用定额

工程建设其他费用定额是独立于建筑安装工程定额、设备和工器具购置之外的其他费用开支的标准。其他费用定额是按各项独立费用分别编制的，以便合理控制这些费用的开支。

4）按照专业性质分类

可将建设工程定额分为全国通用定额、行业通用定额和专业专用定额。

①全国通用定额是指在部门间和地区间都可以使用的定额；

②行业通用定额是指具有专业特点在行业部门内可以通用的定额；

③专业专用定额是指特殊专业的定额，只能在指定范围内使用。

5）按照主编单位和管理权限分类

建设工程定额可分为全国统一定额、行业统一定额、地区统一定额、企业定额、补充定额。

①全国统一定额是由国家建设行政主管部门，综合全国工程建设中技术和施工组织管理的情况编制，并在全国范围内执行的定额。

②行业统一定额是由行业建设行政主管部门，考虑到各行业部门专业工程技术特点以及

施工生产和管理水平所编制的,一般只在本行业和相同专业性质的范围内使用。

③地区统一定额是由地区建设行政主管部门,考虑地区性特点和全国统一定额水平做适当调整和补充而编制的,仅在本地区范围内使用。

④企业定额是指由施工企业考虑本企业的具体情况,参照国家、部门或地区定额进行编制,在本企业内部使用的定额。企业定额水平应高于国家现行定额,才能满足生产技术发展、企业管理和增强市场竞争能力的需要。

⑤补充定额是指随着设计、施工技术的发展,现行定额不能满足需要的情况下,为了补充缺陷所编制的定额。补充定额只能在指定的范围内使用,可以作为以后修订定额的基础。

· 1.4.3　建设工程造价计价依据的管理 ·

1)建设工程造价计价依据管理的原则

(1)建设工程造价计价依据管理的任务

①深化改革。主要有以下内容:

a.依据财政部有关《企业财务通则》和《企业会计准则》的要求,按照制造成本法对建筑安装工程费用项目划分进行调整,对建筑工程成本费用项目进行规范。

b.按照量价分离和工程实体消耗与施工措施性消耗相分离的原则,对计价定额进行改革。属于人工、材料、机械等消耗量标准由各省、自治区、直辖市制订消耗量定额与企业制订成本消耗定额相结合,由国家统一制订项目分类、项目编码、计量单位、计量规则;对于人工、材料、机械台班价格由市场供求关系来决定其标准,改变国家对定额管理的方式,全面推行工程量清单计价。

c.针对当前价格、利率、汇率、税率等不断变动的实际情况,组织建设工程造价管理部门定期发布反映市场价格水平的价格信息和调整指数,实行动态管理。

d.依据不同工程类别实行差别费率和差别利润率,改变过去按企业隶属关系和资质等级的做法,逐步过渡到由建筑产品市场来竞争费用和利润。

e.鼓励企业编制自身的消耗量定额,按工程个别成本报价,提高企业的竞争能力。

②节约社会劳动。节约工程建设中的社会劳动,合理利用资源和资金是一个极为重要的工作,是提高工程建设投资效益的标志和主要途径。工程建设中社会劳动的投入,数量大、期限长。节约工程建设中的社会劳动,也就意味着投资效益的提高。因此,建设工程造价计价依据管理的任务,就是要通过计价依据管理的改革,达到控制耗费,节约社会劳动的目的。

③协调工程建设中各方经济利益关系。在社会主义市场经济条件下,工程建设中有关各方存在着自身的经济利益,在具体处理时会发生各种矛盾。建设工程造价依据管理的任务,在于维护国家、企业、集体、个人的正当利益,正确处理经济关系。为此,就要本着实事求是和公正的态度,避免偏向于任何一个方面,并使之适应逐步完善的市场机制的要求。

④加强投资管理和企业管理。管理的最终目标,是提高经济效益。建设工程造价依据:一方面要适应整个管理工作的需要,受其他管理工作状况的影响和制约;另一方面,也在于强化投资管理和施工企业管理的约束机制,并为其他各项管理工作创造有利的前提。

(2)建设工程造价计价依据的管理原则

①集中领导和分级管理的原则。集中领导,主要体现在统一政策、统一规划、统一组织、统一思想。分级管理,是指管理的权限划分,按执行范围,分部门、分地区、分级分层的管理。分

级管理是由计价依据本身的多种类、多层次决定的,也是由各部门、各地区和企业的具体情况不同所决定的。多种类、多层次要求各省、自治区、直辖市和国务院各个主管部门,按其职能分工进行管理。由于各部门专业特点不同,各地区的经济技术条件不同、自然气候和物质资源条件不同,也需要在分级管理中考虑和体现各自的特点。

②标准化原则。标准化是指为制定和贯彻产品和工程标准而进行的有组织的活动过程。推行标准化有利于提高产品和工程的质量,降低成本,减少消耗,促进新技术的发展。工程建设中物质消耗、时间消耗和资金消耗的尺度,本身就是一种技术经济标准,因此在管理中贯彻标准化原则尤为重要。

标准化的内容主要包括统一化、系列化、通用化、组合化和简化。如工程量清单计价规范中的"四统一"就是标准化内容的具体体现。

③技术和经济统一的原则。建设工程定额既不是技术定额,也不是单纯的经济定额,而是一种技术经济定额。从它作为工程建设中生产消费定额来说,它无疑是经济定额。但它和许多技术条件、技术因素有密切的关系,直接受技术条件、技术因素的约束和影响。

④适应性原则。计价依据管理要适应社会主义市场经济发展的需要,不断完善计价依据的体系、内容和管理体制。其次,要适应全社会的需要,不仅面对政府投资的建设项目,也要适应社会其他投资主体对建设工程定额的需要,不断为他们提供及时而准确的信息服务。第三,由于建设工程定额是统一定额,因此,全国统一定额、地区统一定额、行业统一定额和企业定额等,必须能适应规定范围内的各种情况。第四,适应性还应包含一定的时间跨度。由于造价依据的使用期一般较长,因此必须在整个使用期内都能适用。

2)建设工程造价计价依据管理内容和程序

(1)管理的内容

建设工程造价计价依据的管理,属于基础性工作的管理。管理的内容主要是制订有关法律和制度,制订各类造价依据的编制和修订计划,组织编制和修订,组织造价信息的收集、整理和发布,监督造价依据的正确实施,调查和分析造价依据的利用情况和存在问题,提出改善的对策等。上述管理内容,既有宏观层次,也有微观层次。

在我国,造价依据管理始终是工程造价管理的重点,尤其是各种定额和指标的管理更是重中之重。国家把定额作为管理和控制建设工程造价的有效手段,在进一步深化经济体制改革的形势下,定额仍然是国家对工程建设进行预测、决策、宏观调控的手段。

在建设工程造价计价依据中,有些并不是建设工程造价管理范围,如税率、利率,它是财政税收和金融政策决定的,汇率则与国际金融市场和我国外汇管制政策相关。但是除各类定额和指标外,随着社会主义市场经济的发展,设备、原材料价格和人工、机械台班单位等价格依据的管理被日益提到重要的地位,由于上述各类价格依据在市场上的频繁波动,对建设工程造价产生巨大影响,要求造价依据的管理要不断追踪和反映新的价格信息的波动,从而大大增加了造价依据管理的复杂性。

(2)管理的程序

从造价依据管理的内容和范围可以看出,造价依据的管理无非是信息收集、信息加工、信息传递和反馈的过程。

①建设工程造价依据信息流程,如图1.3所示。

图1.3　信息流程图

②管理程序与信息流程相关,具体的管理程序如下:

a.由管理部门制定和发布有关政策、法规、制度;

b.制订造价依据的编制计划和编制方案;

c.积累、收集和分析整理基础资料;

d.编制或修订造价依据;

e.征询和分析对编制初稿的意见;

f.调整和修改;

g.审批和发布;

h.组织实施,解释和答疑;

i.承担咨询业务;

j.监督执行情况,仲裁纠纷;

k.收集、储存和反馈建设工程造价新的信息。

· 1.4.4 投资估算指标 ·

工程建设投资估算指标是编制建设项目建议书、可行性研究报告等前期工作阶段投资估算的依据,也可以作为编制固定资产长远规划投资额的参考。投资估算指标为完成项目建设的投资估算提供依据和手段,它在固定资产的形成过程中起着投资预测、投资控制、投资效益分析的作用,是合理确定项目投资的基础。估算指标中的主要材料消耗量也是一种扩大材料消耗量指标,可以作为计算建设项目主要材料消耗量的基础。估算指标的正确制订对于提高投资估算的准确率,对建设项目的合理评估、正确决策具有重要的意义。

1)投资估算指标编制原则

由于投资估算指标属于项目建设前期进行估算投资的技术经济指标,它不但要反映实施阶段的静态投资,还必须反映项目建设前期和交付使用期内发生的动态投资,以投资估算指标为依据编制的投资估算,包含项目建设的全部投资额。这就要求投资估算指标比其他各种计价定额具有更大的综合性和概括性。因此,投资估算指标的编制工作,除了应遵循一般定额的编制原则外,还必须坚持下述原则:

①投资估算指标项目的确定应考虑以后几年编制建设项目建议书和可行性研究报告投资估算的需要。

②投资估算指标的分类、项目划分、项目内容、表现形式等,要结合各专业的特点,并且要与项目建议书、可行性研究报告的编制深度相适应。

③投资估算指标的编制内容,典型工程的选择,必须遵循国家的有关建设方针政策,符合国家技术发展方向,贯彻国家高科技政策和发展方向的原则,使指标的编制既能反映现实的高科技成果,反映正常建设条件下的造价水平,也能适应今后若干年的科技发展水平。坚持技术

上的先进、可行和经济上的合理,力争以较少的投入求得最大的投资效益。

④投资估算指标的编制要反映不同行业、不同项目和不同工程的特点,投资估算指标要适应项目前期工作深度的需要,而且具有更大的综合性。投资估算指标的编制必须密切结合行业特点,项目建设的特定条件,在内容上既要贯彻指导性、准确性和可调性的原则,又要具有一定的深度和广度。

⑤投资估算指标的编制要体现国家对固定资产投资实施间接控制作用的特点,要贯彻能分能合、有粗有细、细算粗编的原则。使投资估算指标能满足项目建议书和可行性研究各阶段的要求,既有能反映一个建设项目的全部投资及其构成(建筑工程费、安装工程费、设备工器具购置费和其他费用),又要有组成建设项目投资的各个单项工程投资(主要生产设施、辅助生产设施、公用设施、生活福利设施等)。做到既能综合使用,又能个别分解使用。占投资比例大的建筑工程、工艺设备,要做到有量、有价,根据不同结构形式的建筑物列出每百平方米的主要工程量和主要材料量,主要设备也要列有规格、型号、数量。同时,要以编制年度为基期计价,有必要的调整、换算办法等,便于由于设计方案、选厂条件、建设实施阶段的变化而对投资产生影响作相应的调整,也便于对现有企业实行技术改造和改、扩建项目投资估算的需要,扩大投资估算指标的覆盖面,使投资估算能够根据建设项目的具体情况合理准确地编制。

⑥投资估算指标的编制要贯彻静态和动态相结合的原则。要充分考虑到在市场经济条件下,由于建设条件、实施时间、建设期限等因素的不同,考虑到建设期的动态因素,即价格、建设期利息、固定资产投资方向调节税及涉外工程的汇率等因素的变动,导致指标的量差、价差、利息差、费用差等"动态"因素对投资估算的影响,对上述动态因素给予必要的调整办法和调整参数,尽量减少这些动态因素对投资估算准确性的影响,使指标具有较强的实用性和可操作性。

2)投资估算指标的内容

投资估算指标是确定和控制建设项目全过程各项投资支出的技术经济指标,其范围涉及建设前期、建设实施期和竣工验收交付使用期等各个阶段的费用支出,内容因行业不同各异,一般可分为建设项目综合指标、单项工程指标和单位工程指标三个层次。

(1)建设项目综合指标

建设项目综合指标指按规定应列入建设项目总投资的从立项筹建开始至竣工验收交付使用的全部投资额,包括单项工程投资、工程建设其他费用、预备费等。其组成如图1.4所示。

建设项目综合指标一般以项目的综合生产能力的单位投资表示,如元/t、元/kW,或以使用功能表示,如医院床位:元/床。

(2)单项工程指标

单项工程指标指按规定应列入能独立发挥生产能力或使用效益的单项工程的全部投资额,包括建筑工程费、安装工程费、设备及工器具购置费和其他费用。

- 单项工程一般划分原则

①主要生产设施,指直接参加生产产品的工程项目,包括生产车间或生产装置。

②辅助生产设施,指为主要生产车间服务的工程项目,包括集中控制室、中央试验室、机修、电修、仪器仪表修理及木工(模)等车间,原材料、半成品、成品及危险品等仓库。

③公用工程,包括给排水系统(给排水泵房、水塔、水池及全厂给排水管网)、供热系统(锅炉房及水处理设施、全厂热力管网)、供电及通信系统(变配电所、开关所及全厂输电、电信线

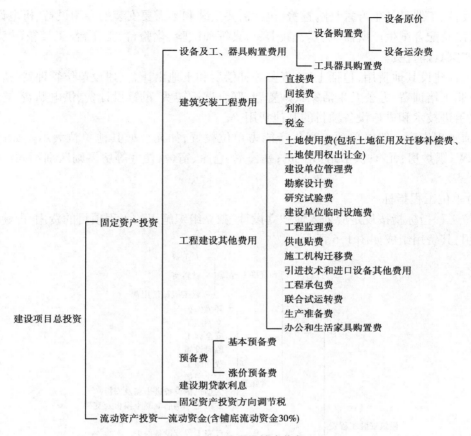

图1.4 建设项目综合指标

路)以及热电站、热力站、煤气站、空压站、冷冻站、冷却塔和全厂管网等。

④环境保护工程,包括废气、废渣、废水等的处理和综合利用设施及全厂性绿化。

⑤总图运输工程,包括厂区防洪、围墙大门、传达及收发室、汽车库、消防车库、厂区道路、桥涵、厂区码头及厂区大型土石方工程。

⑥厂区服务设施,包括厂部办公室、厂区食堂、医务室、浴室、哺乳室、自行车棚等。

⑦生活福利设施,包括职工宿舍、住宅、生活区食堂、职工医院、俱乐部、托儿所、幼儿园、子弟学校、商业服务点以及与之配套的设施。

⑧厂外工程,如水源工程、厂外输电、输水、排水、通信、输油等管线以及公路、铁路专用线等。

● 单项工程指标组成(图1.5)

①建筑工程费,包括场地平整、竖向布置土石方工程及厂区绿化工程;各种厂房、办公及生活福利设施等以及建筑物给排水、采暖、通风空调、煤气等管道工程、电气照明、防雷接地等;各种设施基础、栈桥、管道支架、烟囱烟道、地沟、道路、桥涵、码头以及铁路专用线等工程费用。

②安装工程费,包括主要生产、辅助生产、公用工程的专用设备、机电设备、仪表、各种工艺管道、电力、通信电缆等安装以及设备、管道保温、防腐等工程费用。

图1.5 单项工程指标

单项工程投资
┌ 建筑工程费
├ 安装工程费
├ 设备购置费
├ 工器具及生产家具购置费
└ 工程建设其他费用

③设备、工器具及生产家具购置费,包括需要安装和不需要安装的专用设备、机电设备、仪器仪表,以及配合试生产所需工、模、量、卡、刃具等和试验、化验台、工作台、工具箱(柜)、更衣柜等生产家具购置费。

④工程建设其他费用,包括土地、青苗等补偿费和土地出让金、建设单位管理费、研究试验费、生产职工培训费、办公及生活家具购置费、联合试运转费、勘察设计费、供电贴费、施工机构迁移费、引进技术和进口设备项目的其他费用等。

单项工程指标一般以单项工程生产能力单位投资,如元/t 或其他单位表示。如:变配电站:元/kW;锅炉房:元/t;供水站:元/m³;办公室、仓库、宿舍、住宅等房屋则区别不同结构形式以元/m² 表示。

(3)单位工程指标

单位工程指标指按规定应列入能独立设计、独立组织施工的工程项目的费用,即建筑安装工程费用,其费用组成如图1.6 所示。

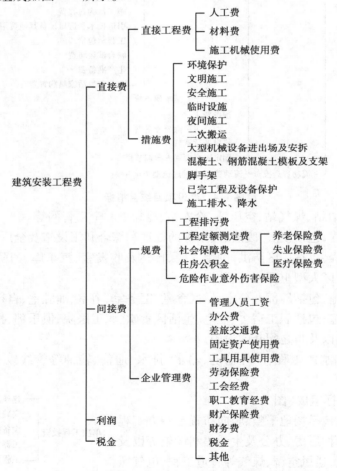

图1.6 单位工程指标

3)投资估算指标的编制方法

投资估算指标的编制工作,涉及建设项目的产品规模、产品方案、工艺流程、设备选型、工程设计和技术经济等各个方面,即要考虑到现阶段技术状况,又要展望近期技术发展趋势和设计动向,从而可以指导以后建设项目的实践。投资估算指标的编制应成立专业齐全的编制小组,编制人员应具备较高的专业素质。投资估算指标的编制应当制订一个从编制原则、编制内容、指标的层次相互衔接、项目划分、表现形式、计量单位、计算、复核、审查程序到应有的责任制等内容的编制方案或编制细则,以便编制工作有章可循。投资估算指标的编制一般分为三个阶段进行:

(1)收集整理资料阶段

收集整理已建成或正在建设的、符合现行技术政策和技术发展方向、有可能重复采用的、有代表性的工程设计施工图、标准设计以及相应的竣工决算或施工图预算资料等,这些资料是编制工作的基础,资料收集得越广泛,反映出的问题越多,编制工作考虑得越全面,就越有利于提高投资估算指标的实用性和覆盖面。同时,对调查收集到的资料要选择占投资比重大、相互关联多的项目进行认真地分析整理,由于已建成或正在建设的工程的设计意图、建设时间和地点、工程项目的基础等不同,相互之间的差异很大,需要去粗取精、去伪存真地加以整理,才能重复利用。将整理后的数据资料按项目划分栏目加以归类,按照编制年度的现行定额、费用标准和价格,调整成编制年度的造价水平及相互比例。

(2)平衡调整阶段

由于调查收集的资料来源不同,虽然经过一定的分析整理,但难免会由于设计方案、建设条件和建设时间上的差异带来的某些影响,使数据失真或漏项等,必须对有关资料进行综合平衡调整。

(3)测算审查阶段

测算将新编的指标和选定工程的概预算,在同一价格条件下进行比较,检验其"量差"的偏离程度是否在允许偏差的范围以内,如偏差过大,则要查找原因,进行修正,以保证指标的确切、实用。测算也是对指标编制质量进行的一次系统检查,应由专人进行,以保持测算口径的统一,在此基础上组织有关专业人员予以全面审查定稿。

· 1.4.5　建设工程造价指数 ·

1)建设工程造价指数及其意义

随着我国经济体制改革,特别是市场价格体制改革的不断深化,设备、材料价格和人工费的变化对建设工程造价的影响日益增大。在建筑市场供求和价格水平发生经常性波动的情况下,建设工程造价及其各组成部分,也处于不断变化之中。这不仅使不同时期的工程在"量"与"价"两方面都失去可比性,也给合理确定和有效控制造价造成了困难。根据工程建设的特点,编制建设工程造价指数是解决这些问题的最佳途径。正确编制的建设工程造价指数,不仅能够较好地反映建设工程造价的变动趋势和变化幅度,而且可用以剔除价格水平变化对造价的影响,客观反映建筑市场的供求关系和生产力发展水平。

建设工程造价指数是反映一定时期由于价格变化对建设工程造价影响程度的一种指标。它是调整建设工程造价价差的依据。建设工程造价指数反映了报告期与基期相比的价格变动程度和趋势,在建设工程造价管理中,建设工程造价指数具有以下作用:

①分析价格变动趋势及其原因;

②估计建设工程造价变化对宏观经济的影响;

③承发包双方进行工程估价和结算的重要依据。

2）建设工程造价指数的分类

（1）按照工程范围、类别、用途分类

①单项价格指数：是分别反映各类工程的人工、材料、施工机械及主要设备报告期价格对基期价格的变化程度的指标。可利用它研究主要单项价格变化的情况及趋势，如人工费价格指数、主要材料价格指数、施工机械台班价格指数、主要设备价格指数等。

②综合造价指数：是综合反映各类项目或单项工程人工费、材料费、施工机械使用费和设备费等报告期价格对基期价格变化而影响建设工程造价程度的指标。它是研究造价水平总变动趋势和程度的主要依据，如建筑安装工程造价指数、建设项目或单项工程造价指数、建筑安装工程直接费造价指数、其他直接费及间接费造价指数、工程建设其他费用造价指数等。

（2）按造价资料期限长短分类

①时点造价指数：是不同时点价格对比计算的相对数。

②月指数：是不同月份价格对比计算的相对数。

③季指数：是不同季度价格对比计算的相对数。

④年指数：是不同年度价格对比计算的相对数。

（3）按不同基期分类

①定基指数：是各时期价格与某固定时期的价格对比后编制的指数。

②环比指数：是各时期价格都以其前一期价格为基础计算的造价指数。例如，与上月对比计算的指数，为月环比指数。

3）建设工程造价指数的编制

建设工程造价指数一般应按各主要构成要素分别编制价格指数，然后经汇总得到建设工程造价指数。

（1）工料机价格指数的编制

人工、机械台班、材料等要素价格指数的编制是编制建筑安装工程造价指数的基础。材料、设备、人工、机械的价格可按如下公式计算：

$$工料机价格指数 = \frac{P_n}{P_0}$$

式中　P_n——报告期人工费、施工机械台班和材料、设备预算价格；

　　　　P_0——基期人工费、施工机械台班和材料、设备预算价格。

（2）建筑安装工程造价指数的编制

建筑安装工程造价指数是一种综合性极强的价格指数，可按照下列公式计算：

建筑安装工程造价指数 = 人工费指数 × 基期人工费占建筑安装工程造价比例 + $\sum$（某材料价格指数 × 基期该材料占建筑安装工程造价比例）+ $\sum$（某材料价格指数 × 基期该机械费占建筑安装工程造价比例）+ 综合费指数 × 综合费占建筑安装工程造价比例

（3）设备、工器具和工程建设其他费用价格指数的编制

①设备工器具价格指数：设备工器具的种类、品种和规格很多，其指数一般可选择其中用量大、价格高、变动多的主要设备工器具的购置数量和单价，按照下式计算：

$$设备工器具价格指数 = \frac{\sum(报告期设备工器具单价 \times 报告期购置数量)}{\sum(基期设备工器具单价 \times 报告期购置数量)}$$

②工程建设其他费用指数:工程建设其他费用指数可按照每万元投资中其他费用支出计算,计算公式为:

$$工程建设其他费用指数 = \frac{报告期每万元投资支出中其他费用}{基期每万元投资支出中其他费用}$$

(4)建设项目或单项工程造价指数的编制

建设项目或单项工程造价指数可按如下公式计算:

$$\begin{aligned}建设项目或单项工程造价指数 = {}&建筑安装工程造价指数 \times 基期建筑安装工程费占\\&总造价比例 + \sum(设备价格指数 \times 该设备费占总\\&造价比例) + 工程建设其他费用指数 \times 基期工程\\&建设其他费用占总造价比例\end{aligned}$$

小　结

本章基本要点归纳如下:

(1)商品价值是凝结在商品中的人类无差别劳动,它由生产中消耗掉的生产资料价值、劳动者为自己创造的价值和劳动者为社会所创造的价值组成。商品价格构成以价值构成为基础,是价值构成的货币表现。商品价格一般由4个因素构成,即生产成本、流通费用、利润和税金。但是由于商品价格所处的流通环节和纳税环节不同,其构成因素也不完全相同。

(2)商品价格的职能,就其生成机制来看,可分为基本职能和派生职能。建设工程造价除具有一般商品的基本职能和派生职能以外,尚具有预测职能、控制职能、评价职能和调控职能4个特殊职能。

(3)商品价格在不断运动之中。价格运动是由价格形成因素的运动性决定的。支配价格运动的经济规律主要是价值规律、供求规律和纸币流通规律。

(4)建设工程造价有两种含义:从业主角度出发,建设工程造价就是固定资产投资;从商品经济来看,建设工程造价就是指工程价格,即工程承发包价格。工程价格的两种含义是从不同角度把握同一事物的本质。建设工程造价与一般商品价格比较,有其自身的特点。

(5)建设工程造价按工程建设阶段的不同,可以分为投资估算造价、概算造价、修正概算造价、预算造价、合同价、结算价和实际造价7种类型。它具备单件性、多次性、组合性、方法的多样性的计价特征。

(6)与建设工程造价的概念相对应,建设工程造价管理的概念也有两种,即建设工程投资费用管理和建设工程造价管理。其基本内容是合理的确定建设工程造价和有效地控制建设工程造价。有效控制建设工程造价的三个原则是:以设计阶段为重点的建设全过程造价控制;主动控制,以取得令人满意的效果;技术与经济相结合是控制建设工程造价最有效的手段。

(7)建设工程造价计价依据是据以计算建设工程造价的各类基础资料的总称,概括起来可以分为7大类。

（8）建设工程定额是指在工程建设中单位产品上人工、材料、机械、资金消耗的规定额度。按照不同的原则与方法对它进行分类可以划分出许多类型，主要分类方法有按定额反映的物质消耗内容分类、按照定额的编制程序和用途分类、按照投资的费用性质分类、按照专业性质分类、按主编单位和管理权限分类。

（9）建设工程造价计价依据的管理原则主要有：集中领导和分级管理的原则、标准化原则、技术和经济统一的原则、适应性原则。

（10）投资估算指标一般可分为建设项目综合指标、单项工程指标和单位工程指标三个层次。其编制一般分为收集整理资料、平衡调整和测算审查三个阶段。

（11）建设工程造价指数是反映一定时期由于价格变化对建设工程造价影响程度的一种指标，它反映了报告期与基期相比的价格变动程度和趋势。其类型按照工程范围、类别、用途分为单项价格指数和综合造价指数；按造价资料期限长短分为时点造价指数、月指数、季指数和年指数；按不同基期分为定基指数和环比指数。

复习思考题

1. 什么叫商品价值？它由哪些构成？

2. 什么叫商品成本？它与商品价值的关系是什么？

3. 什么叫商品盈利？其计算方法有哪些？

4. 影响价格形成的因素有哪些？

5. 商品价格职能有哪些？支配价格运动的规律是什么？

6. 构成商品价格的因素有哪些？

7. 什么叫建设工程造价？它的特点是什么？其职能和计价特征有哪些？如何进行分类？

8. 建设工程项目如何划分？

9. 什么叫静态投资、动态投资、建设项目总投资、固定资产投资、建筑安装工程造价？

10. 什么叫建设工程造价管理？建设工程造价管理的基本内容是什么？其组织系统有哪些？国外建设工程造价的管理的特点有哪些？

11. 我国造价工程师考试的条件有哪些？造价工程师的执业范围、职责、权利、义务是什么？

12. 什么叫咨询和建设工程造价咨询？

13. 什么叫建设工程造价计价依据？其种类有哪些？

14. 什么叫建设工程定额？其分类方法有哪些？各自划分的定额有哪些？

15. 投资估算指标的内容有哪些？其编制步骤可以分为几个阶段？

16. 什么叫建设工程造价指数？它有哪些类型？

17. 某建设项目投资额及分项价格指数分别为：建筑安装工程投资 2 000 万元和 110%，设备工器具投资 2 500 万元和 105%，工程建设其他投资 600 万元和 115%，试确定建设工程造价指数。

2 建设工程造价的构成

2.1 概　述

·2.1.1　我国现行投资构成与建设工程造价构成·

投资构成含固定资产投资和流动资产投资两部分。建设工程造价就是固定资产投资,它由设备及工、器具购置费用、建筑安装工程费用、工程建设其他费用、预备费、建设期贷款利息构成。具体构成内容如图2.1所示。

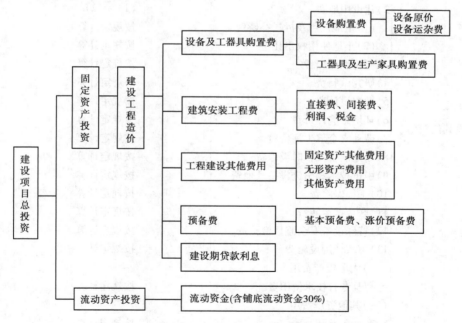

图2.1　我国现行工程造价构成

我国现行建设工程造价构成及基本计算方法如表2.1所示。

表 2.1 我国现行建设工程造价构成

费用项目			参考计算方法
一、建筑安装工程费	直接费	直接工程费	$\sum$（概预算定额基价×实物工程量）
		措施费	按规定标准计算
	间接费	企业管理费 规费	土建工程：直接费×费率 安装工程：人工费×费率
	利润		土建工程：（直接费＋间接费）×费率 安装工程：人工费×费率
	税金		营业收入×税率
二、设备、工器具购置费	设备购置费 工器具及生产家具购置费		设备原价×（1＋设备运杂费率） 设备购置费×费率
三、工程建设其他费用	（一）固定资产其他费用 1）建设管理费 　（1）建设单位管理费 　（2）工程监理费 2）建设用地费 　（1）土地征用及拆迁补偿费 　（2）土地使用权出让金 3）可行性研究费 4）研究试验费 5）勘察设计费 6）环境影响评价费 7）劳动安全卫生评价费 8）场地准备及临时设施费 9）引进技术和引进设备其他费 10）工程保险费 11）联合试运转费 12）特殊设备安全监督检验费 13）市政公用设施费 （二）无形资产费用 专利及专有技术使用费 （三）其他资产费用 生产准备及开办费		（1）＋（2） （一＋二）×费率 按规定计算 （1）＋（2） 按规定计算 按规定计算 按规定计算 按规定计算 按规定计算 按规定计算 按规定计算 按规定计算 按规定计算 按规定计算 按规定计算 按规定计算 按规定计算 按规定计算 按规定计算
四、预备费	基本预备费 涨价预备费		（一＋二＋三）×费率 按规定计算
五、利息	建设期贷款利息		按实际年利率计算

·2.1.2　世界银行建设工程造价的构成·

1978 年,世界银行、国际咨询工程师联合会对项目的总建设成本做统一规定,它由项目直接建设成本、项目间接成本、应急费和建设成本上升费 4 项费用组成。

1)项目直接建设成本

项目直接建设成本包括以下内容:

①土地征购费。

②场外设施费,如道路、码头、桥梁、机场、输电线路等设施建设费用。

③场地费,指用于场地准备、厂区道路、铁路、围栏、场内设施等的建设费用。

④工艺设备费,指主要设备、辅助设备及零配件的购置费用,包括海运包装费用、交货港离岸价,但不包括税金。

⑤设备安装费,指设备供应商的监理费用,本国劳务及工资费用,辅助材料、施工设备、消耗品和工具等费用,以及安装承包商的管理费和利润等。

⑥管道系统费,指与系统的材料及劳务相关的全部费用。

⑦电气设备费,指主要电气设备、辅助设备及零配件的购置费用,包括海运包装费用、交货港离岸价,但不包括税金。

⑧电气安装费,指设备供应商的监督管理费用,本国劳务与工资费用,辅助材料、电缆、管道和工器具费用,以及营造承包商的管理费和利润。

⑨仪器仪表费,指所有仪器仪表、控制板、配线和辅助材料的费用以及供应商的监理费用、外国或本国劳务及工资费用、承包商的管理费和利润。

⑩机械的绝缘和油漆费,指与机械及管道的绝缘和油漆相关的全部费用。

⑪工艺建筑费,指原材料、劳务费以及与基础、建筑结构、屋顶、内外装修、公共设施有关的全部费用。

⑫服务性建筑费,指原材料、劳务费以及与基础、建筑结构、屋顶、内外装修、公共设施有关的全部费用。

⑬工厂普通公共设施费,包括材料和劳务以及与供水、燃料供应、通风、蒸汽发生及分配、下水道、污物处理等公共设施有关的费用。

⑭车辆费,指工艺操作必要的机动设备及零件费用,包括海运包装费用以及交货港的离岸价,但不包括税金。

⑮其他当地费用,是指那些不能归类于以上任何一个项目,不能计入项目间接成本,但在建设期间又是必不可少的当地费用。例如:临时设备、临时公共设施及场地的维持费,营地设施及其管理、建筑保险和债券、杂项开支等费用。

2)项目间接建设成本

项目间接建设成本包括:

①项目管理费,包括总部人员的薪金和福利费,以及用于初步和详细工程设计、采购、时间及成本控制、行政和其他一般管理的费用;施工管理现场人员的薪金、福利费和用于施工现场监督、质量保证、现场采购、时间及成本控制、行政和其他施工管理机构的费用;零星杂项费用,例如返工、旅行、生活津贴、业务支出等;各种酬金。

②开工试车费,指工厂投料试车必需的劳务和材料费用。

③业主的行政性费用,指业主的项目管理人员费用及支出。

④生产前费用,指前期研究、勘测、建矿、采矿等费用。

⑤运费和保险费,指海运、国内运输、许可证及佣金、海洋保险、综合保险等费用。

⑥地方税,指地方关税、地方税及对特殊项目征收的税金。

3)应急费

应急费用包括以下两方面的内容:

(1)未明确项目的准备金

此项准备金用于在估算时不可能明确的潜在项目,包括那些在做成本估算时因资料不够而不能完全预见和不能注明的项目。未明确项目的准备在每一个组成部分中均单独以一定的百分比确定,并作为估算的一个项目单独列出。此项准备金不是为了支付工作范围以外可能增加的项目,亦不足用以应付天灾、非正常经济情况及罢工等情况的支出,也不是用来补偿估算的任何误差,而是用来支付那些几乎可以肯定要发生的项目费用。因此,它是估算中不可少的一个组成部分。

(2)不可预见准备金

此项准备金(在未明确项目准备金之外)用于在估算达到了一定的完整性并符合技术标准的基础上,由于物质、社会和经济的变化,导致估算增加的情况。此种情况可能发生,也可能不发生。因此,不可预见准备金只是一种储备,可能不动用。

4)建设成本上升费用

通常,估算中使用的构成工资率、材料和设备价格基础的截止日期就是"估算日期"。必须对该日期或已知成本基础进行调整,以补偿直至工程结束时的未知价格增长。

工程的各个主要组成部分(国内劳务和相关成本、本国材料、外国材料、本国设备、外国设备、项目管理机构)的细目划分决定以后,便可确定每一个主要组成部分的增长率。这个增长率是一项判断因素,它以已发表的国内和国际成本指数、公司记录等为依据,并与实际供应商进行核对,然后根据确定的增长率和从工程进度表中获得的每项活动的中点值,计算出每项主要组成部分的成本上升值。

2.2 设备及工、器具购置费用的构成

设备及工、器具购置费用是由设备购置费和工具、器具及生产家具购置费组成的,它是固定资产投资中的积极部分。在生产性工程建设中,设备及工、器具购置费用占建设工程造价比重的增大,意味着生产技术的进步和资本有机构成的提高。

· 2.2.1 设备购置费的构成及计算 ·

设备购置费是指为建设项目购置或自制的达到固定资产标准的各种国产或进口设备、工具、器具的购置费用。它由设备原价和设备运杂费构成。

$$设备购置费 = 设备原价 + 设备运杂费$$

式中,设备原价指国家设备或进口设备的原价;设备运杂费指除设备原价之外的关于设备采购、运输、途中包装及仓库保管等方面支出费用的总和。

1)国产设备原价的构成及计算

国产设备原价一般指的是设备制造厂的交货价,即出厂价,或订货合同价。它一般根据生产厂家或供应商的询价、报价、合同价确定,或采用一定的方法计算确定。国产设备原价分为国产标准设备原价和国产非标准设备原价。

(1)国产标准设备原价

国产标准设备是指按照主管部门颁布的标准图纸和技术要求,由我国设备生产厂批量生产的,符合国家质量检测标准的设备。有的国产标准设备原价有两种,即带有备件的设备原价和不带有备件的设备原价。在计算时,一般采用带有备件的设备原价。

(2)国产非标准设备原价

国产非标准设备是指国家尚无定型标准,各设备生产厂不可能在工艺过程中采用批量生产,只能按临时订货要求和具体的设计图纸进行制造的设备。非标准设备原价有多种不同的计算方法,如成本计算估价法、系列设备插入估价法、分部组合估价法、定额估价法等。但无论采用哪种方法都应该使非标准设备计价接近实际出厂价,并且计算方法要简便。按成本计算估价法,非标准设备的原价由以下各项组成:

①材料费,其计算公式如下:

$$材料费 = 材料净重 \times (1 + 加工损耗系数) \times 每吨材料综合价$$

②加工费,包括生产工人工资和工资附加费、燃料动力费、设备折旧费、车间经费等。其计算公式如下:

$$加工费 = 设备总质量(吨) \times 设备每吨加工费$$

③辅助材料费(简称辅材费),包括焊条、焊丝、氧气、氮气、油漆、电石等费用。其计算公式如下:

$$辅助材料费 = 设备总质量 \times 辅助材料费指标$$

④专用工具费,按①~③项之和乘以一定百分率计算。

⑤废品损失费,按①~④项之和乘以一定百分率计算。

⑥外购配套件费,按设备设计图纸所列的外购配套件的名称、型号、规格、数量、质量,根据相应的市场价格加运杂费计算。

⑦包装费,按以上①~⑥项之和乘以一定百分率计算。

⑧利润,可按①~⑤项加第⑦项之和乘以一定利润率计算。

⑨税金,主要指增值税。计算公式为:

$$增值税 = 当期销项税额 - 进项税额$$
$$当期销项税额 = 销售额 \times 适用增值税率$$

⑩非标准设备设计费,按国家规定的设计费收费标准计算。

综上所述,单台非标准设备原价可用下面的公式表达:

$$单台非标准设备原价 = \{[(材料费 + 加工费 + 辅助材料费) \times (1 + 专用工具费率) \times (1 + 废品损失率) + 外购配套件费] \times (1 + 包装费率) - 外购配套件费\} \times (1 + 利润率) + 增值税 + 非标准设备设计费 + 外购配套件费$$

【例 2.1】 某工厂采购 1 台国产非标准设备,制造厂生产该台设备所用材料费 20 万元,加工费 2 万元,辅助材料费 4 000 元,专用工具费率 1.5%,废品损失费率 10%,外购配套件费 5 万元,包装费率 1%,利润率 7%,增值税率 17%,非标设备设计费 2 万元。求该国产非标准设备的原价。

【解】 专用工具费 = (20 + 2 + 0.4)万元 × 1.5% = 0.336 万元

废品损失费 = (20 + 2 + 0.4 + 0.336)万元 × 10% = 2.274 万元

包装费 = (20 + 2 + 0.4 + 0.336 + 2.274 + 5)万元 × 1% = 0.300 万元

利润 = (20 + 2 + 0.4 + 0.336 + 2.274 + 5 + 0.3)万元 × 7% = 1.772 万元

增值税 = (20 + 2 + 0.4 + 0.336 + 2.274 + 5 + 0.3 + 1.772)万元 × 17% = 5.454 万元

该国产非标准设备的原价 = (20 + 2 + 0.4 + 0.336 + 2.274 + 0.3 + 1.772 + 5.454 + 2 + 5)万元 = 39.536 万元

2)进口设备原价的构成及计算

进口设备的原价是指进口设备的抵岸价,即抵达买方边境港口或边境车站,且交完关税为止形成的价格。进口设备抵岸价的构成与进口设备的交货类别有关。

(1)进口设备的交货类别

可分为内陆交货类、目的地交货类、装运港交货类。

①内陆交货类,即卖方在出口国内陆的某个地点交货。在交货地点,卖方及时提交合同规定的货物和有关凭证,并负担交货前的一切费用和风险;买方按时接受货物,交付货款,负担接货后的一切费用和风险,并自行办理出口手续和装运出口。货物的所有权也在交货后由卖方转移给买方。

②目的地交货类,即卖方在进口国的港口或内地交货。它有目的港船上交货价、目的港船边交货价(FOS)、目的港码头交货价(关税已付)及完税后交货价(进口国的指定地点)等几种交货价。它们的特点是:买卖双方承担的责任、费用风险是以目的地约定交货点为分界线,只有当卖方在交货点将货物置于买方控制下才算交货,才能向买方收取货款。这种交货类别对卖方来说承担的风险较大,在国际贸易中卖方一般不愿采用。

③装运港交货类,即卖方在出口国装运港交货,主要有装运港船上交货价(FOB),习惯上称离岸价格;运费在内价(ECR)或运费、保险费在内价(CIF),习惯上称到岸价格。它们的特点是:卖方按照约定的时间在装运港交货,只要卖方把合同规定的货物装船后提供货运单据便完成交货任务,可凭单据收回货款。

装运港船上交货价(FOB)是我国进口设备采用最多的一种交货价。采用船上交货价时卖方的责任是:在规定的期限内,负责在合同规定的装运港口将货物装上买方指定的船只,并及时通知买方;负担货物装船前的一切费用和风险;负责办理出口手续;提供出口国政府或有关方面签发的证件;负责提供有关装运单据。买方的责任是:负责租船或订舱,支付运费,并将船期、船名通知卖方;负责货物装船后一切费用的风险;负责办理保险及支付保险费,办理在目的港的进口和收货手续;接受卖方提供的有关装运单据,并按合同规定支付货款。进口设备交货类别如表 2.2 所示。

表2.2　进口设备交货类别

交货类别	货价表现形式	特　点
内陆交货类	卖方在出口国内陆的某地交货。包括： ①铁路交货价（EOR）； ②制造厂交货价（EXW）； ③公路交货价（EOT）等	在交货地点，卖方及时提交合同规定的货物和有关凭证，并负责交货前一切费用和风险；买方按时接受货物，交付货款，承担接货后的一切费用和风险，并自行办理出口手续和装运出口。货物的所有权也在交货后由卖方转移给买方
目的地交货类	卖方在进口国的港口或内地交货。包括： ①目的港船上交货价； ②目的港船边交货价（FOS）； ③目的港码头交货价（关税已付）； ④完税后交货价等	买卖双方承担的责任、费用和风险是以目的约定交货点为分界线，只有当卖方在交货点将货物置于买方控制下才算交货，才能向买方收取货款。这种交货类别对卖方来说承担的风险较大，在国际贸易中卖方一般不愿采用
装运港船上交货类	卖方在出口国装运港交货。包括： ①装运港船上交货价（FOB），习惯称离岸价格； ②运费在内价（CER）； ③运费、保险费在内价（CIF），习惯称到岸价格	卖方按照约定的时间在装运港交货，只要卖方把合同规定的货物装船后提供货运单据，便完成交货任务，可凭单据收回货款

（2）进口设备抵岸价的构成及计算

进口设备抵岸价的构成可概括为：

进口设备抵岸价 = 货价 + 国际运费 + 运输保险费 + 银行财务费 + 外贸手续费 + 关税 + 增值税 + 消费税 + 海关监管手续费 + 车辆购置附加费

①货价，一般指装运港船上交货价（FOB）。设备货价分为原币货价和人民币货价，原币货价一律折算为美元表示，人民币货价按原币货价乘以外汇市场美元兑换人民币中间价确定。进口设备货价按有关生产厂商询价、报价、订货合同价计算。

②国际运费，即从装运港（站）到达我国抵达港（站）的运费。我国进口设备大部分采用海洋运输，小部分采用铁路运输，个别采用航空运输。进口设备国际运费计算公式为：

国际运费（海、陆、空）= 原币货价（FOB价）× 运费率

国际运费（海、陆、空）= 运量 × 单位运价

其中，运费率或单位运价参照有关部门或出口公司的规定执行。

③运输保险费，对外贸易货物运输保险是由保险人（保险公司）与被保险人（出口人或进口人）订立保险契约，在被保险人交付议定的保险费后，保险人根据保险契约的规定对货物在运输过程中发生的承保责任范围内的损失给予经济上的补偿。这是一种财产保险。计算公式为：

$$运输保险费 = \frac{（原币货价（FOB价）+ 国际运费）}{1 - 保险费率} × 保险费率$$

其中,保险费率按保险公司规定的进口货物保险费率计算。

④银行财务费,一般是指中国银行手续费,可按下式简化计算:

银行财务费 = 人民币货价(FOB 价) × 银行财务费率(一般为 0.4% ~0.5%)

⑤外贸手续费,指按对经济贸易部规定的外贸手续费率计取的费用,外贸手续费率一般取 1.5%。计算公式为:

外贸手续费 = [装运港船上交货价(FOB 价) + 国际运费 + 运输保险费] × 外贸手续费率

⑥关税,由海关对进出国境或关境的货物和物品征收的一种税。计算公式为:

关税 = 到岸价格(CIF 价) × 进口关税税率

其中,到岸价格(CIF 价)包括离岸价格(FOB 价)、国际运费、运输保险费等费用,它作为关税完税价格。进口关税税率分为优惠税率和普通税率两种。优惠税率适用于与我国签订有关税互惠条款的贸易条约或协定的国家的进口设备;普通税率适用于与我国未订有关税互惠条款的贸易条约或协定的国家的进口设备。进口关税税率按我国海关总署发布的进口关税税率计算。

⑦增值税,是对从事进口贸易的单位和个人,在进口商品报关进口后征收的税种。我国增值条例规定,进口应税产品均按组成计税价格和增值税税率直接计算应纳税额。即:

进口产品增值税额 = 组成计税价格 × 增值税税率

组成计税价格 = 关税完税价格 + 关税 + 消费税

增值税税率根据规定的税率计算,目前进口设备适用税率为 17%。

⑧消费税,对部分进口设备(如轿车、摩托车等)征收,一般计算公式为:

$$应纳消费税额 = \frac{到岸价 + 关税}{1 - 消费税率} × 消费税率$$

其中,消费税税率根据规定的税率计算。

⑨海关监管手续费,指海关对进口减税、免税、保税货物,实施监督、管理,提供服务的手续费。对于全额征收进口关税的货物不计本项费用。其公式如下:

海关监管手续费 = 到岸价 × 海关监管手续费率(一般为 0.3%)

⑩车辆购置附加费,进口车辆需缴进口车辆购置附加费。其公式如下:

进口车辆购置附加费 = (到岸价 + 关税 + 消费税 + 增值税) × 进口车辆购置附加费率

3)设备运杂费的构成及计算

(1)设备运杂费的构成

设备运杂费通常由下列各项构成:

①运费和装卸费,国产设备由设备制造厂交货地点起至工地仓库(或施工组织设计指定的需要安装设备的堆放地点)止所发生的运费和装卸费;进口设备则由我国到岸港口或边境车站起至工地仓库(或施工组织设计指定的需安装设备的堆放地点)止所发生的运费和装卸费。

②包装费,在设备原价中没有包含的,为运输而进行的包装支出的各种费用。

③设备供销部门的手续费,按有关部门规定的统一费率计算。

④采购与仓库保管费,指采购、验收、保管和收发设备所发生的各种费用,包括设备采购人

员、保管人员和管理人员的工资、工资附加费、办公费、差旅交通费,设备供应部门办公和仓库所占固定资产使用费、工具用具使用费、劳动保护费、检查试验费等。这些费用可按主管部门规定的采购与保管费费率计算。

(2)设备运杂费的计算

设备运杂费按设备原价乘以设备运杂费费率计算,其公式为:

$$设备运杂费 = 设备原价 \times 设备运杂费费率$$

其中,设备运杂费按各部门及省、市的规定计取。

·2.2.2　工具、器具及生产家具购置费的构成及计算·

工具、器具及生产家具购置费,是指新建或扩建项目初步设计规定的,保证初期正常生产必须购置的没有达到固定资产标准的设备、仪器、工卡模具、器具、生产家具和备品备件等的购置费用。一般以设备购置费为计算基数,按照部门或行业规定的工具、器具及生产家具费率计算。计算公式为:

$$工具、器具及生产家具购置费 = 设备购置费 \times 定额费率$$

【例2.2】　某宾馆设计采用进口与国产电梯各1部,其数据分别如下:

(1)进口电梯:

①每台毛重3 t,离岸价(FOB)60 000美元/台;

②海运费为6%;

③海运保险费为0.266%;

④关税税率为22%;

⑤增值税率为17%;

⑥银行财务费率为0.4%;

⑦外贸手续费率为1.5%;

⑧到货口岸至安装现场300 km,运输费为0.60元/(t·km),装、卸费均为50元/t;

⑨国内运输保险费率为0.1%;

⑩现场保险费率为0.2%。

(2)国产电梯:

①每台毛重为3.5 t;

②甲地生产厂仓库交货价格为43万元/台;

③生产厂仓库至火车站15 km为汽车运输;

④甲地火车站至乙地火车站600 km为火车运输;

⑤乙地火车站至施工现场指定地点8 km为汽车运输;

⑥汽车装、卸费50元/t;

⑦汽车运输费0.6元/(t·km);

⑧火车装、卸费40元/t;

⑨火车运输费0.6元/(t·km);

⑩采购保管费为1%。

求:(1)进口电梯自出口国口岸离岸运至安装现场的预算价格。

(2)国产电梯自生产厂出库运至施工现场的预算价格。

【解】 （1）进口电梯预算价格如表2.3所示。

表2.3　进口电梯预算价格计算表

费用项目	计算式	金额(人民币)/元
1. 原价(FOB)	60 000 × 8.3	498 000.00
2. 进口设备从属费用		289 920.78
2.1 海运费	498 000 × 0.06	29 880.00
2.2 海运保险费	(498 000 + 29 880) ÷ (1 − 0.002 66) × 0.002 66	1 407.91
2.3 关税	(498 000 + 29 880 + 1 407.91) × 0.22	116 443.34
2.4 增值税	(498 000 + 29 880 + 1 407.91 + 116 443.34) ÷ (1 − 0.17) × 0.17	132 258.21
2.5 银行财务费	498 000 × 0.004	1 992.00
2.6 外贸手续费	(498 000 + 29 880 + 1 407.91) × 0.015	7 939.32
3. 国内运杂费		1 628.76
3.1 运输及装卸费	3 × (300 × 0.6 + 50 × 2)	840.00
3.2 运输保险费	(498 000 + 289 920.78 + 840) × 0.001	788.76
4. 现场保管费	(498 000 + 289 920.78 + 1 628.76) × 0.002	1 579.10
预算价格	498 000 + 289 920.78 + 1 628.76 + 1 579.10	791 128.64

（2）国产电梯预算价格如表2.4所示。

表2.4　国产电梯预算价格计算表

费用项目	单价费率	计算式	金额(人民币)/元
1. 设备原价			430 000.00
2. 生产厂仓库至火车站运费			381.50
2.1 装车费	50 元/t	3.5 × 50	175.00
2.2 汽车运费	0.6 元/(t·km)	15 × 3.5 × 0.6	31.50
2.3 卸车费	50 元/t	3.5 × 50	175.00
3. 甲地火车站至乙地火车站运费			343.00
3.1 装车费	40 元/t	3.5 × 40	140.00
3.2 火车运费	0.03 元/(t·km)	3.5 × 600 × 0.03	63.00
3.3 卸车费	40 元/t	3.5 × 40	140.00
4. 乙地火车站至施工现场指定地点运费			366.80
4.1 装车费	50 元/t	3.5 × 50	175.00
4.2 汽车运费	0.6 元/(t·km)	3.5 × 8 × 0.60	16.80
4.3 卸车费	50 元/t	3.5 × 50	175.00
5. 采购保管费	1%	(430 000 + 381.50 + 343 + 366.80) × 0.01	4 310.91
预算价格			435 402.21

2.3 建筑安装工程费用构成

· 2.3.1 建筑安装工程费用构成 ·

在工程建设中,建筑安装工程是创造价值的生产活动。建筑安装工程费用作为建筑安装工程价值的货币表现,亦被称为建筑安装工程造价,它由建筑工程费用和安装工程费用两部分组成。

1)建筑安装工程的费用内容

(1)建筑工程费用

建筑工程费用包括:

①各类房屋建筑工程和列入房屋建筑工程预算的供水、供暖、供电、卫生、通风、煤气等设备安装费用及其装饰工程的费用,列入建筑工程预算的各种管道、电力、电信和电缆导线敷设工程的费用。

②设备基础、支柱、工作台、烟囱、水塔、水池、灰塔等建筑工程以及各种窑炉的砌筑工程和金属结构工程的费用。

③为施工而进行的场地平整,工程和水文地质勘察,原有建筑物和障碍物的拆除以及施工临时用水、电、气、路和完工后的场地清理、环境绿化、美化等工作的费用。

④矿井开凿、井巷延伸、露天矿剥离和石油、天然气钻井以及修建铁路、公路、桥梁、水库、堤坝、灌渠及防洪等工程的费用。

(2)安装工程费用

安装工程费用包括:

①生产、动力、起重、运输、传动、医疗、实验等各种需要安装的机械设备的装配费用,与设备相连的工作台、梯子、栏杆等装饰工程以及附设于被安装设备的管线敷设工程和被安装设备的绝缘、防腐、保温、油漆等工作的材料费和安装费。

②为测定安装工程质量,对单个设备进行单机试运转和对系统设备进行系统联动无负荷试运转工作的调试费。

2)建筑安装工程费用的构成与计算

我国现行建筑安装工程费用主要由4个部分构成:直接费、间接费、利润和税金。其具体构成与计算如表2.5所示。

表2.5中,措施费、间接费、利润等费用的内容、开支水平因工程规模、技术难易、施工场地、工期长短及企业资质等级等条件而异。目前,是由各地区建设工程造价主管部门依据工程规模大小、技术难易程度、工期长短等划分不同工程类型,确定相应的取费标准,并以此计算相应费用;随着工程计价改革不断深入和工程量清单计价规范的出台,政府建设工程造价主管部门,将逐步以年度市场价格水平,分别制订具有上、下限幅度的指导性费率,供确定建设项目投资、编制招标工程标底和投标报价参考,具体费率的确定应由企业根据其自身情况和工程特点自行确定。

表 2.5　建筑安装工程费用构成与计算

费用构成	费用项目		参考计算方法
直接费	直接工程费	人工费	$\sum$（人工工日概预算定额 × 日工资单价 × 实物工程量）
		材料费	$\sum$（材料概预算定额 × 材料预算价格 × 实物工程量）
		机械费	$\sum$（机械概预算定额 × 机械台班单价 × 实物工程量）
	措施费		按规定标准计算
间接费	企业管理费 规费		土建工程:直接费 × 费率 安装工程:人工费 × 费率
利润	利润		土建工程:(直接费 + 间接费) × 利润率 安装工程:人工费 × 利润率
税金	营业税、城乡维护建设税、教育费附加		(直接费 + 间接费 + 利润) × 费率

· 2.3.2　直接费 ·

直接费由直接工程费和措施费组成。

1）直接工程费

直接工程费是指施工过程中耗费的构成工程实体的各项费用,包括人工费、材料费、施工机械使用费。

（1）人工费

人工费是指直接从事建筑安装工程施工的生产工人开支的各项费用,内容包括:

①基本工资:是指发放给生产工人的基本工资。

②工资性补贴:是指按规定标准发放的物价补贴,煤、燃气补贴,交通补贴,住房补贴,流动施工津贴等。

③生产工人辅助工资:是指生产工人年有效施工天数以外非作业天数的工资,包括职工学习、培训期间的工资,调动工作、探亲、休假期间的工资,因气候影响的停工工资,女工哺乳期间的工资,病假在 6 个月以内的工资及产、婚、丧假期的工资。

④职工福利费:是指按规定标准计提的职工福利费。

⑤生产工人劳动保护费:是指按规定标准发放的劳动保护用品的购置费及修理费,职工服装补贴,防暑降温费,在有碍身体健康环境中施工的保健费用等。

（2）材料费

材料费是指施工过程中耗费的构成工程实体的原材料、辅助材料、构配件、零件、半成品的费用。内容包括:

①材料原价(或供应价格)。

②材料运杂费:是指材料自来源地运至工地仓库或指定堆放地点所发生的全部费用。

③运输损耗费:是指材料在运输装卸过程中不可避免的损耗。

④采购及保管费:是指为组织采购、供应和保管材料过程中所需要的各项费用,包括采购

费、仓储费、工地保管费、仓储损耗。

⑤检验试验费：是指对建筑材料、构件和建筑安装物进行一般鉴定、检查所发生的费用，包括自设试验室进行试验所耗用的材料和化学药品等费用。不包括新结构、新材料的试验费和建设单位对具有出厂合格证明的材料进行检验，对构件做破坏性试验及其他特殊要求检验试验的费用。

（3）施工机械使用费

施工机械使用费是指施工机械作业所发生的机械使用费以及机械安拆费和场外运费。其内容包括折旧费、大修费、经常维修费、安拆费及场外运输费、燃料动力费、操作机械工人人工费、运输机械养路费、车船使用税及保险费等。

2）措施费

措施费是指为完成工程项目施工，发生于该工程施工前和施工过程中非工程实体项目的费用。内容包括：

①环境保护费：是指施工现场为达到环保部门要求所需要的各项费用。

②文明施工费：是指施工现场文明施工所需要的各项费用。

③安全施工费：是指施工现场安全施工所需要的各项费用。

④临时设施费：是指施工企业为进行建筑工程施工所必须搭设的生活和生产用的临时建筑物、构筑物和其他临时设施费用等。

临时设施包括：临时宿舍、文化福利及公用事业房屋与构筑物，仓库、办公室、加工厂以及规定范围内道路、水、电、管线等临时设施和小型临时设施。

临时设施费用包括：临时设施的搭设、维修、拆除费或摊销费。

⑤夜间施工费：是指因夜间施工所发生的夜班补助费、夜间施工降效、夜间施工照明设备摊销及照明用电等费用。

⑥二次搬运费：是指因施工场地狭小等特殊情况而发生的二次搬运费用。

⑦大型机械设备进出场及安拆费：是指机械整体或分体自停放场地运至施工现场或由一个施工地点运至另一个施工地点，所发生的机械进出场运输及转移费用及机械在施工现场进行安装、拆卸所需的人工费、材料费、机械费、试运转费和安装所需的辅助设施的费用。

⑧混凝土、钢筋混凝土模板及支架费：是指混凝土施工过程中需要的各种钢模板、木模板、支架等的支、拆、运输费用及模板、支架的摊销（或租赁）费用。

⑨脚手架费：是指施工需要的各种脚手架搭、拆、运输费用及脚手架的摊销（或租赁）费用。

⑩已完工程及设备保护费：是指竣工验收前，对已完工程及设备进行保护所需的费用。

⑪施工排水、降水费：是指为了确保工程在正常条件下施工，采取各种排水、降水措施所发生的各种费用。

·2.3.3 间接费·

间接费由规费、企业管理费组成。

1）规费

规费是指政府和有关权力部门规定必须缴纳的费用（简称规费），包括：

①工程排污费:是指施工现场按规定缴纳的工程排污费。

②社会保障费:

a.养老保险费,是指企业按规定标准为职工缴纳的基本养老保险费。

b.失业保险费,是指企业按照国家规定标准为职工缴纳的失业保险费。

c.医疗保险费,是指企业按照规定标准为职工缴纳的基本医疗保险费。

③住房公积金:是指企业按规定标准为职工缴纳的住房公积金。

④危险作业意外伤害保险:是指按照建筑法规定,企业为从事危险作业的建筑安装施工人员支付的意外伤害保险费。

2)企业管理费

企业管理费是指建筑安装企业组织施工生产和经营管理所需费用。内容包括:

①管理人员工资:是指管理人员的基本工资、工资性补贴、职工福利费、劳动保护费等。

②办公费:是指企业管理办公用的文具、纸张、账表、印刷、邮电、书报、会议、水电、烧水和集体取暖(包括现场临时宿舍取暖)用煤等费用。

③差旅交通费:是指职工因公出差、调动工作的差旅费、住勤补助费、市内交通费和误餐补助费,职工探亲路费,劳动力招募费,职工离退休、退职一次性路费,工伤人员就医路费,工地转移费以及管理部门使用的交通工具的油料、燃料、养路费及牌照费。

④固定资产使用费:是指管理和试验部门及附属生产单位使用的属于固定资产的房屋、设备仪器等的折旧、大修、维修或租赁费。

⑤工具、用具使用费:是指管理使用的不属于固定资产的生产工具、器具、家具、交通工具和检验、试验、测绘、消防用具等的购置、维修和摊销费。

⑥劳动保险费:是指由企业支付离退休职工的易地安家补助费、职工退职金、6个月以上的病假人员工资、职工死亡丧葬补助费、抚恤费、按规定支付给离休干部的各项经费。

⑦工会经费:是指企业按职工工资总额计提的工会经费。

⑧职工教育经费:是指企业为职工学习先进技术和提高文化水平,按职工工资总额计提的费用。

⑨财产保险费:是指施工管理用财产、车辆保险。

⑩财务费:是指企业为筹集资金而发生的各种费用。

⑪税金:是指企业按规定缴纳的房产税、车船使用税、土地使用税、印花税等。

⑫其他:包括技术转让费、技术开发费、业务招待费、绿化费、广告费、公证费、法律顾问费、审计费、咨询费等。

·2.3.4 利润·

利润是指施工企业完成所承包工程获得的盈利。

·2.3.5 税金·

建筑安装工程税金是指国家税法规定的应计入建筑安装工程造价内的营业税、城乡维护建设税及教育费附加。

营业税的税额为营业额的3%。其中营业额是指从事建筑、安装、修缮、装饰及其他工程作业收取的全部收入,还包括建筑、修缮、装饰工程所用原材料及其他物资和动力的价款。当安装的设备价值作为安装工程产值时,也包括所安装设备的价款。但建筑业的总承包人将工程分包给他人的,其营业额中不包括付给分包人的价款。

城乡维护建设税是国家为了加强城乡的维护建设,扩大和稳定城市、乡镇维护建设资金来源,而对有经营收入的单位和个人征收的一种税。城乡维护建设税应纳税额的计算式为:

$$应纳税额 = 营业税额 \times 适用税率$$

城乡维护建设税税率由各省、自治区、直辖市人民政府根据当地经济情况和城乡维护建设需要,在统一规定的幅度内,确定不同市县的适应税率。城乡维护建设税的纳税人所在地为市区的,按营业税的7%征收;所在地为县镇的,按营业税的5%征收;所在地为农村的,按营业税的1%征收。

教育费附加税额为营业税的3%,并与营业税同时缴纳。即使办有职工子弟学校的建筑安装企业,也应缴纳教育费附加,教育部门可根据企业的办学情况,酌情返还给办学单位,作为办学经费的补贴。

· 2.3.6 国外建筑安装工程费用构成 ·

1)费用构成

在国际建筑市场上,建筑安装工程费用是通过招标投标方式确定的。工程费用高低受建筑产品供求关系影响较大,但其构成与我国建筑安装工程费用的构成比较相似,一般由直接费、管理费、开办费、利润、暂定金额及分包工程费组成,如图2.2所示。

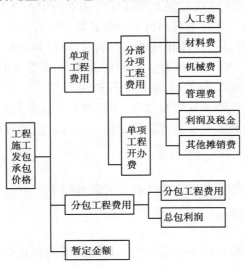

图2.2　国外建筑安装工程费用构成

(1)直接费的构成

①工资。国外一般把建筑安装工人按技术要求分为高级技工、熟练工、半熟练工和壮工。当建设工程造价采用平均工资计算时,要按各类工人占工人总数的比例进行加权计算。工资应包括工人工资、加班费、津贴及招雇、解雇费用等。

②材料费。包括以下5项:

a.材料原价。在当地市场采购的材料原价就是采购价,包括材料出厂价和采购供销手续费等;进口材料一般是指到达当地港口的交货价。

b. 运杂费。在当地采购的材料是指从采购地点至工程施工现场的短途运输费、装卸费;进口材料则为从当地港口至工程施工现场的运输费、装卸费。

c. 税金。在当地采购的材料,采购价中一般已包括有税金;进口材料则为工程所在国的进口关税和手续费等。

d. 运输损耗及采购保管费。

e. 预涨费。根据当地材料价格平均上涨率和施工年数,按材料原价、运杂费和税金的一定百分率计算。

③施工机械费。大型自有机械台时单价,一般由每台时应摊折旧费、应摊维修费、台时消耗的能源和动力费、台时应摊的驾驶工人工资以及工程机械设备险投保费、第三者责任险投保费等组成。如使用租赁施工机械时,其费用则包括租赁费、租赁机械的进出场费等。

(2)管理费

管理费包括工程现场管理费(占整个管理费的 25% ~30%)、公司管理费(占整个管理费的 70% ~75%)。管理费除了包括与我国管理费构成相似的工作人员工资、劳动保护费、办公费、差旅交通费、固定资产使用费、工具用具使用费外,还含有业务经营费。其具体内容包括:

①广告宣传费。

②交际费,如日常接待饮料、宴请及礼品费等。

③业务资料费,如购买投标文件费、文件及资料复制费等。

④业务所需手续费。施工企业参加工程投标时必须由银行开具投标保函;在中标后必须由银行开具履约保函;在收业主的工程预付款以前必须由银行开具预付款保函;在工程竣工后必须由银行开具质量或维修保函。在开具以上保函时,银行要收取一定的担保费。

⑤代理人费用和佣金。施工企业为争取中标或为加速收取工程款,有时在工程所在地(所在国)寻找代理人或代理公司时支付的佣金和费用。

⑥保险费,如建筑安装工程一切险投保费、第三者责任险即公众责任险投保费等。

⑦税金,如许多国家向施工企业征收的印花税、转手税、公司所得税、个人所得税、营业税、社会安全税等。

⑧向银行借款的利息。

在许多国家,施工企业的业务经营费往往是管理费用中所占比重最大的一项,占整个管理费的 30% ~40%。

(3)开办费

在许多国家,开办费一般是在各分部分项工程造价的前面按单项工程单独列出。单项工程建筑安装工作量越大,开办费在建设工程造价中所占比重就越小;反之,开办费在建设工程造价中所占比重就越大。一般开办费占建筑安装工程造价的 10% ~20%。开办费包括的内容因国家和工程不同而异,大致包括以下内容:

①施工用水、用电费。施工用水费,按实际打井、抽水、送水发生的费用估算,也可按占直接费的比率估计。施工用电费,按实际需要的电费或自行发电费估算,也可按占直接费的比率估计。

②工地清理费及完工后清理费、建筑物烘干费、临时围墙、安全信号、防护用品的费用、恶劣气候条件下的工程防护费、噪声费、污染费及其他法定的防护费用。

③周转材料费,如脚手架、模板的摊销费等。

④临时设施费,包括生活用房、生产用房、临时通信、室外工程(包括道路、停车场、围墙、给排水管道、输电线路等)的费用,可按实际需要计算。

⑤驻工地工程师的现场办公室及所需设备的费用和现场材料实验室及所需设备的费用。一般在招标文件的技术规范中有明确的面积、质量标准及设备清单等要求,如要求配备一定的服务人员或试验助理人员,他们的工资费用也应列入。

⑥其他,包括工人现场福利费及安全费、职工交通费等。

(4)利润

国际建筑承包市场上,施工企业的利润过去一般占成本的10%～15%,也有的管理费与利润共占直接费的30%左右。具体工程的利润率,则要根据具体情况,如工程难易、现场条件、工期的长短、竞争对手等情况随行就市确定。

(5)暂定金额

这项金额包括在合同中,供工程任何部分的施工或提供货物、材料、设备或服务、不可预见事件的费用使用的金额,它只有工程师批准后才能动用。

(6)分包工程费用

①分包工程费用包括分包工程的直接费、管理费和利润。

②总包利润和管理费指分包单位向总包单位交纳的总包管理费、其他服务费和利润。

2)费用组成形式和分摊比例

(1)组成形式

组成建筑安装工程费用的费用项目体现在承包商投标报价中有三种形式:组成分部分项工程单价、单独列项、分摊进入单价。

①组成分部分项工程单价。人工费、材料费、机械费直接消耗在分部分项工程上,在费用和分部分项工程之间存在直接的对应关系,组成分部分项工程单价。

②单独列项。不是直接消耗在分部分项工程上的某些费用项目,无法与分部分项工程形成直接的对应关系,但是对完成工程建设是必不可少的费用,如开办费中临时设施、为业主提供的办公和生活设施、脚手架等费用,经常在工程量清单的开办费部分单独列项报价。

③分摊进入单价。管理费、利润、税金和开办费中的某些费用项目,可以以一定的比例分摊进入单价。

(2)分摊比例

①固定比例。税金和政府收取的各项规定的费用,承包商不能随意变动。

②浮动比例。总部管理费和利润可以根据承包商自身的经营状况、工程具体情况、市场竞争状况自主确定,不同工程,可以在一定幅度范围以内浮动。

③测算比例。如开办费的比例,就要先测算项目金额,再计算比例,摊入分部分项工程单价。

④公式法。可参考下列公式分摊:

$$A = a(1 + k_1)(1 + k_2)(1 + k_3)$$

式中　A——分摊后的分部分项工程单价;

　　　a——分摊前的分部分项工程单价;

k_1——开办费项目的分摊比例；

k_2——总部管理费和利润的分摊比例；

k_3——税率。

2.4 工程建设其他费用构成

工程建设其他费用包括固定资产其他费用、无形资产费用和其他资产费用。

· 2.4.1 固定资产其他费用 ·

1）建设管理费

建设管理费是指建设单位从项目筹建开始直至工程竣工验收合格或交付使用为止发生的项目建设管理费用。费用内容包括：

（1）建设单位管理费

建设单位管理费是指建设单位发生的管理性质的开支，包括：工作人员工资、工资性补贴、施工现场津贴、职工福利费、住房基金、基本养老保险费、基本医疗保险费、失业保险费、工伤保险费、办公费、差旅交通费、劳动保护费、工具用具使用费、固定资产使用费、必要的办公及生活用品购置费、必要的通讯设备及交通工具购置费、零星固定资产购置费、招募生产工人费、技术图书资料费、业务招待费、设计审查费、工程招标费、合同契约公证费、法律顾问费、咨询费、完工清理费、竣工验收费、印花税和其他管理性质开支。

（2）工程监理费

工程监理费是指建设单位委托工程监理单位实施工程监理的费用。

2）建设用地费

建设用地费是指按照《中华人民共和国土地管理法》等规定，建设项目征用土地或租用土地应支付的费用。

（1）土地征用及拆迁补偿费

土地征用及拆迁补偿费是指建设项目通过划拨方式取得无限期的土地使用权，依照规定所支付的费用。包括：土地补偿费，安置补助费，青苗补偿费和被征用土地上的房屋、水井、树木等附着物补偿费，缴纳的耕地占用税或城镇土地使用税、土地登记费及征地管理费，征地动迁费和水利水电工程水库淹没处理补偿费等组成，并按被征用土地的原用途给予补偿。

（2）土地使用权出让金

土地使用权出让金指建设项目通过土地使用权出让方式，取得有限期的土地使用权，按照相应规定，支付土地使用权出让金。这属于第一层次的范围，即政府将国有土地使用权出让给用地者。第二层次及以下层次的转让则发生在使用者之间。

在有偿转让和出让土地时，政府对地价不作统一规定，但应坚持以下原则：

①地价对目前的投资环境产生不大的影响；

②地价与当前的社会经济承受能力相适应；

③地价要考虑已投入的土地开发费用、土地市场供求关系、土地用途和使用年限。

3）可行性研究费

可行性研究费是指在建设项目前期工作中,编制和评估项目建议书(或预可行性研究报告)、可行性研究报告所需的费用。

4）研究试验费

研究试验费是指为本建设项目提供或验证设计数据、资料等进行必要的研究试验及按照设计规定在建设过程中必须进行试验、验证所需的费用。

5）勘察设计费

勘察设计费是指委托勘察设计单位进行工程水文地质勘察、工程设计所发生的各项费用。包括:工程勘察费、初步设计费(基础设计费)、施工图设计费(详细设计费)、设计模型制作费。

6）环境影响评价费

环境影响评价费是指按照《中华人民共和国环境保护法》《中华人民共和国环境影响评价法》等规定,为全面、详细评价本建设项目对环境可能产生的污染或造成的重大影响所需的费用。包括编制环境影响报告书(含大纲)、环境影响报告表和评估环境影响报告书(含大纲)、评估环境影响报告表等所需的费用。

7）劳动安全卫生评价费

劳动安全卫生评价费是指按照劳动部《建设项目(工程)劳动安全卫生监察规定》和《建设项目(工程)劳动安全卫生预评价管理办法》的规定,为预测和分析建设项目存在的职业危险、危害因素的种类和危险危害程度,并提出先进、科学、合理可行的劳动安全卫生技术和管理对策所需的费用。包括编制建设项目劳动安全卫生预评价大纲和劳动安全卫生预评价报告书,以及为编制上述文件所进行的工程分析和环境现状调查等所需费用。

8）场地准备及临时设施费

场地准备及临时设施费是指建设场地准备费和建设单位临时设施费。

场地准备费是指建设项目为达到工程开工条件所发生的场地平整和对建设场地余留的有碍于施工建设的设施进行拆除清理的费用。

临时设施费是指为满足施工建设需要而供到场地界区的、未列入工程费用的临时水、电、路、讯、气等其他工程费用和建设单位的现场临时建(构)筑物的搭设、维修、拆除、摊销或建设期间租赁费用,以及施工期间专用公路养护费、维修费。

9）引进技术和引进设备其他费

引进技术和引进设备其他费是指引进技术和设备发生的未计入设备费的费用,内容包括:

①引进项目图纸资料翻译复制费、备品备件测绘费。

②出国人员费用:包括买方人员出国联络、出国考察、联合设计、监造、培训等所发生的旅费、生活费等。

③来华人员费用:包括卖方来华工程技术人员的现场办公费用、往返现场交通费用、接待费用等。

④银行担保及承诺费:指引进项目由国内外金融机构出面承担风险和责任担保所发生的费用,以及支付贷款机构的承诺费用。

10）工程保险费

工程保险费是指建设项目在建设期间根据需要对建筑工程、安装工程、机器设备和人身安全进行投保而发生的保险费用。包括建筑安装工程一切险、引进设备财产保险和人身意外伤害险等。

11）联合试运转费

联合试运转费是指新建项目或新增加生产能力的工程，在交付生产前按照批准的设计文件所规定的工程质量标准和技术要求，进行整个生产线或装置的负荷联合试运转或局部联动试车所发生的费用净支出（试运转支出大于收入的差额部分费用）。试运转支出包括试运转所需原材料、燃料及动力消耗、低值易耗品、其他物料消耗、工具用具使用费、机械使用费、保险金、施工单位参加试运转人员工资以及专家指导费等；试运转收入包括试运转期间的产品销售收入和其他收入。

12）特殊设备安全监督检验费

特殊设备安全监督检验费是指在施工现场组装的锅炉及压力容器、压力管道、消防设备、燃气设备、电梯等特殊设备和设施，由安全监察部门按照有关安全监察条例和实施细则以及设计技术要求进行安全检验，应由建设项目支付的、向安全监察部门缴纳的费用。

13）市政公用设施费

市政公用设施费是指使用市政公用设施的建设项目，按照项目所在地省级人民政府有关规定建设或缴纳的市政公用设施建设配套费用，以及绿化工程补偿费用。

·2.4.2　无形资产费用·

（1）专利及专有技术使用费的主要内容

①国外设计及技术资料费、引进有效专利、专有技术使用费和技术保密费。

②国内有效专利、专有技术使用费用。

③商标权、商誉和特许经营权费等。

（2）专利及专有技术使用费的计算

①按专利使用许可协议和专有技术使用合同的规定计列。

②专有技术的界定应以省、部级鉴定批准为依据。

③项目投资中只计需在建设期支付的专利及专有技术使用费。协议或合同规定在生产期支付的使用费应在生产成本中核算。

④一次性支付的商标权、商誉及特许经营权费按协议或合同规定计列。协议或合同规定在生产期支付的商标权或特许经营权费应在生产成本中核算。

⑤为项目配套的专用设施投资，包括专用铁路线、专用公路、专用通讯设施、变送电站、地下管道、专用码头等，如由项目建设单位负责投资但产权不归属本单位的，应作无形资产处理。

·2.4.3　其他资产费用·

（1）生产准备及开办费

生产准备及开办费是指建设项目为保证正常生产（或营业、使用）而发生的人员培训费、提前进厂费以及投产使用必备的生产办公、生活家具用具及工器具等购置费用。包括：

①人员培训费及提前进厂费。包括自行组织培训或委托其他单位培训的人员工资、工资性补贴、职工福利费、差旅交通费、劳动保护费、学习资料费等。

②为保证初期正常生产(或营业、使用)所必需的生产办公、生活家具用具购置费。

③为保证初期正常生产(或营业、使用)所必需的第一套不够固定资产标准的生产工具、器具、用具购置费,不包括备品备件费。

(2)生产准备及开办费计算

①新建项目按设计定员为基数计算,改扩建项目按新增设计定员为基数计算:

$$生产准备费 = 设计定员 \times 生产准备费指标(元/人)$$

②可采用综合的生产准备费指标进行计算,也可以按费用内容的分类指标计算。

2.5 预备费、建设期贷款利息

· 2.5.1 预备费 ·

预备费包括基本预备费和涨价预备费。

1)基本预备费

基本预备费(又称不可预见费)是指在项目实施中可能发生难以预料的支出,需要预先预留的费用。主要指设计变更及施工过程中可能增加工程量的费用;一般自然灾害造成的损失和预防自然灾害所采取的措施费用;竣工验收时为鉴定工程质量,对隐蔽安装工程进行必要的挖掘和修复费用。

$$基本预备费 = (设备及工器具购置费 + 建筑安装工程费用 + 工程建设其他费用) \times$$
$$基本预备费率$$

2)涨价预备费

涨价预备费指工程项目在建设期内由于物价上涨、汇率变化等因素影响而需要增加的费用。

$$PF = \sum_{t=1}^{n} I_t \left[(1+f)^m (1+f)^{0.5} (1+f)^{t-1} - 1 \right]$$

式中　PF——涨价预备费;

　　　n——建设期年份数;

　　　I_t——建设期中第 t 年的静态投资额,包括工程费用、工程建设其他费用及基本预备费;

　　　f——年均价格上涨率;

　　　m——建设前期年限。

· 2.5.2 建设期贷款利息 ·

为了筹措建设项目资金所发生的各项费用,包括工程建设期投资贷款利息、企业债券发行费、国外借款手续费和承诺费、汇兑净损失及调整外汇手续费、金融机构手续费以及为筹措建设资金发生的其他财务费用等,也统称财务费。其中,最主要的是工程项目建设期投资贷款产生的利息。

建设期投资贷款利息是指建设项目使用银行或其他金融机构的贷款,在建设期应归还的借款利息。建设项目筹建期间借款的利息,按规定可以计入购建资产的价值或开办费。贷款机构在贷出款项时,一般都是按复利考虑的。作为投资者来说,在项目建设期间,投资项目一般没有还本付息的资金来源,即使按要求还款,其资金也可能是通过再申请借款来支付。

1)固定利率一次贷款

对于贷款总额一次贷出且利率固定的贷款,其贷款利息可按下式计算:

$$q = p\left[(1 + i)^n - 1\right]$$

式中 q——贷款利息;

p——一次性贷款金额;

i——年利率;

n——贷款期限。

2)总贷款分年均衡发放

当项目建设期长于一年且总贷款按分年度均衡发放时,为简化计算,可假定借款发生当年均在年中支用,按半年计息,年初欠款按全年计息。这样,建设期投资贷款的利息可按下式计算:

$$q_j = \left(p_{j-1} + \frac{1}{2}a_j\right)i$$

式中 q_j——建设期第 j 年应计利息;

p_{j-1}——建设期第 $(j-1)$ 年末贷款累计金额与利息累计金额之和;

a_j——建设期第 j 年贷款金额;

i——贷款年利率。

小　结

本章主要讲述建设项目投资构成与建设工程造价构成、设备及工器具购置费用的构成与计算、建筑安装工程费用的构成与计算、工程建设其他费用的构成与计算、预备费、建设期贷款利息和固定资产投资方向调节税的构成与计算等。现就其基本要点归纳如下:

(1)建设项目投资由固定资产投资和流动资产投资两部分构成。固定资产投资就是建设工程造价,它由设备及工、器具购置费用、建筑安装工程费用、工程建设其他费用、预备费、建设期贷款利息、固定资产投资方向调节税构成。

(2)设备购置费是指为建设项目购置或自制的达到固定资产标准的各种国产或进口设备、工具、器具的购置费用。它由设备原价和设备运杂费构成。

设备购置费 = 设备原价 + 设备运杂费

工具、器具及生产家具购置费,是指新建或扩建项目初步设计规定的,保证初期正常生产必须购置的没有达到固定资产标准的设备、仪器、工卡模具、器具、生产家具和备品备件等的购置费用。其计算一般按照如下公式进行:

工具、器具及生产家具购置费 = 设备购置费 × 定额费率

(3)建筑安装工程费用由建筑工程费用和安装工程费用两部分组成。它包括直接工程费、间接费、计划利润和税金4个部分。

(4)工程建设其他费用按其内容可分为三类：固定资产其他费、无形资产费用和其他资产费用。

(5)预备费由基本预备费和涨价预备费构成。基本预备费是指在初步设计及概算内难以预料的工程和费用,以建筑安装工程费用,设备、工器具费用与工程建设其他费用之和为基数,按一定的基本预备费率计算。涨价预备费也称为建设工程造价调整预备费,是指为建设项目在建设期内由于价格等变化引起建设工程造价变化而预留的费用。

(6)建设期投资贷款利息是指建设项目使用银行或其他金融机构的贷款,在建设期应归还的借款利息。

复习思考题

1. 我国现行投资和建设工程造价由哪些构成? 世界银行的建设工程造价由哪些构成?

2. 设备及工、器具购置费用由哪些构成?

3. 建筑安装工程费用的构成是什么? 国外建筑安装工程费用的构成是什么?

4. 工程建设其他费用的构成是什么?

5. 某拟建项目计划从日本引进某型号数控机床若干台,每台机床质量为74 t,FOB价为6.5万美元,人民币外汇价为1美元=7.9元人民币。数控机床运费率0.95美元/t,运输保险费率按0.266%计算,进口关税执行最低优惠税率,优惠税率为10%,增值税率为17%,银行财务费为0.5%,外贸手续费1.5%,设备运杂费率2%,请对设备进行估价(FOB为装运港船上交货价,也称离岸价)。

3 建设项目决策阶段工程造价的确定与控制

3.1 概 述

决策是人们为实现预期的目标,采用一定的科学理论、方法和手段,对若干可行性的行动方案进行研究论证,从中选出最为满意的方案的过程。决策是行动的准则,正确的行动来源于正确的决策。

项目投资决策是选择和决定投资行动方案的过程,是对拟建项目的必要性和可行性进行技术经济论证,对不同建设方案进行比较、选择以及对拟建项目的技术经济问题做出判断和决定的过程。项目决策正确与否,直接关系到项目建设的成败,关系到工程造价的高低及投资效果的好坏。正确决策是合理确定与控制工程造价的前提。

· 3.1.1 建设项目决策与工程造价的关系 ·

1)项目投资决策是决定项目投资成败的关键

首先,资金和资源是有限的,这种有限性使得必须有效、合理地利用这些资金和资源,避免浪费和使用不当。这就要求在项目投资建设之前,对其是否建设,如何建立进行科学的决策。其次,同样数量的资金和资源由于组合和配置方式的变化,其所取得的社会经济效益也会产生很大的差异。这就是投资建设所需资金和资源的不等价的替代性,要充分发挥资金和资源的效益,也必须认真做好投资项目的科学决策。再次,由于投资项目建设的技术复杂性和投资经济效益的不确定性,也要求在投资项目之前,全面研究投资建设中的各个有关环节,认真分析投资建设过程中相关的有利与不利的各种因素,经过技术经济论证,选择最佳的投资方案。由此可见,项目投资决策是决定项目投资成败的关键。

2)投资估算的合理性是项目投资决策正确性的重要依据

投资决策阶段,工程造价称之为投资估算。投资估算在项目投资决策中具有十分重要的作用,是项目可行性评价的重要参数。众所周知,在计划经济时期,由于诸多原因,导致"可行性"研究变为"可批性"研究,其要害就是在"投资估算"上做文章,即人为压低投资估算以使项目通过审查,其结果是投资失控,项目效益低下,甚至无效益可言,造成大量的资金和资源浪费。投资估算的合理性是指其反映项目未来资源实际投入量的贴近度。项目的投资额是影响项目经济效益最为敏感的因素之一,投资估算越贴近未来实际,经济评价的可靠度就越高。虽然投资估算的合理性并不能肯定项目的可行性,但它为项目的正确决策提供可靠的科学的依据。

3）投资估算是项目决策过程中重要的经济评价指标

项目决策的实质是选择最优的方案,而对于方案优劣的比较,投资估算是其重要的经济评价指标。

4）项目决策的内容是决定投资估算的基础

虽然投资估算对项目的正确决策具有十分重要的意义,但投资估算的依据却与项目决策的内容有关,即投资估算要全面反映项目决策有关内容,即投资估算的合理性必须建立在项目决策内容的基础上,如项目的建设规模、建设标准、工艺选择、建设地点选择、筹资方案、筹资结构、建设周期等。这些都是投资估算的重要依据。

5）项目决策的深度影响投资估算的精度和工程造价的控制效果

项目决策的过程是一个由浅入深、不断深化的过程,随着决策深度的加深,未来不确定的因素逐渐减少,投资估算的精度也同时提高,如在机会研究阶段,投资估算的精度只有 ±30% ,在初步可行性研究阶段,投资估算的精度为 ±20% ,而在详细可行性研究阶段,投资估算的精度为 ±10% 。

另外,由于在项目建设各阶段,即决策阶段、初步设计阶段、技术设计阶段、施工图设计阶段、工程招投标及承发包阶段、施工阶段、竣工验收阶段,通过工程造价的确定与控制,相应形成投资估算、设计概算、修正概算、施工图预算、承包合同价、结算价及竣工决算,这些造价形式之间存在着前者控制后者,后者补充前者这样的相互作用关系。决策阶段是整个项目建设阶段的开始,也是工程造价控制的起点,它对整个项目建设具有制约关系,也就是说处于该阶段的投资估算对其后面的各种形式造价起着制约作用,可作为限额目标。由此可见,只有加强项目决策的深度,采用科学的估算方法和可靠的数据资料,合理地计算投资估算造价,才能保证其他阶段的造价被控制在合理范围,使投资控制目标能够实现。

· 3.1.2　建设项目投资决策阶段影响工程造价的主要因素 ·

如前所述,项目投资决策的实质是选择最佳的投资方案,工程造价的多少并不能反映方案的优劣,即不能以工程造价的多少来否定或肯定某一方案。但这并不意味着项目投资与工程造价无关,实际上两者有密切的关系。第一,在项目规模一定的条件下,工程造价的多少决定了项目的经济效果。工程造价越少,效果越好,而经济效果是项目决策的关键因素。第二,在投资资金有约束的条件下,工程造价也是决定投资方案取舍的重要因素。第三,工程造价的多少也反映了项目投资风险的大小。在项目投资决策阶段影响工程造价的主要因素有:项目合理规模的决策、建设标准的确定、建设地点的选择、生产工艺的确定、设备的选用、资金筹措等。

1）项目规模与工程造价

一般而言,项目规模越大,工程造价越高。但项目规模的确定并不依赖于工程造价的多少,而是取决于项目的规模效益、市场因素、技术条件、社会经济环境等。

（1）项目的规模效益

项目的决策与项目的经济效益密切相关,而项目的经济效益与项目的规模也有密切关系。在一定的条件下,项目的规模扩大 1 倍,而项目的投入并不会扩大 1 倍。这就意味着,单位产品的成本具有随着生产规模的扩大而下降的趋势,而单位产品的报酬随生产规模的扩大而增加。在经济学中,这一现象被称为规模效益递增。但同时,这一现象也不可能永久地持续下去,即当规模达到一定程度时,又会出现效益递减的现象。因此,项目规模的确定不仅会影响工程造价,更重要的是会影响项目的经济效益,从而影响项目的决策。对于一些非生产性项目规模的确定,一般按其功能要求和有关指标来确定。如水利工程,按防洪或排涝标准及保护区的重要程度确定,一般按多少年一遇的洪水考虑。

(2)市场因素

市场因素是制约项目规模的重要因素。市场的需求量是确定项目生产规模的前提。市场因素的影响表现在三个方面:

①项目的生产规模以市场预测的需求量为限。在进行项目决策时,必须对市场的需求量做充分的调查。

②项目产品投放市场后引起的连锁反应。按需求理论,当供给增加时,价格就会降低,这对项目的效益必然产生影响。因此,项目规模的确定也要考虑供给增加所带来的影响。

③项目建设的资源消耗对建筑材料市场的影响。项目建设具有消耗资源量大的特点。项目的建设在一定范围内会引起建筑材料市场的波动,从而也会影响工程造价。一般来讲,项目的规模越大,这种影响越大。

(3)投资条件

技术条件是项目决策的重要因素之一。技术上的可行性和先进性是项目决策的基础,也是项目经济效益的保证。技术上的先进性不仅能保证项目生产规模的实现,也能使生产成本降低以保障项目的经济效益。但技术水平的提高也应该适度,因为过高的技术水平也会带来获取技术成本的增加和管理难度的提高。盲目地追求过高的技术水平,也可能导致难以充分发挥技术效果,造成项目投资效益降低,达不到预期的投资效益,即使是工程投资估算再精确也毫无意义。

(4)社会经济环境

必须承认地区发展不平衡的客观性。一定的经济发展水平和经济环境与项目的规模有一定的关系。在项目规模决策中要考虑的主要环境因素有土地与资源条件、运输与通讯条件、产业政策以及区域经济发展规划等,这些因素制约着项目规模的确定。

2)建设标准与工程造价

建设标准是项目投资决策的重要内容之一,也是影响工程造价高低的重要因素。建设标准的主要内容包括:建设规模、占地面积、工艺装备、建筑标准、配套设施等方面配套标准和指标。建设标准是编制、评价、审批项目可行性研究的重要依据,是衡量工程造价是否合理及监督检查项目建设的客观尺度。

建设标准能否起到控制工程造价、指导建设的作用,关键在于标准水平定得是否合理。标准定得过高会脱离我国的实际情况和财力、物力的承受能力,加大投资风险,造成投资浪费;标准定得过低,则会妨碍科学技术的进步,降低项目的投资效益,表面上控制了工程造价,实际上也会造成投资浪费。因此,建设标准的确定应与当前的经济发展水平相适应,对于不同地区、不同行业、不同规模的建设项目,其建设标准应根据具体实际合理确定,一般以中等适用的标准为原则。经济发达地区,项目技术含量较高或有特殊要求的项目,标准可适当提高一些。在建筑方面,应坚持"安全、适用、经济、美观"的建筑标准。

3)建设地点与工程造价

建设地点与工程造价有密切的联系,如果地点选择不当会大大增加工程造价,如项目的总体平面布置、"三通一平"等都直接与建设地点的选择有关。不仅如此,还会对建设速度、投产后的经营成本等产生影响。因此,合理地选择建设地点,不仅可以降低工程造价,也可以提高项目经济效益。在建设地点选择上,一般从自然条件、社会经济条件、建筑施工条件和城市条件等方面综合考虑。主要包括以下几点:

①土地的面积和地形应能适合项目的总平面布置,能够按科学的工艺流程布置各种建筑物、构建物,并留有发展余地以满足将来扩建的需要。

②建设地点应力求平坦、土石方工程量较小,以减少土地平整的工程,并尽量少占或不占农田。

③工程地质和水文地质条件要符合要求,尽量减少地基处理的工程量,不应选在地震的中心、断层、熔岩、流沙层、有用矿床上,避开洪水淹没区、已采矿坑塌陷区以及滑坡处。地下水位应尽可能低于地下室和隧道深度等地下建筑基准面。

④应当接近车站或铁路支线,以方便运输,尽量减少铁路专用线长度以节约投资。

⑤靠近水源及能源以减少生产用水和电力的投资。

⑥不宜选在影响居民区的上风方向和现有及拟建工厂烟尘吹来的下风方向和地方。

⑦生产上联系密切的企业应尽量集中在一起,以便组织生产协作,缩短运输距离,减少投资和占地面积。

⑧注意城市规划要求。

除上述要求外,还应根据不同部门、不同性质企业的技术经济特点,考虑项目的一些特殊要求,如原料指向、能源指向、市场指向、技术指向等。

4) 生产工艺与工程造价

生产工艺的确定是项目决策的主要内容之一,它关系到项目在技术上的可行性和经济上的合理性。生产工艺的选择一般以先进适用、经济合理为原则。

(1)先进适用

先进与适用的关系是对立统一的。在确定生产工艺时,既要强调其先进性,又不能脱离其适用性。过分的强调先进性或适用性,都可能导致决策的失败。

(2)经济合理

经济合理是指所选用的工艺在经济上能够承受,又能获得令人满意的经济效果。在确定生产工艺时,应提出不同的工艺方案,在先进适用的原则下选择经济效益好的工艺。

生产工艺的选择对厂区平面布置有较大的影响,可以说,生产工艺大体决定了平面布置,因此在生产工艺的选择过程中应充分考虑建设地点的地形、地貌特征。

5) 设备与工程造价

设备费是工程造价的组成部分之一,对工程造价的影响是显而易见的。设备作为项目最积极、最活跃的投资,是项目获得预期效益的基本保证。随着科学技术的不断发展,设备投资占工程造价的比重越来越大。设备选用不仅关系到工程造价,更关系到项目的技术先进性和投资效益。设备选用也应该遵循先进适用、经济合理的原则。先进的设备具有较高的技术含量,是实现项目目标的技术保证。同时技术含量高的设备附加值也高,即投资大。在注意先进性的同时也要考虑其适用性,考虑其配套设备技术的稳定性等综合因素。既要经济,又要能满足项目的要求。

6）资金筹措与工程造价

项目资金的筹措是市场经济条件下投资多元化所必须面临的问题。筹资方式、筹资结构、筹资风险、筹资成本是项目中必须认真研究的问题，也是投资项目决策的内容之一。筹资成本（建设期贷款利息）也是工程造价的组成部分。

（1）筹资方式

筹资的方式包括：股份集资、发行债券、信贷筹资、自然筹资、租赁筹资以及建设项目的BOT方式等。

（2）筹资结构

即资金来源的构成。合理的筹资结构有利于降低项目的经营风险。

（3）筹资风险

筹资风险是指因改变筹资结构而增加的丧失偿债能力的可能和自有资金利润率降低的可能。

（4）筹资成本

筹资成本是指企业取得资金成本所付出的代价，包括筹资过程中所发生的费用和使用过程中必须支付给出资者的报酬，这些均属于工程造价的组成部分。对于大型建设项目，由于建设周期长，其建设期的贷款利息支出对工程造价的影响也是不容忽视的。

3.2　建设项目可行性研究

建设工程项目可行性研究是指某建设工程项目在做出是否投资的决策之前，先对该项目相关的技术、经济、社会、环境等所有方面进行调查研究，对项目各种可能的拟建方案认真地进行技术、经济分析论证，研究项目在技术上的先进适用性，在经济上的合理性和建设上的可能性，对项目建成后的经济效益、社会效益、环境效益等进行科学的预测和评价，据此提出该项目是否应该投资建设，以及选定最佳投资建设方案等结论性意见，为项目投资决策提供依据。

建设工程项目可行性研究工作是建设工程项目重要的前期工作之一，通过可行性研究，使建设工程项目的投资决策工作建立在科学和可靠的基础上，从而实现建设工程项目投资决策的科学化，减少或避免投资失误，提高建设工程项目的经济效益和社会效益。可行性研究的作用主要体现在以下几个方面：

①作为建设工程项目投资决策和编制设计任务书的依据。建设工程项目投资决策者主要根据可行性研究的评价结果决定一个建设工程项目是否应该投资和如何投资。另外，可行性研究中具体的技术经济数据，都要在设计任务书中明确规定。因此，它是投资决策和编制设计任务书的依据。

②作为向银行申请贷款的依据。银行在接受业主的建设工程项目贷款申请后，通过审查建设工程项目可行性研究报告，确认建设工程项目的经济效益水平和资金偿还能力，确认自身承担的风险不太大时，才会同意贷款。

③作为环保部门审查建设工程项目对环境影响的依据。建设工程项目可行性研究报告作为建设工程项目对环境影响的依据供环保部门审查，并作为向建设工程项目所在地政府和规划部门申请建设执照的依据。

④作为建设工程项目设计、设备订货、施工准备等建设前期工作的依据。按照建设工程项目可行性研究报告中对产品方案、建设规模、厂址、工艺流程、主要设备选型等方案的评选论证结果,在设计任务书确认后,可作为初步设计、设备订货和施工准备工作的依据。

⑤作为建设工程项目考核的依据。建设工程项目建成投产以后,应依可行性研究报告所制订的生产纲要、技术标准、经济效益和社会效益指标作为建设工程项目考核的标准。

· 3.2.1　可行性研究报告的内容 ·

可行性研究报告是主管部门进行审批的主要依据,应体现进行可行性研究工作的内容。长期的实践已使可行性研究的过程形成一个带规律性的模式,可行性研究报告的撰写也形成了比较固定的格式。一般工业建设项目的可行性研究应包括的主要内容有:

1)总论

①项目提出的背景(改扩建项目要说明企业现有概况),投资的必要性和经济意义;

②研究工作的依据和范围;

③可行性研究的主要结论、存在的问题和建议。

2)需求预测和拟建规模

①国内国外需求情况的预测;

②国内现有工厂生产能力的估计;

③销售预测、价格分析、产品竞争能力、进入国际市场的前景;

④对拟建项目规模、产品方案和发展方向上的技术经济比较和分析。

3)资源、原材料、燃料及公用设施情况

①经过储量委员会正式批准的资源储量、品位、成分以及开采、利用条件的评述;

②原料、辅助材料、燃料的种类、数量、质量、价格、来源和供应可能;

③所需公共设施的数量、供应方式和供应条件。

4)建厂条件和厂址方案

①建厂的地理位置、气象、水文、地质、地形条件和社会经济现状;

②交通运输及水、电、气的现状和发展趋势;

③厂址比较与选择意见。

5)设计方案

①项目的构成范围(指包括的主要单项工程)、技术来源和生产方法、主要技术工艺和设备选型方案比较,引进技术、设备的来源国别,设备的国内外分支或与外商合作制造的设想;

改扩建项目要说明对原有固定资产的利用情况;

②全厂布置方案的初步选择和土建工程量估算;

③公用辅助设施和厂内外交通运输方式的比较和初步选择。

6)环境保护

调查环境现状,预测项目对环境的影响,提出环境保护和"三废"治理的初步方案。对环境影响进行评价,提出劳动保护、安全生产、城市规划、防震、防洪、防灾、文物保护等要求相应的措施方案。

7)企业组织、劳动定员和人员培训

全厂生产管理体制、机构的设置;工程技术和管理人员的素质和数量的要求;劳动定员的配备方案;人员的培训规划和费用估算。

8)实施进度的建议

根据勘察设计、设备制造、工程施工、安装、试生产所需时间与进度要求,选择项目实施方案和总进度,并用甘特图或网络图来表述最佳实施方案。

9)投资估算和资金筹措

①主体工程和协作配套工程所需的投资;

②生产流动资金的估算;

③资金来源、筹措方式及贷款的偿付方式。

10)经济评价

经济评价包括财务评价和国民经济评价。分别从企业经济效益和国家资源优化配置的角度通过有关指标的计算,对项目盈利能力、偿还能力等进行分析,得出经济评价结论。

11)结论与建议

①运用各项数据,从技术、财务、经济等方面论述项目的可行性;

②存在的问题;

③建议。

可行性研究报告的主要附件包括:各种批文和协议书、意向书;厂址地形或位置图;总平面布置方案;工艺流程图;所需的各种基本报表和主要辅助报表。

其他行业工程项目的可行性研究报告的内容,可以参照一般工业项目的要求结合行业特点,根据所研究项目的性质、特点、任务、规模和工程难易程度等条件情况,有所侧重地进行适当调整。对于经济技术条件不太复杂和协作关系较为简单的中小型项目(不含技术引进和设备进口项目),可行性研究的内容可根据具体情况适当简化。

从可行性研究的内容来看,大致可以概括为以下三个方面:

第一是市场研究,即市场调查和预测,包括产品的市场调查和预测研究,这是项目可行性研究的前提,其主要任务是解决项目建设上的"必要性"问题;

第二是工艺技术研究,即技术方案和建设条件研究,这是项目可行性研究的技术基础,是解决项目技术上的"先进适用可行性"问题;

第三是经济效益研究,即项目经济评价,这是项目可行性研究的核心部分,是解决项目经济上的"合理合算性"问题,是可行性研究的核心和重点。

·3.2.2 可行性研究的编制程序·

1)建设工程项目可行性研究的阶段划分

建设工程项目可行性研究是一个由粗到细的分析研究过程。可行性研究按其工作进展程序和内容的深浅一般划分为 4 个阶段,即机会研究、初步可行性研究、详细可行性研究和项目评估。

（1）机会研究

机会研究又称为机会投资机会鉴定。其主要任务是提出建设项目投资方向的建议，即在一个确定的地区和部门，根据对自然资源和对市场需求的调查、预测以及国内工业政策和国际贸易联系等情况，选择建设项目，寻求最有利的投资机会。

机会研究的依据是国策的中、长期计划和发展规划。其主要内容是：地区情况、经济政策、资源条件、劳动力状况、社会条件、地理环境、国内外市场情况以及工程项目建成后对社会的影响等。对于大中型项目的机会研究，所需时间一般为 1~2 个月。投资估算往往采用简单的方法，如套用相近规模的单位能力建设费等。精确度允许误差在 ±30% 以内。机会研究所需费用占投资的 0.1%~1%。机会研究的结果一旦引起投资者的兴趣，就应进行下一步的研究。

（2）初步可行性研究

初步可行性研究是在机会研究的基础上进行的，是对拟建项目的各个方面作更进一步的调查研究。其主要任务是弄清在机会研究阶段提出的项目设想能否成立。初步可行性研究的主要方面是：

①拟建项目是否确有投资的吸引力；

②是否具有通过可行性研究在详细分析、研究后作出投资决策的可能；

③确定是否应该进行下一步的市场调查、各种试验辅助研究和详细的可行性研究等工作；

④是否值得进行工程、水文、地质勘察等代价高的下一步工作。

初步可行性研究的深度比机会研究深，比详细可行性研究浅，投资估算精确度一般要求达到 ±20%，研究费用占项目总投资的 0.25%~1.5%，所需时间为 2~4 个月。

（3）详细可行性研究（简称可行性研究）

详细可行性研究是项目投资决策的基础。它是经过技术上的先进性、经济上的合理性和财务上的盈利性论证之后，对工程项目作出投资的结论。因此，它必须对市场、生产纲领、厂址、工艺过程、设备选型、土木建筑以及管理机构等各种可能的选择方案，进行深入的研究，才能寻得以最少的投入获取最大效益的方案。其可能的误差一般应为 ±10%。所需费用，中小型项目为总投资的 1.0%~3.0%，大型项目为 0.25%~1%。时间需要 8~12 个月或者更长。

（4）项目评估

项目评估是由投资决策部门组织或授权建设银行、投资银行、工程咨询公司或有关专家，代表国家对上报的建设项目可行性研究报告进行全面的审核和再评价，其主要任务是对拟建项目的可行性研究报告提出评价意见，是可行性研究的最终结论，因而也是投资部门赖以进行投资决策的基础。

各个研究阶段的目的、内容是不同的，研究工作是循序渐进的，各阶段的研究内容由浅入深，对建设项目投资和成本估算的精确程度由粗到细，研究的工作量由小到大，研究工作需要花费的时间和经费也逐渐增加。可行性研究在任何一个阶段，一旦得出"不可行"的研究结论，就不需要再进行下一阶段的研究。此外，可行性研究的三个阶段要根据建设项目的规模、性质、要求和复杂程度的不同应有所侧重，可进行适当调整和精简，如表 3.1 所示。

表 3.1　不同项目类型的可行性研究内容及要求

项目类型	可行性研究阶段			
	机会研究	初步可行性研究	详细可行性研究	项目评估
大中型	√	√	√	√
小型			√	√
改扩建		√	√	√
对投资及成本估算精度误差	≤ ±30%	≤ ±20%	≤ ±10%	≤ ±10%
研究时间	1～3个月	3～5个月	数月～2年	1～3个月
研究费用（占总投资百分比）	0.2%～1%	0.25%～1.25%	0.5%～3%	

2）建设项目可行性研究的步骤

可行性研究工作的程序如图 3.1 所示。整个可行性研究工作可划分为以下几部分。

（1）筹划准备

建设工程项目建议书被批准以后，业主即可组织或委托工程咨询公司对拟建项目进行可行性研究。双方应签订合同协议，协议中应明确规定建设工程项目可行性研究的工作范围、目标、前提条件、进度安排、费用支付方法和协作方式等内容。业主应当提供项目建议书和项目有关背景材料、基本参数等资料，协调、检查、监督可行性研究工作。可行性研究的承担单位在接受委托时，应了解委托者的目标、意见和具体要求，搜集与项目有关的基础资料、基本参数、技术标准等基准依据。

（2）调查研究

调查研究包括市场、技术和经济三个方面的内容，如市场需求与市场机会、产品选择、产品的市场需要量、价格与市场竞争、工艺路线与设备选择；原材料、能源动力供应与运输；建设地区、地点、厂址的选择；建设条件与生产条件等。对这些方面都要进行深入的调查，全面地收集资料，并进行详细的分析研究和评价。

（3）方案的制订和选择

方案的制订和选择是可行性研究的一个重要步骤，它是在充分的调查研究的基础上制订出技术方案和建设方案，经过分析比较，选择最佳方案。在这个过程中，有时需要进行专题性辅助研究，有时要把不同的方案进行组合，设计成若干个可供选择的方案，包括产品方案、生产经济规模、工艺流程、设备选型、车间组成、组织机构和人员配备等方案。在这个阶段有关方案选择的重大问题，都要与建设单位进行讨论。

（4）深入研究

深入研究是指对选择的方案进行深入研究。其重点是在对选择的方案进行财务预测的基础上，进行项目的财务效益分析和国民经济评价。在估算和预测项目的总投资、总成本费用、销售税金及附加、销售收入和利润的基础上，进行项目的盈利能力分析、清偿能力分析、费用效益和敏感性分析、盈亏分析、风险分析，论证项目在经济上是否合理、可行。

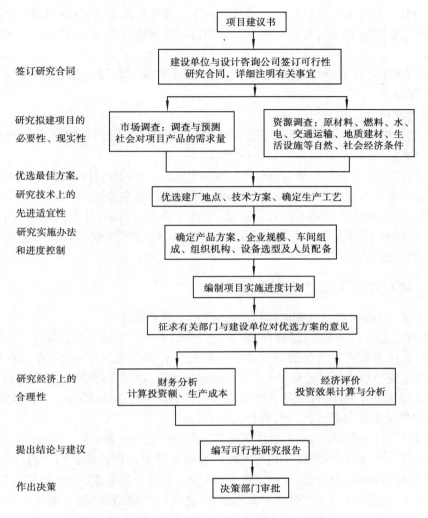

图 3.1　可行性研究工作的程序框图

（5）编制可行性研究报告

在对建设工程项目进行了技术经济分析论证后先证明项目建设的必要性、实现条件的可能性、技术上先进可行和经济上合理有利，即可编制可行性研究报告，推荐一个以上的建设方案和实施计划，提出结论性意见和重大措施建议供建设单位作为决策依据。

·3.2.3　可行性研究报告的编制依据·

对工程项目进行可行性研究，编制可行性研究的主要依据是：

①国民经济发展的长远规划，国家经济建设的方针、任务和技术经济政策。按照国民经济发展的长远规划和国家经济建设方针确定的基本建设的投资方向和规模，提出需要进行可行性研究的项目建议书。这样可以有计划地统筹安排各部门、各行业以及企业产品生产的协作与配套项目，有利于搞好综合平衡，也符合我国经济建设的要求。

②项目建议书和委托单位的要求。项目建议书是做各项准备工作和进行可行性研究的重要依据，只有在项目建议书经上级主管部门和国家计划部门审查同意，并经汇总平衡纳入建设

前期工作计划后,方可进行可行性研究的各项工作。建设单位在委托可行性研究任务时,应向承担可行性研究工作的单位,提出对建设项目的目标和其他要求,以及说明有关市场、原材料、资金来源等。

③国家对大中型重点项目批准的资源、报告、国土开发规划等,交通运输项目的江河流域规划或路网规划。

④国家进出口贸易和关税政策。

⑤有关的基础资料。进行厂址选择、工程设计、技术经济分析需要可靠的地理、气象、水文、地质等自然和经济、社会等基础资料和数据。

⑥有关的技术经济方面的规范、标准、定额等指标。承担可行性研究的单位必须具备这些资料,因为这些资料都是进行项目设计和技术经济评价的基本依据。

⑦有关项目经济评价的基本参数和指标。例如:基准收益率、社会折现率、固定资产折旧率、外汇率、价格水平、工资标准、同类项目的生产成本等,这些参数和指标都是进行项目经济评价的基准和依据。

· 3.2.4   可行性研究报告的编制要求 ·

(1)实事求是,确保可行性研究报告的客观、科学和真实性

可行性研究是一项技术性、经济性、政策性很强的工作。编制单位必须保护独立性和站在公正的立场,遵照事物的客观经济规律和科学研究工作的客观规律办事,在调查研究的基础上,实事求是地进行技术经济论证、技术方案比较和评价,切忌主观臆断、行政干预、划框框、定调子,保证可行性研究的严肃性、客观性、真实性、科学性和可靠性,确保可行性研究的质量。

(2)编制单位必须具备承担可行性研究的条件

工程项目可行性研究报告的内容涉及面广,还有一定的深度要求。因此,需要由具备一定的技术力量、技术装备、技术手段和相当实践经验等条件的工程咨询公司、设计院等专门单位来承担。参加可行性研究的成员应由工业经济专家、市场分析专家、工程技术人员、机械工程师、土木工程师、企业管理人员、财会人员等组成,必要时可聘请地质、土壤等方面的专家短期协助工作。

(3)可行性研究的内容和深度及计算指标必须达到标准要求

不同行业,不同性质,不同特点的建设项目,其可行性研究的内容和深度及计算指标必须满足作为项目投资决策和进行设计的要求。投资估算的精确度应控制在与初步设计概算的出入不得大于10%的幅度内。不确定性分析应达到一定层次,必要时要进行概率分析。

(4)可行性研究报告必须经签字与审批

可行性研究报告编完之后,应有编制单位的行政、技术、经济方面的负责人签字,并对研究报告的质量负责。另外,还须上报主管部门审批。通常大中型项目的可行性研究报告,由各主管部门、各省、市、自治区或全国性专业公司负责预审,报国家计委审批,或由国家计委委托有关单位审批。小型项目的可行性研究报告,按隶属关系由各主管部门、各省、市自治区审批。重大和特殊建设项目的可行性研究报告,由国家计委会同有关部门预审,报国务院审批。可行性研究报告的预审单位,对预审结论负责。若发现工作中有弄虚作假现象,应严肃追究有关负责人的责任。

·3.2.5 可行性研究报告的审批·

1)业主对可行性研究报告的审查

业主对可行性研究报告进行审查的主要内容包括:

①审查市场预测是否准确,项目规模是否经济合理,产品的品种、性能、规格构成和价格是否符合国内外市场需求的趋势和有无竞争能力。

②审查选址是否合理,总体布置方案是否符合国土规划、城市规划、土地管理和文物保护的要求和规定。

③审查建设工程项目有无不同方案的比选,推荐的方案是否经济、合理。

④审查建设工程项目采用的标准是否符合国家的有关规定,是否贯彻了勤俭节约的方针。

⑤审查投资估算的依据是否符合国家或地方的有关规定,工程内容和费用是否齐全,有无高估冒算、任意提高标准、扩大规模,以及有无漏项、少算、压低造价等情况。

⑥审查资金筹措方式是否可行,投资计划安排是否得当。

⑦审查各项成本费用计算是否正确,是否符合国家有关成本管理的标准和规定。

⑧审查产品销售价格的确定是否符合实际情况和预测变化趋势,各种税金的计算是否符合国家规定的税种和税率。

⑨审查和分析计算期内各年获得的利润额。

⑩审查确定的项目建设期、投产期、生产期等时间安排是否切实可行。

⑪审查项目的投入费用、产出效益、偿还贷款能力,以及外汇效益等财务状况,由此判断项目财务上的可行性。

⑫审查内部收益率、净现值、投资回收率、投资利润率、投资利税率、借款偿还期、外汇净现值、财务换汇成本等指标的计算是否准确。

⑬对盈亏平衡分析、敏感性分析进行鉴定,以确定项目在财务上、经济上的可靠性和抗风险能力。

业主对以上各方面的内容进行审查后,对项目的投资机会进一步做出总的评价,进而作出投资决策。若业主认为推荐方案成立时,可就审查中所发现的问题,要求咨询单位对可行性研究报告进行修改、补充、完善,提出结论性意见并上报有关部门审批。

2)可行性研究报告的报批

按照国家有关规定,可行性研究报告的审批权限划分为以下几级:

①大中型和限额以上项目的可行性研究报告,按照项目隶属关系由行业主管部门或省、市、自治区和计划单列市审查同意后,报国家计委。国家计委委托中国国际工程咨询公司等有资格的咨询公司,对可行性研究报告进行评估,提出评估报告后,再由国家计委审批。凡投资在2亿元以上的项目由国家计委审核后报国务院审批。

②地方投资安排的地方院校、医院及其他文教卫生事业的大中型基本建设项目,可行性研究报告由省、市、自治区和计划单列市计委审批,抄报国家计委和有关部门备案。

③企业横向联合投资的大中型基本建设项目,凡自行解决资金、能源、原材料、设备等问题,以及投产后的产供销、动力、运力等能够自己落实,而且与有关部门、地方、企业签订了合同,不需要国家安排的可行性研究报告由有关部门或省、市、自治区和计划单列市计委审批,抄

报国家计委和有关部门备案。

④小型和限额以下项目的可行性研究报告,按照项目隶属关系,分别由主管部门或省、市、自治区和计划单列市计委审批。

可行性研究报告经过正式批准后,应当严肃执行,任何部门、单位和个人都不得擅自变更。确有正当理由需要变更时,需将修改的建设规模、项目地址、技术方案、主要协作条件、突破原定投资控制数、经济效益的提高或降低等内容,报请原审批单位同意,并正式办理变更手续。

3.3　投资估算

· 3.3.1　投资估算概述 ·

投资估算是基本建设前期工作的重要环节之一,是经济评价工作的基础。

1)建设工程项目投资估算及其作用

建设工程项目投资估算是指在建设工程项目投资决策过程中,依据现有的资料和特定的方法,对建设工程项目投资额进行的估计。它是编制项目建议书和可行性研究报告的重要组成部分,是建设工程项目决策的重要依据之一。投资估算的准确与否不仅影响到可行性研究工作的质量和经济评价的结果,而且也直接关系到下一阶段设计概算和施工图预算的编制,对项目资金筹措方案也有直接的影响。因此,全面准确地估算建设工程项目的投资,是可行性研究乃至整个项目决策阶段项目管理的重要任务。投资估算在建设工程项目管理中的作用体现在以下几个方面:

①在项目建议书阶段,投资估算是主管部门审批项目建议书的重要依据之一,并对项目的规划、规模起参考作用。

②在项目可行性研究阶段,投资估算是项目投资决策的重要依据,也是研究、分析、计算项目投资经济效益的重要文件。可行性研究报告被批准以后,其投资估算额就作为设计任务书中下达的投资限额,不得随意突破。

③在项目设计阶段,投资估算对设计概算起控制作用,设计概算不得突破批准的投资估算。

④投资估算可作为项目资金筹措及制订建设贷款计划的依据,项目业主可根据批准的投资估算,进行资金筹措和向银行申请贷款。

⑤投资估算是核算建设工程项目固定资产投资需要额和编制固定资产投资计划的重要依据。

2)建设工程项目投资估算的阶段划分与要求

(1)项目规划阶段的投资估算

建设工程项目规划阶段是指业主根据国民经济发展规划、地区发展规划和行业发展规划的要求,编制一个建设工程项目的建设规划,此阶段的投资估算是按建设工程项目规划的要求和内容,粗略的估计项目所需的投资额。对投资估算精度的要求是允许误差可以大于±30%。

（2）投资机会研究项目建议书阶段的投资估算

项目建议书阶段的投资估算是按项目建议书中的产品方案、建设规模、主要生产工艺、车间的组成、初选场（厂）址方案等，估计建设工程项目所需要的投资额。其意义是据此判断一个建设工程项目是否需要进行下一阶段的工作，对投资估算精度的要求是误差控制在±30%以内。

（3）初步可行性研究阶段的投资估算

初步可行性研究阶段的投资估算是在掌握了更详细、更深入的资料条件下，估计建设工程项目所需要的投资额。其意义是据此判断是否进行项目的详细可行性研究，对投资估算精度的要求是误差控制在±20%以内。

（4）详细可行性研究阶段的投资估算

详细可行性研究阶段的投资估算至关重要，因为这个阶段的投资估算经审批之后，便是设计任务书中规定的项目投资限额，并可据此列入项目年度基本建设计划。对详细可行性研究阶段投资估算精度的要求是误差控制在±10%以内。

总之，在建设工程项目投资决策中的各个主要阶段都要做项目投资估算，但由于各个阶段工作深度和掌握的资料不同，投资估算的准确程度也就不一样，随着工作的进展，建设工程项目条件逐步明确和细化，投资估算会不断地深入，准确度会逐步提高，从而对建设工程项目投资起到有效的控制作用。

3）投资估算的原则

投资估算是在设计的前期编制的，其编制的主要依据还不可能十分具体，有别于编制概预算时那么细致，因此，还要密切结合设计方案的具体情况和条件，各种指标尽可能做到切合实际，达到应有的正确性。在编制投资估算时一般应遵循以下原则：

（1）实事求是原则

从实际出发，深入开展调查研究，掌握第一手资料，客观地反映投资情况，不弄虚作假。

（2）最优化原则

选择最优化的投资方案，形成有利于资源最优配置和效益达到最高的经济运作机制。

（3）节约原则

充分利用原有的建筑物和投资，能改建、扩大的就不新建，尽量节约投资。

（4）高效、准确原则

平常要注意资料、信息的收集和积累，以便高效快捷地按要求拿出投资估算结果，并达到应有的准确性。

（5）应用高科技手段的原则

要适应当今的科技发展，利用各种高科技手段，从编制投资估算的角度出发，在资料收集、信息储存、处理、使用以及选择编制方法、编制过程等过程中实现计算机化、网络化。

4）投资估算的依据

一般投资估算的主要依据有如下内容：

①项目建议书（或建设规划）、可行性研究报告（或设计任务书）、方案设计（包括设计招标或城市建筑方案设计竞选中的方案设计，其中包括文字说明和图纸）；

②投资估算指标、概算指标、技术经济指标；

③造价指标(包括单项工程和单位工程造价指标);

④类似工程造价;

⑤设计参数,包括各种建筑面积指标、能源消耗指标等;

⑥相关定额及其定额单价;

⑦当地材料、设备预算价格及市场价格(包括设备、材料价格、专业分包报价等);

⑧当地建筑工程取费标准,如措施费、企业管理费、规费、利润、税金以及与建设有关的其他费用标准等;

⑨当地历年、历季调价系数及材料差价计算办法等;

⑩现场情况,如地理位置、地质条件、交通、供水、供电条件等;

⑪其他经验参考数据,如材料、设备运杂费率、设备安装费率、零星工程及辅材的比率等。

上述资料越完备,越丰富、越详细,编制投资估算就越准确。

5)建设工程项目投资估算的范围和内容

进行建设工程项目投资估算,首先要明确投资估算的范围。投资估算的范围应与项目建设方案所确定的范围和各单项工程内容相一致。

根据国家规定,从满足建设工程项目投资设计和投资规模确定的角度,建设工程项目投资估算包括固定资产投资估算和流动资金估算两部分。

固定资产投资估算的内容按照费用的性质划分,包括建筑安装工程费、设备及工器具购置费、工程建设其他费用(此时不含流动资金)、基本预备费、涨价预备费、建设期贷款利息、固定资产投资方向调节税(现已停征)等。其中,建筑安装工程费、设备及工器具购置费形成固定资产;工程建设其他费用可分别形成固定资产、无形资产及其他资产。基本预备费、涨价预备费、建设期利息,在可行性研究阶段为简化计算,一并计入固定资产。

固定资产投资可分为静态部分和动态部分。涨价预备费、建设期贷款利息构成动态投资部分;其余部分为静态投资。

流动资金是指生产经营性项目投产以后,用于购买原材料、燃料、支付工资及其他经营费用等所需的周转资金。它是伴随着固定资产投资而发生的长期占用的流动资产投资,也就是财务中的营运资金。

6)投资估算编制的程序

不同类型的工程项目选用不同的投资估算编制方法,不同的投资估算编制方法有不同的投资估算编制程序。现从工程项目费用组成考虑,介绍一般较为常用的投资估算编制程序:

①熟悉工程项目的特点、组成、内容和规模等;

②收集有关资料、数据和估算指标等;

③选择相应的投资估算编制方法;

④估算工程项目各单位工程的建筑面积及工程量;

⑤进行单项工程的投资估算编制;

⑥进行附属工程的投资估算编制;

⑦进行工程建设其他费用的投资估算编制;

⑧进行预备费用的投资估算编制;

⑨计算固定资产投资方向调节税;

⑩计算贷款利息；

⑪汇总工程项目投资估算总额；

⑫检查、调整不适当的费用，确定工程项目的投资估算总额；

⑬估算工程项目主要材料、设备需用量。

· 3.3.2 投资估算的编制方法 ·

投资估算的编制方法很多，各有其适用条件和范围，而且其精度也各不相同。在工作中应根据项目的性质、占有的技术经济资料和数据的具体情况，选用适当的估算方法。

按照目前我国的财务会计制度和国际通用做法，建设项目总投资可分为静态投资和动态投资两部分。

1）静态投资估算法

静态投资估算是建设项目投资估算的基础，所以必须全面、准确地进行分析计算，既要避免少算漏项，又要防止高估冒算，力求切合实际，在实际工作中，可根据掌握资料的程度及投资估算编制要求的深度，从以下所介绍的方法中选用。

（1）资金周转率法

这是用资金周转率来推测投资额的简便方法。

$$资金周转率 = \frac{年销售总额}{总投资} = \frac{产品的年产量 \times 产品单价}{总投资}$$

$$投资额 = \frac{产品的年产量 \times 产品单价}{资金周转率}$$

计算步骤：

①根据已建相似项目的有关数据估算出资金周转率；

②根据拟建项目预计的产品年产量及单价确定拟建项目的投资额。

优缺点：计算简便，速度快，但精确度较低。

适用范围：一般可用于投资机会及项目建议书阶段的投资估算。

（2）生产能力指数法

这种方法根据已建成的、性质类似的建设项目或生产装置的投资额和生产能力及拟建项目或生产装置的生产能力估算拟建项目的投资额。

计算公式：
$$C_2 = C_1 \left(\frac{Q_2}{Q_1} \right)^n \times f$$

式中　C_1——已建类似项目或装置的投资额；

　　　C_2——拟建项目或装置的投资额；

　　　Q_1——已建类似项目或装置的生产规模；

　　　Q_2——拟建项目或装置的生产规模；

　　　f——不同时期、不同地点的定额、单价、费用变更等的综合调整系数；

　　　n——生产规模指数，$0 \leq n \leq 1$。

若已建类似项目或装置的规模和拟建项目或装置的规模相差不大，生产规模比值在0.5 ~ 2，则指数 n 的取值近似为1。

若已建类似项目或装置与拟建项目或装置的规模相差不大于50倍，且拟建项目规模的扩大仅靠增大设备规模来达到时，则 n 取值在0.6 ~ 0.7；若是靠增加相同规格设备的数量来增加生产力时, n 的取值在 $0.8 \sim 0.9$。

采用这种方法, 计算简单、速度快; 但要求类似工程的资料可靠, 条件基本相同, 否则误差就会增大。

【例 3.1】 已知建设一座年产量 50 万 t 的某生产装置的投资额为 80 000 万元, 现拟建一座年产量 90 万 t 该类产品的生产装置, 试用生产能力指数法估算拟建该类生产装置的投资额应为多少? (生产能力指数 $n = 0.6, f = 1.2$)

【解】 根据公式: $C_2 = C_1 \left(\dfrac{Q_2}{Q_1} \right)^n \times f$

$$C_2 = 80\ 000\ 万元 \times \left(\frac{90\ 万\ t}{50\ 万\ t} \right)^{0.6} \times 1.2 = 136\ 595\ 万元$$

【例 3.2】 若将例 3.1 中生产系统的生产能力提高 3 倍, 其投资额应增加多少? ($n = 0.5, f = 1$)

【解】 $\dfrac{C_2}{C_1} = \left(\dfrac{Q_2}{Q_1} \right)^n = \left(\dfrac{4}{1} \right)^{0.5} = 2$

计算结果表明: 生产能力提高 3 倍, 投资额增加 100%。

(3) 比例估算法

比例估算法又可分为三种:

①分项比例估算法。该法是将项目的固定资产投资分为设备投资、建筑物与构筑物投资、其他投资三部分, 先估算出设备的投资额, 然后再按一定比例估算出建筑物与构筑物的投资及其他投资, 最后将三部分投资加在一起。

a. 设备投资估算:

设备投资按其出厂价格加上运杂费、安装费等, 其估算公式如下:

$$K_1 = \sum_{i=1}^{n} Q_i P_i (1 + L_i)$$

式中　K_1——设备的投资估算值;

　　　Q_i——第 i 种设备所需数量;

　　　P_i——第 i 种设备的出厂价格;

　　　L_i——同类项目同类设备的运输、安装费系数;

　　　n——所需设置的种数。

b. 建筑物与构筑物投资估算:

$$K_2 = K_1 L_b$$

式中　K_2——建筑物与构筑物的投资估算值;

　　　L_b——同类项目中建筑物与构筑物投资占设备投资的比例, 露天工程取 $0.1 \sim 0.2$, 室内工程取 $0.6 \sim 1.0$。

c. 其他投资估算:

$$K_3 = K_1 L_w$$

式中　K_3——其他投资的估算值;

　　　L_w——同类项目其他投资占设备投资的比例。

项目固定资产投资总额的估算值 K 则为:

$$K = (K_1 + K_2 + K_3) \cdot (1 + S)$$

式中,S 为考虑不可预见因素而设定的费用系数,一般为 10% ~ 15%。

②以拟建项目或装置的设备费为基数,根据已建成的同类项目或装置的建筑安装工程费和其他工程费用等占设备价值的百分比,求出相应的建筑安装工程费及其他工程费用等,再加上拟建项目的其他有关费用,其总和即为项目或装置的投资。公式如下:

$$C = E(1 + f_1 P_1 + f_2 P_2 + f_3 P_3 + \cdots + f_n P_n) + I$$

式中　C——拟建项目或装置的投资额;

　　　E——根据拟建项目或装置的设备清单按当时当地价格计算的设备费(包括运杂费)的总和。

　　　$P_1,P_2,P_3,\cdots,P_n$——已建项目中建筑、安装及其他工程费用等占设备费百分比;

　　　$f_1,f_2,f_3,\cdots,f_n$——由于时间因素引起的定额、价格、费用标准等变化的综合调整系数;

　　　I——拟建项目的其他费用。

③以拟建项目中的最主要、投资比重较大并与生产规模直接相关的工艺设备的投资(包括运杂费及安装费)为基数,根据同类型的已建项目的有关统计资料,计算出拟建项目的各专业工程(总图、土建、暖通、给排水、管道、电气及电信、自控及其他工程费用等)占工艺设备投资的百分比,据以求出各专业工程的投资,然后把各部分投资费用(包括工艺设备费)相加求和,再加上工程其他有关费用,即为项目的总费用。其表达式为:

$$C = E(1 + f_1 P'_1 + f_2 P'_2 + f_3 P'_3 + \cdots + f_n P'_n) + I$$

式中　$P'_1,P'_2,P'_3,\cdots,P'_n$——各专业工程费用占工艺设备费用的百分比。

(4)系数估算法

系数估算法又称因子估算法、工艺设备投资系数法(或朗格系数法)。其是以拟建工程的主体费用或主体设备为基数乘以适当的系数,来推算拟建项目总投资估算。

①朗格系数法:这种方法是以设备费为基础,乘以适当系数来推算项目的建设费用。基本公式如下:

$$D = C(1 + \sum K_i) K_c$$

式中　D——总建设费用;

　　　C——主要设备费用;

　　　K_i——管线、仪表、建筑物等项费用的估算系数;

　　　K_c——管理费、合同费、应急等间接费在内的总估算系数。

总建设费用与设备费用之比为朗格系数 K_L。即:

$$K_L = (1 + \sum K_i) K_c$$

运用朗格系数法估算投资的步骤如下:

a. 计算设备到达现场的费用,包括设备出厂价、陆路运费、海上运输费、装卸费、关税、保险、采购等;

b. 根据计算出的设备费乘以 1.43,即得到包括设备基础、绝热工程、油漆工程和设备安装工程的总费用(a);

c. 以上述计算的结果(a)再分别乘以 1.1、1.25、1.6(视不同流程),即可得到包括配管工程在内的费用(b);

d. 以上述计算的结果(b)再乘以 1.5,即得到此装置(或项目)的直接费(c),此时,装置的建筑工程、电气及仪表工程等均含在直接费用中;

e. 最后以上述计算结果(c)再分别乘以 1.31、1.35、1.38(视不同流程),即得到工厂的总费用 C。

如果某固体流程工厂建设的设备费用为 E_1;某固流流程工厂建设的设备费用为 E_2;某流体流程工厂建设的设备费用为 E_3,则根据上述计算程序可分别写成:

$C_1 = E_1 \times 1.43 \times 1.1 \times 1.5 \times 1.31 = E_1 \times 3.1$

$C_2 = E_2 \times 1.43 \times 1.25 \times 1.5 \times 1.35 = E_2 \times 3.63$

$C_3 = E_3 \times 1.43 \times 1.6 \times 1.5 \times 1.38 = E_3 \times 4.74$

应用朗格系数法进行工程项目或装置估价的精度仍不是很高,其原因如下:

a. 装置规模大小发生变化的影响;

b. 不同地区自然地理条件的影响;

c. 不同地区经济地理条件的影响;

d. 不同地区气候条件的影响;

e. 主要设备材质发生变化时,设备费用变化较大而安装费变化不大所产生的影响。

尽管如此,由于朗格系数法是以设备费为计算基础,而设备费用在一项工程中所占的比重对于石油、石化、化工工程而言占 45% ~ 55%,几乎占一半左右,同时一项工程中每台设备所含有的管道、电气、自控仪表、绝热、油漆、建筑等,都有一定的规律。所以,只要对各种不同类型工程的朗格系数掌握得准确,估算精度仍可较高。朗格系数法估算误差在 10% ~ 15%。

表 3.2 所示是国外的流体加工系统的典型经验系数值。

表 3.2　流体加工系统的典型经验系数

主设备交货费用	C
附属其他直接费用与 C 之比(K_i)	
主设备安装人工费	0.10 ~ 0.20
保温费	0.10 ~ 0.25
管线(碳钢)费	0.50 ~ 1.00
基　础	0.03 ~ 0.13
建筑物	0.07
构　架	0.05
防　火	0.06 ~ 0.10
电　气	0.07 ~ 0.15
油漆粉刷	0.06 ~ 0.10
	$\sum K_i = 1.04 ~ 2.05$
直接费用之和 $(1 + \sum K_i)C$ 通过直接费表示的间接费 　日常管理、合同费和利息　　　　　0.30 　工程费　　　　　　　　　　　　0.31 　不可预见费　　　　　　　　　　0.31 <div style="text-align:center">$K_c = 1 + 0.56 = 1.56$</div>总费用 $D = (1 + \sum K_i)K_cC = (3.18 ~ 4.76)C$	

②设备与厂房系数法:对于一个生产性项目,如果设计方案已确定了生产工艺,且初步选定了工艺设备并进行了工艺布置,就有了工艺设备的质量及厂房的高度和面积,则工艺设备投资和厂房土建的投资就可分别估算出来。项目的其他费用,与设备关系较大的按设备投资系数计算,与厂房土建关系较大的则以厂房土建投资系数计算,两类投资加起来就得出整个项目的投资。

【例3.3】　650 mm 中型轧钢车间的工艺设备投资和厂房土建投资已经估算出来,其各专业工程的投资系数如下:

a. 与设备有关的专业投资系数如表3.3所示。

表3.3　与设备有关的专业投资系数表

工艺设备	1
起重运输设备	0.09
加热炉及烟囱烟道	0.12
汽化冷却	0.01
余热锅炉	0.04
供电及传动	0.18
自动化仪表	0.02
系数合计:1.46	

b. 与厂房土建有关的专业投资系数如表3.4所示。

表3.4　与厂房土建有关的专业投资系数表

厂房土建(包括设备基础)	1
给排水工程	0.04
采暖通风	0.03
工业管道	0.01
电气照明	0.01
系数合计:1.09	

整个车间投资 = 设备及安装费 × 1.46 + 厂房土建(包括设备基础) × 1.09

③主要车间系数法:对于生产性项目,在设计中若考虑了主要生产车间的产品方案和生产规模,可先采用合适的方法计算出主要车间的投资,然后利用已建类似项目的投资比例计算出辅助设施等占主要生产车间投资的系数,估算出总的投资。

【例3.4】　某20万 t 炼钢厂已估计出了主要生产车间的投资,辅助设施费用占主要生产车间投资的系数如表3.5所示。

表3.5　主要生产车间投资的系数表

主要生产车间	1
辅助及公用系统	0.67
其中:机修	0.14
动力	0.32
总图运输	0.21
行政及生活福利设施	0.25
其他	0.38
总系数	2.97

则20万t炼钢厂投资额＝主要生产车间投资×2.97

（5）指标估算法

根据编制的各种具体的投资估算指标,进行单位工程投资的估算。投资估算指标的表示形式较多,如以元/m、元/m²、元/m³、元/t、元/(kV·A)表示。根据这些投资估算指标,乘以所需的面积、体积、容量等,就可以求出相应的土建工程、给排水工程、照明工程、采暖工程、变配电工程等各单位工程的投资。在此基础上,可汇总成某一单项工程的投资。另外,再估算工程建设其他费用及预备费,即求得所需的投资。

对于房屋、建筑物等投资的估算,经常采用指标估算法,以元/m²或元/m³表示。

在实际工作中,要根据国家有关规定、投资主管部门或地区颁布的估算指标,结合工程的具体情况编制。若套用的指标与具体工程之间的标准或条件有差异时,应加以必要的换算或调整;使用的指标应密切结合每个单位工程的特点,能正确反映其设计参数,切勿盲目地单纯套用一种指标。

①单位面积综合指标估算法:在单项工程的投资估算中,投资包括土建、给排水、采暖、通风、空调、电气、动力管道等所需费用。其数学计算式如下:

$$单项工程投资额 = 建筑面积 × 单位面积造价 × 价格浮动指数 ±$$
$$结构和建筑标准部分的价差$$

②单元指标估算法:该法在实际工作中使用较多。现分工业建设项目和民用建设项目两种情况,分别给出估算法。

工业建设项目单元指标估算法:

$$项目投资额 = 单元指标 × 生产能力 × 物价浮动指数$$

民用建设项目单元指标估算法:

$$项目投资额 = 单元指标 × 民用建筑功能 × 物价浮动指数$$

单元指标是每个估算单位的投资额。例如:啤酒厂单位生产能力投资指标、饭店单位客房投资指标、冷库单位储藏量投资指标、医院每个床位投资指标等。

（6）模拟概算法

该法与编制概算的思路一致,故称模拟概算法。在实际工作中应用较多,具有操作性,与其他方法比具有较高的准确性,当然,应用的前提是该项目的方案要达到一定的深度。

2)动态投资估算法

动态投资估算即考虑了通货膨胀、利息等因素在内,从而使工程投资有所变化,是总投资中不包含静态投资部分的资金的估算。

(1)涨价预备费的估算

可按如下公式估算:

$$P_F = \sum_{t=1}^{n} I_t \left[(1+f)^m (1+f)^{0.5} (1+f)^t - 1 \right]$$

式中　P_F——涨价预备费估算额;

　　　I_t——建设期中第 t 年的投资计划额(按建设前一年价格水平估算);

　　　n——建设期年份数;

　　　m——建设前期年限;

　　　f——年平均价格预计上涨率。

【例3.5】　某建设项目的静态投资为 64 620 万元,按该项目计划要求,项目建设期为 3 年,3 年的投资分年使用比例为第 1 年25%,第 2 年45%,第 3 年30%,建设期内年平均价格变动率预测为6%,建设前期为 1 年,估计该项目建设期的涨价预备费。

【解】　第 1 年投资计划用款额

　　$I_1 = 64\ 620$ 万元 $\times 25\% = 16\ 155$ 万元

第 1 年涨价预备费

　　$P_{F1} = I_1 \left[(1+f)^m (1+f)^{0.5} (1+f) - 1 \right] = 16\ 155$ 万元 $\times \left[(1+6\%) (1+6\%)^{0.5} (1+6\%) - 1 \right] = 1\ 057.83$ 万元

第 2 年投资计划用款额

　　$I_2 = 64\ 620$ 万元 $\times 45\% = 29\ 079$ 万元

第 2 年涨价预备费

　　$P_{F2} = I_2 \left[(1+f)^m (1+f)^{0.5} (1+f)^2 - 1 \right] = 29\ 079$ 万元 $\times \left[(1+6\%) (1+6\%)^{0.5} (1+6\%)^2 - 1 \right] = 3\ 922.44$ 万元

第 3 年投资计划用款额

　　$I_3 = 64\ 620$ 万元 $\times 30\% = 19\ 386$ 万元

第 3 年涨价预备费

　　$P_{F3} = I_3 \left[(1+f)^m (1+f)^{0.5} (1+f)^3 - 1 \right] = 19\ 386$ 万元 $\times \left[(1+6\%) (1+6\%)^{0.5} (1+6\%)^3 - 1 \right] = 4\ 041.26$ 万元

所以,建设期的涨价预备费

　　$P_F = P_{F1} + P_{F2} + P_{F3}$

　　　　$= 1\ 057.83$ 万元 $+ 3\ 922.44$ 万元 $+ 4\ 041.26$ 万元 $= 9\ 021.53$ 万元

(2)汇率变化对涉外建设项目动态投资的影响及其计算方法

汇率是两种不同货币之间的兑换比率,或者说是以一种货币表示的另一种货币的价格。汇率的变化意味着一种货币相对于另一种货币的升值或贬值。在我国,人民币与外币之间的汇率采取以人民币表示外币价格的形式给出,如 1 美元 =7.90 人民币。由于涉外项目的投资中包含人民币以外的币种,需要按照相应的汇率把外币投资额换算为人民币投资额,所以汇率变化就会对涉外项目的投资额产生影响。

①外币对人民币升值:项目从国外市场购买设备材料所支付的外币金额不变,但换算成人民币的金额增加;从国外借款,本息所支付的外币金额不变,但换算成人民币的金额增加。

②外币对人民币贬值:项目从国外市场购买设备材料所支付的外币金额不变,但换算成人民币的金额减少;从国外借款,本息所支付的外币金额不变,但换算成人民币的金额减少。

估计汇率变化对建设项目投资的影响大小,是通过预测汇率在项目建设期内的变动程度,以估算年份的投资额为基数,计算求得。

(3)建设期贷款利息

建设期贷款利息的估算方法及公式详见第2章第5节。

【例3.6】 拟建某工业建设项目,各项数据如下:

①主要生产项目7 400万元(其中:建筑工程费2 800万元,设备购置费3 900万元,安装工程费700万元);

②辅助生产项目4 900万元(其中:建筑工程费1 900万元,设备购置费2 600万元,安装工程费400万元);

③公用工程2 200万元(其中:建筑工程费1 320万元,设备购置费660万元,安装工程费220万元);

④环境保护工程660万元(其中:建筑工程费330万元,设备购置费220万元,安装工程费110万元);

⑤总图运输工程330万元(其中:建筑工程费220万元,设备购置费110万元);

⑥服务性工程建筑工程费160万元;

⑦生活福利工程建筑工程费220万元;

⑧厂外工程建筑工程费110万元;

⑨工程建设其他费用400万元;

⑩基本预备费费率为10%;

⑪建设期各年涨价预备费费率为6%,建设前期1年;

⑫建设期为2年,每年建设投资相等,建设资金来源为:第1年贷款5 000万元,第2年贷款4 800万元,其余为自有资金,贷款年利率为6%(每半年计息一次);

求:

①试将以上数据填入表3.6(建设项目固定资产投资估算表);

②列入计算基本预备费、涨价预备费、固定资产投资方向调节税和建设期贷款利息,并将费用名称和相应计算结果填入表3.6中;

③完成该建设项目固定资产投资估算表。

表 3.6 建设项目固定资产投资估算表

	工程费用名称	估算价值					占固定资产比例/%
		建筑工程	设备购置	安装工程	其他工程	合计	
1	工程费用						
1.1	主要生产项目						
1.2	辅助生产项目						
1.3	公用工程						
1.4	环境保护工程						
1.5	总图运输工程						
1.6	服务性工程						
1.7	生活福利工程						
1.8	厂外工程						
2	工程建设其他项目						
	1—2 小计						
	总计						

【解】 (1)固定资产投资估算如表 3.7 所示。

表 3.7 某建设项目固定资产投资估算表　　　　　　　　　　　　单位:万元

	工程费用名称	估算价值					占固定资产比例/%
		建筑工程	设备购置	安装工程	其他工程	合计	
1	工程费用	7 060	7 490	1 430		15 980	78.20
1.1	主要生产项目	2 800	3 900	700		7 400	
1.2	辅助生产项目	1 900	2 600	400		4 900	
1.3	公用工程	1 320	660	220		2 200	
1.4	环境保护工程	330	220	110		660	
1.5	总图运输工程	220	110			330	
1.6	服务性工程	160				160	
1.7	生活福利工程	220				220	
1.8	厂外工程	110				110	
2	工程建设其他项目				400	400	1.96
	1—2 小计	7 060	7 490	1 430	400	16 380	
3	预备费				3 443	3 443	16.85
3.1	基本预备费				1 638	1 638	
3.2	涨价预备费				1 805	1 805	
4	建设期贷款利息				612	612	2.99
	总　计	7 060	7 490	1 430	4 455	20 435	

（2）基本预备费、涨价预备费、固定资产方向调节税、建设期贷款利息计算：

①基本预备费 $= 16\ 380$ 万元 $\times 10\% = 1\ 638$ 万元

②涨价预备费 $= [(16\ 380\ \text{万元} + 1\ 638\ \text{万元}) \div 2] \times [(1 + 6\%)(1 + 6\%)^{0.5}(1 + 6\%)^1 - 1] + [(16\ 380\ \text{万元} + 1\ 638\ \text{万元}) \div 2] \times [(1 + 6\%)(1 + 6\%)^{0.5}(1 + 6\%)^2 - 1] = 1\ 805$ 万元

③年实际贷款利率 $= [1 + (6\% \div 2)]^2 - 1 = 6.09\%$

贷款利息计算：

第 1 年贷款利息 $= 5\ 000\ \text{万元} \div 2 \times 6.09\% = 152.25$ 万元

第 2 年贷款利息 $= (5\ 000\ \text{万元} + 152\ \text{万元} + 4\ 800\ \text{万元} \div 2) \times 6.09\% = 460$ 万元

建设期贷款利息：$152\ \text{万元} + 460\ \text{万元} = 612$ 万元

（3）投资估算总额如表3.6所示。

3）铺底流动资金的估算方法

铺底流动资金是保证项目投产后，能正常生产经营所需要的最基本的周转资金数额。铺底流动资金是项目总投资中流动资金的一部分，在项目决策阶段，这部分资金就要落实。铺底流动资金的计算公式为：

$$\text{铺底流动资金} = \text{流动资金} \times 30\%$$

这里的流动资金是指建设项目投产后为维持正常生产经营用于购买原材料、燃料、支付工资及其他生产经营费用等所必不可少的周转资金。它是伴随着固定资产投资而发生的永久性流动投资，它等于项目投产运营后所需全部流动资产扣除流动负债后的余额。其中，流动资产主要考虑应收与预付账款、现金和存货；流动负债主要考虑应付与预收款。由此看出，这里所解释的流动资金的概念，实际上就是财务中的营运资金。

流动资金的估算一般采用两种方法。

（1）扩大指标估算法

扩大指标估算法是按照流动资金占某种基数的比率来估算流动资金。一般常用的基数有销售收入、经营成本、总成本费用和固定资产投资等，究竟采用何种基数依行业习惯而定。所采用的比率根据经验确定，或根据现有同类企业的实际资料确定，或依行业、部门给定的参考值确定。扩大指标估算法简便易行，但准确度不高，适用于项目建议书阶段的估算。

①产值（或销售收入）资金率估算法。

$$\text{流动资金额} = \text{年产值（年销售收入额）} \times \text{产值（销售收入）资金率}$$

【例3.7】 某项目投产后的年产值为3.6亿元，其同类企业的百元产值流动资金占用额为19.5元，则该项目的流动资金估算额为：

$$36\ 000\ \text{万元} \times 19.5 \div 100 = 7\ 020\ \text{万元}$$

②经营成本（或总成本）资金率估算法。经营成本是一项反映物质、劳动消耗和技术水平、生产管理水平的综合指标。一些工业项目，尤其是采掘工业项目常用经营成本（或总成本）资金率估算流动资金。

$$\text{流动资金额} = \text{年经营成本（年总成本）} \times \text{经营成本资金率（总成本资金率）}$$

③固定资产投资资金率估算法。固定资产投资资金率是流动资金占固定资产投资的百分比。如化工项目流动资金占固定资产投资的 $15\% \sim 20\%$ ，一般工业项目流动资金占固定资产

投资的 5% ~ 12%。

$$流动资金额 = 固定资产投资 \times 固定资产投资资金率$$

④单位产量资金率估算法。单位产量资金率，即单位产量占用流动资金的数额。

$$流动资金额 = 年生产能力 \times 单位产量资金率$$

（2）分项详细估算法

分项详细估算法，也称分项定额估算法。它是国际上通行的流动资金估算方法，可按照下列公式，分项详细估算。

$$流动资金 = 流动资产 - 流动负债$$

$$流动资产 = 现金 + 应收账款 + 存货$$

$$流动负债 = 应付账款$$

$$流动资金本年增加额 = 本年流动资金 - 上年流动资金$$

构成流动资产和流动负债的各项费用估算公式如下：

①现金的估算：

$$现金 = \frac{年工资及福利费 + 年其他费用}{周转次数}$$

$$年其他费用 = 制造费用 + 管理费用 + 财务费用 + 销售费用 - $$
$$以上 4 项费用中所包含的工资及福利费、折旧费、$$
$$推销费、修理费和利息支出$$

$$周转次数 = \frac{360 \ 天}{最低需要周转天数}$$

②应收账款的估算：

$$应收账款 = 年经营成本 \div 周转次数$$

③存货的估算：在存货估算中一般仅考虑外购原材料、燃料、在产品、产成品。

$$存货 = 外购原材料燃料 + 在产品 + 产成品$$

$$外购原材料燃料 = \frac{年外购原材料燃料费}{周转次数}$$

$$在产品 = \frac{外购原材料燃料及动力费 + 年工资及福利费 + 年修理费 + 年其他制造费}{周转次数}$$

$$产成品 = \frac{年经营成本}{周转次数}$$

④应付账款的估算：

$$应付账款 = \frac{年外购原材料燃料动力和备品备件费用}{周转次数}$$

（3）流动资金估算应注意的问题

①在采用分项详细估算法时，需要分别确定现金、应收账款、存货和应付账款及最低周转天数。在确定周转天数时要根据实际情况，并考虑一定的保险系数。对于存货中的外购原材料、燃料要根据不同品种和来源，考虑运输方式和运输距离等因素确定。

②不同生产负荷下的流动资金是按照相应负荷时的各项费用金额和给定的公式计算出来的，不能按 100% 负荷下的流动资金乘以负荷百分数求得。

③流动资金属于长期性(永久性)资金,流动资金的筹措可通过长期负债和资本金(权益融资)方式解决。流动资金借款部分的利息应计入财务费用。项目计算期末收回全部流动资金。

·3.3.3 *投资估算的管理*·

1)编制投资估算应注意的问题

编制投资估算的项目其计算工作量要比相应的概算、预算少得多。所以,有的人就认为编制估算方便、容易,还有的人认为反正是估算,粗略地计算一下就行了。其实不然,从某种程序上讲,估算更为困难,因为在可行性研究阶段,大多数工程项目是紧急上马,设计时间较紧,设计人员很难把方案做深做细,甚至连具体的施工方案也没有,这时就有很多的问题要由估算编制人员来具体考虑、分析,工作量就比较大。同时尽管是估算,也不可草率从事,因为最后的投资估算结果要作为上级部门决策工程项目是否上马的依据,若悬殊较大,会导致决策者决策的错误。另一方面,在初步设计阶段的设计概算总额应控制在投资估算的范围之内,若估算得过高或过低,均会给编制设计概算带来困难。所以编制估算一定要认真、深入。编制时应注意以下几点:

①投资估算编制必须严格执行国家的方针、政策和有关制度,符合相关技术标准、设计施工技术规范,估算文件的质量应达到符合规定、结合实际、经济合理、提交及时、不重不漏、计算正确、字迹清晰、装订整齐的要求。

②估算编制人员要考虑业主对建筑项目有关资金筹措、实施计划、水电供应、配套工程(如路、桥及水路管理设计等)、土地拆迁赔偿、工程监理等安排的意见。

③要认真收集整理和积累各种建筑项目竣工时实际造价资料。这些资料的可靠性越高,则估算出的投资准确度也越高。所以,收集和积累可靠的技术资料是提高投资估算准确度的前提和基础。

④选择使用投资估算的各种数据时,不论是自己积累的数据,还是来自于其他方面的数据,都要求估算人员在使用前要结合时间、物价、现场条件、装备水平等因素做出充分的分析和调查研究。据此,应该做到以下三点:

a.造价指标的工程特征与本工程尽可能相符合;

b.对工程所在地的交通、能源、材料供应等条件做周密的调查研究;

c.做好细致的市场调查和预测。

⑤投资的估算必须考虑建设期物价、工资等方面的动态因素变化。

⑥应留有足够的预备费。但这并不是说,预备费留得越多越保险,而是依据估算人员所掌握的情况加以分析、判断、预测,从而选定一个适当的系数。一般来说,对于那些建设工期长、工程复杂或新开发的工艺流程,预备费所占比例可高一些;建设工期短、工程结构简单或在很大程度上带有非开发性,并在国内已有建成的工艺生产项目和已定型的项目,预备费所占的比例就可以低一些。

⑦对引进国外设备或技术项目要考虑汇率的变化。进口设备、引进国外先进技术的建筑项目和涉外建筑项目,其建设投资的估算额与外汇兑换率关系密切,要加以考虑。

⑧注意项目投资总额的综合平衡。实际进行项目投资估算时,常常会有从局部上看对各单位工程的投资估算似乎是合理的,但从估算的建筑项目所需的总投资额来看并不一定适当。因此,必须从总体上衡量工程的性质、项目所包括的内容及建筑标准等,是否与当前同类工程的投资额相称。还可以检查各单位工程的经济指标是否合适,从而再做一次必要的调整,使得整个建筑项目所需的投资估算额更为合理。

⑨进行项目投资估算要认真负责、实事求是,既不可有意高估冒算,以免积压和浪费资金;也不应故意压价少估,而后进行投资追加,打乱项目投资计划。

总之,拟建项目投资估算在深入调查研究和已掌握条件的基础上,应尽量地做到估算投资与现实相符合,估足投资,不留缺口,以便拟建项目立项后在各阶段的实施过程中,估算投资真正能够起到控制投资最高限额的作用。

2)影响投资估算的因素

建筑项目投资估算是一项很复杂的工作,其主要影响因素有:

①项目投资估算所需资料的可靠程度。如已运行项目的实际投资额、有关单元指标、物价指数、项目拟建规模、建筑材料价格、设备价格等数据和资料的可靠性。

②项目本身的内容和复杂程度。如拟建项目本身比较复杂,内容很多时,那么在估算项目所需投资额时,就容易发生漏项和重复计算。

③项目所在地的自然条件。如建设场地条件、工程地质、水文地质、地震烈度等情况和有关数据的可靠性。

④项目所在地的建筑材料供应情况、价格水平、施工协作条件等。

⑤和项目建设有关的建筑材料、设备价格的浮动幅度。

⑥项目所在地的城市基础设施情况。如给排水、电信、煤气供应、热力供应、公共交通、消防等基础设施是否齐备。

⑦项目设计深度和详细程度。

⑧项目投资估算人员的经验和水平等。

3)建设项目投资估算的审查

为了更好地保证投资估算的准确性,使其更好地发挥作用,要进一步做好投资估算的审查工作。

投资估算按照规定需经有关主管部门或单位批准的,在报批前应经有资格的监理公司进行评估。在对建设项目进行技术经济效益评价的同时,还必须对该项目投资估算的完整性、准确性以及项目所需投资的筹措、落实情况做出全面、公正的评价,切实保证评价的质量。在审批可行性研究报告时,必须认真审查投资估算,以确保投资估算的质量。投资估算一经上级主管部门批准,即作为建设项目总投资的计划控制额,不得任意更改和突破。

(1)审查投资估算编制的依据

①审查投资估算方法的科学性、适用性。投资估算的方法很多,但不同的投资估算方法有不同的适用条件、范围和精确度。例如,"生产能力指数法"要求已建项目和拟建项目在性质上及其他方面应非常相似,才能运用此方法,才能充分利用已建项目的生产能力和投资额来估算拟建项目的投资额。如果已建项目和拟建项目在内容上、性质上不同时,则采用这种方法估

算数额的误差就会很大,就不能保证投资估算的质量。所以在进行投资估算时,要看采用的方法是否适合于这个估算的对象,是否符合精确度的要求。另外,还要看采用的估算数据是否确凿,尤其是有些方法中需要的一些系数,要比较确切和有一定的科学依据。

②审查投资估算所采用的数据资料的实效性、准确性。建设项目投资估算要采用各种基础资料,因此在审查时,要重点审查各种基础资料和数据的时效性、准确性和适用范围。例如,考虑已建项目的建设时期与工作内容、依据的设备和材料的价格等。另外,定额和指标的年代、各种费用项目与标准、费用项目的划分、其他费用包括的内容和规定等,由于地区、价格、时间、定额和指标水平的差异,使投资估算有较大的出入,所以必须做出定额指标水平、价差的调整系数及费用项目的调查,使之符合投资估算时的实际情况。

(2)审查和分析投资估算的编制内容与规定、规划要求的一致性

对投资估算的内容,要进行严格、深入细致的分析和审查。主要审查以下几方面:

①审查项目投资估算包括的工程内容与规定要求是否一致,是否漏掉了某些辅助工程、室外工程等的建设费用;

②审查项目投资估算的项目产品生产装置的先进水平和自动化程度等是否符合规划要求的先进程度;

③审查是否对拟建项目与已运行项目在工程成本、工艺水平、规模大小、自然条件、环境因素等方面的差异,针对实际情况做了适当的调整。

(3)审查和分析投资估算的费用项目、费用数额的真实性

①审查费用项目与规定要求、实际情况是否相符,是否有漏项或重项现象,估算的费用项目是否符合国家规定,是否针对具体情况做了适当增减;

②审查是否考虑了物价上涨和汇率变动对投资额的影响,考虑的波动幅度是否合适;

③审查建设项目那些采取环境保护措施,"三废"处理方法等相应需要的投资是否已进行了估算,其估算金额是否符合实际;

④审查建设项目所采用的新技术和新材料、新结构、新工艺等,是否考虑了相应增加的投资,考虑的额度是否合适。

总之,建设项目投资估算既要防止漏项少算,又要防止高估冒算。要在技术上可靠、经济上合理的基础上,认真地、准确地根据有关规定和要求合理确定经济指标,以保证投资估算的质量,使它真正起到决策和控制作用。

·3.3.4 *投资估算案例*·

1)某新建工业项目概况

①该新建项目建设期为 2 年:第 1 年完成项目总投资的 40%;第 2 年完成 60%;第 3 年投产并且项目达到 100% 的设计能力,建设前期为 1 年。

②该项目固定资产投资中有 2 000 万元来自国内银行贷款,其余为自有资金,根据借款协议,借款年利率为 10%,按季计息,生产期开始 10 年内还清本息。基本预备费费率为 10%。建设期内涨价预备费平均费率为 6%。按国家规定该项目的固定资产投资方向调节税税率为5%,其他相关资料如表 3.8 所示。

表 3.8　固定资产投资估算表　　　　　单位:万元

序号	工程费用名称	估算价值				
		建筑工程	设备购置	安装工程	其他费用	合　计
1	工程费用					
1.1	主要生产项目	1 550	900	100		2 550
1.2	辅助生产项目	900	400	200		1 500
1.3	公用工程	400	300	100		800
1.4	环境保护工程	300	200	100		600
1.5	总图运输	200	100			300
1.6	服务性工程	100				100
1.7	生活福利工程	100				100
1.8	厂外工程	50				50
2	其他费用				500	500
	其中:土地费用				(200)	(200)
	合计(1+2)	3 600	1 900	500	500	6 500

③建设项目进入生产期后,第 1 年即全负荷生产。全厂职工为 200 人,工资与福利费按照每年每人 1 万元估算,每年的其他费用为 180 万元,年外购原材料、燃料和动力费估算为 1 600万元。各项流动资金最低周转天数分别为:应收账款 40 天,现金 25 天,应付账款 45 天。每年按 365 天计。

④经过分析近几年同类产品市场价格,预测产品出厂价为 2 万元/t,正常年份年销售产量为 3 万 t,假设年产全部售完。生产期为 10 年,设备折旧年限为 10 年,净残值率为 4% 。修理费按折旧费的 54% 计。

⑤流动资金全部来源于贷款,生产期初一次投入,期末全部收回,年利率为 10% ,利息每年偿还。

⑥经营成本中 5% 的费用计入管理费,直接进入固定成本。经营成本的其余费用计入各年变动成本。

2)估算投资额及费用

①估算固定资产投资额;

②编制总成本费用表;

③估算流动资金并制表;

④估算总投资额;

⑤计算销售税金及附加费用。

3)编制固定资产投资估算表

①计算基本预备费:

基本预备费 = (工程费用 + 其他费用) × 10% = 6 500 万元 × 10% = 650 万元

②计算涨价预备费:

第 1 年涨价预备费:(6 500 + 650) 万元 × 40% × [(1 + 6%)^1 × (1 + 6%)$^{0.5}$ × (1 + 6%)^1 − 1] = 448.50 万元

第 2 年涨价预备费：$(6\ 500 + 650)$ 万元 $\times 60\% \times [\ (1 + 6\%)^1 \times (1 + 6\%)^{0.5} \times (1 + 6\%)^2 -$

$1\ ] = 970.51$ 万元

建设期内涨价预备费为：448.50 万元 $+ 970.51$ 万元 $= 1\ 419.01$ 万元

③计算预备费：

预备费 = 基本预备费 + 建设期内涨价预备费

$= 650$ 万元 $+ 701.84$ 万元 $= 1\ 351.84$ 万元

④计算固定资产方向调节税：

税额 = （工程费用 + 其他费用 + 预备费）$\times$ 调节税率

$= (6\ 500 + 1\ 351.84)$ 万元 $\times 5\% = 392.59$ 万元

⑤建设期贷款利息：

如果有效利率的计息期不是 1 年，一年之中的计息为 m 周期数，则有效年利率按下式

计算：

$$i = (1 + r/m)^m - 1$$

式中 i——有效年利率；

      r——名义利率；

      m——一年之中的计息周期数。

已知 $r = 10\%$，按季计息，$m = 4$，则贷款实际年利率为：

$i = (1 + r/m)^m - 1 = (1 + 10\%/4)^4 - 1 = 10.38\%$

建设期第 1 年贷款利息为：$I_1 = 1/2 \times (2\ 000$ 万元 $\times 40\%) \times 10.38\%$

$= 41.52$ 万元

建设期第 2 年贷款利息为：$I_2 = (800 + 41.52 + 1/2 \times 1\ 200)$ 万元 $\times 10.38\%$

$= 149.63$ 万元

则建设期贷款利息为：$I_1 + I_2 = 41.52$ 万元 $+ 149.63$ 万元 $= 191.15$ 万元

⑥编制固定资产投资估算表，如表 3.9 所示。

表 3.9   固定资产投资估算表   单位：万元

序号	工程项目名称	估算价值						占固定资产比例/%	备 注
		建筑工程	设备购置	安装工程	其他费用	合 计	其中外币		
1	工程费用	3 600	1 900	500		6 000		76.42	$\dfrac{1}{1 + 2 + 3}$ $\times 100\%$
1.1	主要生产项目	1 550	900	100		2 550			
1.2	辅助生产车间	900	400	200		1 500			
1.3	公用工程	400	300	100		800			
1.4	环境保护工程	300	200	100		600			
1.5	总图运输	200	100			300			
1.6	服务性工程	100				100			
1.7	生活福利工程	100				100			
1.8	厂外工程	50				50			
2	其他费用				500	500	6.37		

续表

序号	工程项目名称	估算价值						占固定资产比例/%	备 注
		建筑工程	设备购置	安装工程	其他费用	合 计	其中外币		
	其中:土地费用				200				
	合计(1+2)	3 600	1 900	500	500	6 500			
3	预备费					1 351.84		17.22	
3.1	基本预备费				650	650			
3.2	涨价预备费				1 419.01	1 419.01			
4	投资方向调节税				392.59	392.59			
5	建设期贷款利息				191.15	191.15			
	合计 (1+2+3+4+5)	3 600	1 900	500	3 152.75	9 152.75			

4)估算流动资金并制表

①年经营成本等如总成本费用估算表3.11所示。

年经营成本 = 总成本费用 − 折旧费 − 摊销费 − 利息支出 = 2 400 万元

②计算应收账款:

应收账款 = 年经营成本/周转次数 = 2 400 万元/(365/40) = 263.01 万元

③计算现金量:

$$现金 = (年工资及福利费 + 其他费用)/年周转次数$$
$$= (200 万元 + 180 万元)/(365/25) = 26.03 万元$$

④计算应付账款:

$$应付账款 = (外购原材料、燃料及动力费用)/年周转次数$$
$$= 1 600 万元/(365/45) = 197.26 万元$$

⑤计算流动资金:

流动资金 = 流动资产 − 流动负债 = (263.01 + 26.03)万元 − 197.26 万元 = 91.78 万元

⑥存货为0。

⑦编制流动资金估算表:

流动资金估算按分项详细估算法估算,估算总额为91.78万元,得表3.10。

表 3.10　流动资金估算表　　　　　　　　　　　　　单位:万元

序 号	项 目	最低周转天数	周转次数	达到设计生产能力期(3~12年)
1	流动资产			289.04
1.1	应收账款	40	365/40	263.01
1.2	存货			
1.3	现金	25	365/25	26.03
2	流动负债			197.26
2.1	应付账款	45	365/45	197.26
3	流动资金(1−2)			91.78

5)估算总成本并制表

（1）折旧费估算

本项目固定资产原值包括:固定资产投资中的工程费用、土地费用和预备费、投资方向调节税、建设期利息,原值合计为:8 435.56 万元 − 500 万元 + 200 万元 = 8 135.56 万元。按平均年限折旧法计算折旧,折旧年限为 10 年,净残值率为 4%。

$$年折旧率 = \frac{1 - 4\%}{10} \times 100\% = 96\%$$

年折旧费 = 8 135.56 万元 × 9.6% = 781.01 万元

第 2 年净值 = 8 135.56 万元 − 781.01 万元 = 7 354.55 万元

第 3 年净值 = 7 354.55 万元 − 781.01 万元 = 6 573.54 万元

依次类推可得以后各年净值。

（2）修理费的估算

修理费为折旧费的 54%,即为:781.01 万元 × 54% = 420 万元

（3）无形资产及递延资产摊销费估算

固定资产投资中第 2 部分费用(工程建设其他费用)除土地费用进入固定资产原值外,其余费用均计入项目的无形资产及递延资产。摊销费 = 500 万元 − 200 万元 = 300 万元。分 10 年摊销,每年 30 万元。

（4）利息支出计算

根据资金筹措计划,固定资产中 2 000 万元为银行借款,且投入计划第 1 年及第 2 年分别为 40% 及 60%,按 10% 计算,长期借款还款计划为在投产期第 1 年开始以收益偿还;流动资金由表 3.9。可得 91.78 万元,在期末一次回收,每期还息。长期借款还本付息表如 3.11 所示。

表3.11　长期借款还本付息表　　　　　　　　　　　　　单位:万元

序号	项　目	1	2	3	4	5	6	7	8	9	10	11	12
1	年初累计长期借款	0	840	2 184	2 047.1	1 896.5	1 731.0	1 548.8	1 348.4	1 127.9	885.4	618.6	325.2
2	本年新增长期借款	800	1 200	0	0	0	0	0	0	0	0	0	0
3	本年应计利息	40	144	218.4	204.7	189.7	173.1	154.9	134.8	112.8	88.5	61.8	32.5
4	本年应还本息	0	0	355.3	355.3	355.3	355.3	355.3	355.3	355.3	355.3	355.3	355.3
4.1	本年应还本金	0	0	136.9	150.6	165.6	182.2	200.4	220.5	242.5	266.8	293.4	322.8
4.2	本年应还利息	0	0	218.4	204.7	189.7	173.1	154.9	134.8	112.8	88.5	61.9	32.5

表 3.10 中:本年应还本息 = 2 184 × (A/P, i, N) = 2 184 万元 × (A/P, 10%, 10)

　　　　　　　　　　= 2 184 万元 × 0.162 7 = 355.3 万元

系数 0.162 7:查复利系数表(已知现值求年金系数)i = 10%;N = 10

（5）总成本费用估算

总成本费用估算如表 3.12 所示。

表 3.12　总成本费用估算表　　　　　　　　　　单位:万元

序号	项　目	达到设计生产能力期(100%)									
		3	4	5	6	7	8	9	10	11	12
1	外购原料	1 200	1 200	1 200	1 200	1 200	1 200	1 200	1 200	1 200	1 200
2	购燃料动力	400	400	400	400	400	400	400	400	400	400
3	工资福利费	200	200	200	200	200	200	200	200	200	200
4	修理费	420	420	420	420	420	420	420	420	420	420
5	折旧费	781.01	781.01	781.01	781.01	781.01	781.01	781.01	781.01	781.01	781.01
6	摊销费	30	30	30	30	30	30	30	30	30	30
7	利息支出	227.58	213.88	198.88	182.28	164.08	143.98	121.98	97.68	71.08	41.68
	其中:建设期贷款利息	218.4	204.7	189.7	173.1	154.9	134.8	112.8	88.5	61.8	32.5
	流动资金借款利息	9.18	9.18	9.18	9.18	9.18	9.18	9.18	9.18	9.18	
8	其他费用	180	180	180	180	180	180	180	180	180	180
9	总成本费用	3 438.59	3 424.9	3 409.9	3 393.299	3 357.1	3 355	3 332.999	3 304.699	3 282.1	3 252.7
	其中:固定成本	1 351.01	1 351.011	1 351.011	1 351.011	1 351.011	1 351.011	1 351.011	1 351.011	1 351.011	1 351.011
	可变成本	2 087.539	2 073.899	2 058.899	2 042.288	2 024.099	2 003.999	1 981.988	1 953.688	1 931.099	1 901.699
10	经营成本	2 400	2 400	2 400	2 400	2 400	2 400	2 400	2 400	2 400	2 400

表中各项费用计算过程:

①流动资金 91.78 万元每年还息,则利息为 91.78 万元×10% =9.178 万元。

②总成本费用为 1 至 8 项之和。固定成本为折旧、维修费、摊销费及管理费用之和(管理费按经营成本 5% 记取)。

③可变成本为总成本费用减去固定成本。

④经营成本 = 总成本费用 - 折旧费 - 摊销费 - 利息支出。

(6)总投资额、产品销售收入和销售税金等估算

①总投资额 = 固定资产投资 + 流动资产投资 = 8 435.38 万元 +91.78 万元 = 8 523.36 万元

②经分析近几年同类产品市场价格,预测产品出厂价为 2 万元/t(含税),正常年份年销售产量为 3 万 t。

正常年份的年销售收入(含税) = 2 万元/t×30 000 t = 60 000 万元

③销售税金(包括产品税、增值税、营业税、教育附加费、城乡维护建设税等)按国家规定计取:

增值税税率为 17%,城市维护建设税按增值税的 7% 计,教育附加税按增值税的 3% 计,正常生产年份的年销售税金及附加估算值为 703.25 万元。其中:

$$增值税 = \frac{销售收入}{1 +17\%} ×17\% - \frac{外购原材料、燃料、动力}{1 +17\%} ×17\%$$

$$= \frac{6\ 000\ 万元}{1 +17\%} ×17\% - \frac{1\ 600\ 万元}{1 +17\%} ×17\%$$

$$=639.32\ 万元$$

城乡维护建设税 =639.32 万元×7% =44.75 万元

教育附加费 =636.32 万元×3% =19.18 万元

即销售税金及附加费用为:

639.32 万元 +44.75 万元 +19.18 万元 =703.25 万元

3.4　建设项目财务评价

·3.4.1　建设项目财务评价的概念、内容和程序·

工程项目经济评价是在项目投资决策阶段的可行性研究和评估过程中,采用现代经济分析方法,对拟建项目计算期(包括建设期和生产期)内各种有关技术经济因素和项目投入产出的有关财务、经济资料数据进行调查研究和分析预测,对项目的财务、经济、社会效益进行计算和评价,比较、选择和推荐最佳项目方案。

项目经济评价是项目可行性研究和评估的核心内容,其目的和任务在于避免或最大限度地减少项目投资风险,明确项目投资的财务效益水平和项目对国家经济发展及对社会福利的贡献大小,最大限度地提高项目投资的综合经济效益,为项目的投资决策提供科学依据。

工程建设项目经济评价分为财务评价和国民经济评价两个层次。财务评价是从企业经济利益的角度考虑项目的财务可行性和盈利性;国民经济评价主要从整个国民经济的角度来考察项目的经济合理性。本章只就企业财务评价加以介绍。

1)建设项目财务评价的概念

建设项目财务评价,是从项目本身的角度,依据国家现行的财税制度、价格体系和有关法规和规定,分析、计算拟建项目的投资费用、产品成本、产品销售收入、税金等财务数据,编制财务报表,计算评价指标,进而从项目(企业)角度考察项目建成后的盈利能力、清偿能力及外汇效果等,来考察项目在财务上的可行性。投资者可根据财务评价的结论、项目投资的财务经济效果和项目的风险程度,决定项目是否值得投资建设。财务评价结论是决定项目取舍的重要依据,是国民经济评价的基础。

财务评价是从投资者自身能否获利及获利程度的大小来取舍项目,做出评价,但它并不涉及一个项目建成投产后对国民经济、社会发展的影响。因而,一个项目在企业财务上可行,只是达到了作为直接受益的投资者的要求,至于是否达到整个国民经济和社会发展要求,尚需做进一步的评价。

进行工程建设项目的财务评价,首先要估算或计算出项目的投资、成本、各项税金和利润等基础数据,然后据此编制必要的财务报表,计算出相应的技术经济指标,并与有关标准进行比较,判断项目是否可行或从中选择最佳方案。

2)建设项目财务评价内容

财务评价内容主要包括盈利能力评价、清偿能力评价、外汇平衡状况评价和不确定性分析。

(1)盈利能力评价

盈利能力是反映项目财务效益的主要标志。在财务评价中,应当考察拟投资(开发)项目竣工后是否盈利,盈利能力有多大,盈利能力是否足以满足项目可行的要求条件。项目盈利主要指项目建成后能够实现的利润和税金,是企业进行投资决策时考虑的首要因素,应从以下两个方面进行评价:

①项目达到设计生产能力的正常生产年份可能获得的盈利水平。即主要通过计算投资利润率、投资利税率、资本金利润率等静态指标，考察项目在正常生产年份年度投资的盈利能力，以判断项目是否达到行业的平均水平。

②项目整个寿命期内的盈利水平。即主要通过计算财务净现值、财务内部收益率、财务净现值率、投资回收期等动态和静态指标，考察项目在整个计算期内盈利能力及投资回收能力，判断项目投资的可行性。

（2）清偿能力评价

清偿能力包括两个层次：一是项目的财务清偿能力，即项目收回全部投资的能力；二是债务清偿能力，主要指项目偿还借款和清偿债务的能力。它直接关系到企业面临的财务风险和企业的财务信用程度，是企业进行筹资决策的重要依据，应从以下两个方面评价：

①考察项目偿还固定资产投资国内借款所需要的时间。即通过计算借款偿还期，考察项目的还款能力，判断项目是否能满足贷款机构的要求。

②考察项目资金流动性水平。即通过计算流动比率、速动比率、资产负债率等各项财务比率指标，对项目投产后的资金流动情况进行比较分析，用以反映项目寿命期内各年的盈亏、资产和负债、资金来源和运用、资金的流动和负债运用等财务状况及资产结构的合理性，考察项目前风险程度和偿还流动负债的能力与速度。

（3）外汇平衡状况评价

对于产品出口创汇等涉及外汇收支的项目，还应编制外汇平衡表，计算财务外汇净现值、换汇成本和节汇成本，进行外汇平衡分析，以考察项目在计算期内各年的外汇余缺，衡量项目实施后对国家外汇状况的影响。

（4）不确定性分析

分析项目的不确定性因素对项目经济效果的影响程度，以预测项目可能承担的风险大小和抗风险能力。

3）建设项目财务评价的程序

项目财务评价是在做好市场调查与预测、工艺技术研究等工作的基础上进行的。其基本程序如下：

（1）收集、整理和计算有关基础数据资料

财务基础数据的估算是指在项目市场、资源、技术条件分析基础上，从项目角度出发，依据现行的财税和价格政策，对一系列有关的财务数据进行调查、搜集、整理和测算，并编制有关财务数据估算表的工作。

投资方案提出以后，能否正确决策，关键就在于数据的收集和估算是否准确、可靠。为求数据的准确、可靠，这项工作必须有企业的各个部门参与。比如，为了估算将来的收入数据，就必须依靠销售部门进行需求预测；为了估算将来的经营成本，就必须依靠生产、技术和采购部门提供的有关成本资料。

基础数据资料主要包括：

①项目生产规模和产品品种方案；

②项目总投资估算和分年度使用计划，包括固定资产投资和流动资金；

③项目生产期间分年产品成本，分别计算出总成本、经营成本、单位产品成本、固定成本和变动成本；

④项目资金来源方式、数额及贷款条件(包括货款利率、偿还方式、偿还时年还本付息额);

⑤项目生产期间分年产品销量、销售收入、销售税金和销售利润及其分配额;

⑥实施进度,包括建设期、投产和达产的时间及进度等。

(2)编制财务报表

财务报表分为基本报表和辅助报表。它是根据上一步骤估算的基础数据填列的,是计算反映项目盈利能力、清偿能力和外汇平衡的技术经济指标的基础。所以,在分析和估算财务数据之后,需要编制财务报表。首先在对已取得的财务数据进行分析、审核、评估的基础上,编制辅助报表(总成本费用估算表、销售收入和销售税金及附加估算表、固定资产折旧费估算表等);其次,将辅助报表中的基础数据进行汇总,编制财务基本报表,主要是编制现金流量表、损益表、资金来源与运用表、资产负债表及外汇平衡表等。

(3)计算与评价财务评价指标

利用财务基本报表,可直接计算出一系列财务评价指标,包括项目盈利能力指标、清偿能力指标及外汇平衡状况等静态指标和动态指标。

(4)进行不确定性分析

不确定性分析包括盈亏平衡分析、敏感性分析和概率分析三种方法,主要分析项目适应市场变化的能力和抵抗风险能力。

(5)提出财务评价结论

将计算出的有关指标与国家有关部门公布的基准值,或与经验标准、历史标准、目标标准等加以比较,并从财务的角度提出项目是否可行的评价结论。

· 3.4.2 建设工程项目财务报表的编制 ·

根据所得到的基本财务数据可编制现金流量表、财务内部收益表、资金来源与运用表、资产负债表、损益表等基本财务报表。

1)现金流量表的编制

(1)现金流量表及其基本组成

现金流量表是指将建设工程项目寿命周期内每年的现金流入量和现金流出量以及两者之间差额列出的表格。它反映了建设工程项目寿命周期内每年的现金流入和流出,表明该项目获得现金和现金等价物的能力,从而反映项目盈利或偿债能力。现金流量表一般由现金流入、现金流出、净现金流量三部分组成。

(2)现金流量表的编制

现金流量表分为全部投资现金流量表和自有资金现金流量表。

①全部投资现金流量表的编制。全部投资现金流量表是指不分资金来源,在假定项目全部投资(包括固定资产投资和流动资金)均为自有资金的条件下,用于计算全部投资的税前及税后财务净现值、财务内部收益率及投资回收期等经济指标的项目现金流量表格。其编制应站在项目全部投资的角度,不考虑资金借贷与偿还,不必计算财务费用。全部投资现金流量表的基本表式如表3.13所示,表中计算期的年序为$1,2,\cdots,n$,建设开始年作为计算期的第1年,年序为1。当项目建设期以前所发生的费用占总费用的比例不大时,为简化计算,可将这部分费用列入年序1;若需单独列出,可另加"建设起点"一栏,年序为0。

表 3.13 财务现金流量表(全部投资)

序号	项目	建设期		投产期		达产期				合计
		1	2	3	4	5	6	…	n	
	生产负荷/%									
1	现金流入									
1.1	销售(营业)收入									
1.2	回收固定资产残值									
1.3	回收流动资金									
1.4	其他收入									
	流入小计									
2	现金流出									
2.1	固定资产投资									
2.2	流动资金									
2.3	经营成本									
2.4	销售税金及附加									
2.5	所得税									
	流出小计									
3	净现金流量(1−2)									
4	累计净现金流量									
5	所得税前净现金流量(3+2.5)									
6	所得税前累计净现金流量									

计算指标: 所得税前　　　　　　　　　　　　　所得税后

　　　　　财务净现值 $FNPV=$　　　　　　　财务净现值 $FNPV=$

　　　　　财务内部收益率 $FIRR=$　　　　　财务内部收益率 $FIRR=$

　　　　　投资回收期 $P_t'=$　　　　　　　　投资回收期 $P_t'=$

　　②自有资金财务现金流量表的编制。自有资金财务现金流量表是站在项目投资主体的角度,以投资者的出资额作为计算基础,把借款本金偿还和利息支出作为现金流出,用于计算财务净现值、财务内部收益率等分析指标的表格,考察项目的现金流入和流出情况,其报表格式如表 3.14 所示,从项目投资主体的角度看,项目投资借款是现金流入,但又同时将借款用于项目投资则构成同一时点、相同数额的现金流出,两者相抵对净现金流量的计算无影响。因此,表中投资只计自有资金。另一方面,现金流入又是因项目全部投资所获得,故应将借款本金的偿还及利息支付计入现金流出。

表 3.14 财务现金流量表(自有资金)

序 号	项 目	建设期		投产期		达产期				合 计
		1	2	3	4	5	6	…	n	
	生产负荷/%									
1	现金流入									
1.1	销售(营业)收入									
1.2	回收固定资产残值									
1.3	回收流动资金									
1.4	其他收入									
	流入小计									
2	现金流出									
2.1	自有资金									
2.2	借款本金偿还									
2.3	借款利息支出									
2.4	经营成本									
2.5	销售税金及附加									
2.6	所得税									
	流出小计									
3	净现金流量(1−2)									

计算指标:财务净现值 $FNPV =$
财务内部收益率 $FIRR =$

表中现金流入各项的数据来源与全部投资现金流量表相同;自有资金数额取自投资计划与资金筹措表中的自有资金分项;借款本金偿还由借款还本付息计算表中的本年还本额和流动资金借款本金偿还(一般发生在计算期的最后一年)两部分组成;借款利息支出数额来自总成本费用估算中的利息支出。该表主要考察自有资金盈利能力和向外借款对项目是否有利。

2)资金来源与运用表的编制

资金来源与运用表是反映建设工程项目财务状况的重要财务报表,用于反映项目计算期内各年的投资活动、融资活动和生产经营活动所产生的资金流入和流出情况,考察资金盈余或短缺情况,也用于选择资金筹措方案,制订合适的借款及偿还计划,并为编制资产负债表提供依据。资金来源与运用表的基本表式如表 3.15 所示。

表 3.15 资金来源与运用表

序 号	项 目	建设期		投产期		达产期				合 计	上年余额
		1	2	3	4	5	6	…	n		
	生产负荷/%										
1	资金来源										
1.1	利润总额										
1.2	折旧费										
1.3	摊销费										
1.4	长期借款										
1.5	流动资金借款										
1.6	短期借款										
1.7	自有资金										
1.8	其他资金										
1.9	回收固定资产残值										
1.10	回收流动资金										
2	资金运用										
2.1	固定资产投资										
2.2	建设期利息										
2.3	流动资金										
2.4	所得税										
2.5	应付利润										
2.6	长期借款本金偿还										
2.7	流动资金借款本金偿还										
2.8	其他短期借款本金偿还										
3	盈余资金(1−2)										
4	累计盈余资金										

资金来源与运用表分为资金来源、资金运用和盈余资金三部分,其中,盈余资金是资金来源和资金运用的差额。编制资金来源与运用表时,先计算项目在计算期内各年的资金来源和资金运用,并求其差额,通过差额就可以反映项目在计算期内各年的资金盈余或短缺情况。一般来说,当它为正时表示项目在该年有资金盈余,为负时则表示该年有资金短缺。为了使项目不至于因为资金短缺而不能按计划顺利进行,就应该调整项目的资金筹措方案以及借款和还款计划,使表中各年的累计盈余资金的数额始终保持大于或等于零。

3)资产负债表的编制

资产负债表是反映建设工程项目在计算期内各年年末资产、负债及所有者权益增减变化及其对应关系的财务报表。它表明项目在某一特定日期所拥有或控制的经济资源、所承担的义务和所有者对净资产的权益,用于考察项目资产、负债、所有者权益的结构是否合理,并据此计算相应财务指标,以进行项目清偿能力分析。资产负债表的编制依据是"资产 = 负债 + 所有者权益",其基本表式如表 3.16 所示。

表 3.16　资产负债表

序　号	项　目	建设期		投产期		达产期				合　计
		1	2	3	4	5	6	…	n	
1	资产									
1.1	流动资产									
1.1.1	应收账款									
1.1.2	存货									
1.1.3	现金									
1.1.4	累计盈余资金									
1.2	在建工程									
1.3	固定资产净值									
1.4	无形及递延资产净值									
2	负债及所有者权益									
2.1	流动负债总额									
2.1.1	应付账款									
2.1.2	短期借款									
2.1.3	流动资金借款									
2.2	长期借款									
	负债小计									
2.3	所有者权益									
2.3.1	项目资本金									
2.3.2	资本公积金									
2.3.3	累计盈余公积金和公益金									
2.3.4	累计未分配利润									
计算指标:资产负债率/%　　流动比率/%　　速动比率/%										

表中资产由流动资产、在建工程、固定资产净值、无形及递延资产净值 4 项组成。流动资产总额为应收账款、存货、现金、累计盈余资金之和,前三项数据来自流动资金估算表,累计盈余资金数额则取自资金来源与运用表,但应扣除其中包含的回收固定资产残值及自有流动资

金。在建工程是指投资计划与资金筹措表中的年固定资产投资额,其中包括固定资产投资方向调节税和建设期利息。固定资产净值和无形及递延资产净值分别从固定资产折旧费估算表和无形及递延资产摊销估算表取得。

表中负债包括流动负债和长期负债。流动负债中的应付账款数据可由流动资金估算表直接取得;流动资金借款和其他短期借款两项流动负债及长期借款均指借款余额,需根据资金来源与运用表中的对应项及相应的本金偿还项进行计算。

所有者权益包括资本金、资本公积金、累计盈余公积金及累计未分配利润。其中累计未分配利润可直接来自损益表,累计盈余公积金也可由损益表中盈余公积项计算各年份的累计值。资本金为项目投资时的自有资金,资本公积金包括资本溢价和赠款两大项。

4)损益表的编制

损益表反映项目计算期内各年的利润总额、所得税及税后利润的分配情况。损益表的基本表式如表 3.17 所示。

表 3.17 损益表

序 号	项 目	投产期		达产期				合 计
		3	4	5	6	…	n	
	生产负荷/%							
1	销售(营业)收入							
2	销售税金及附加							
3	总成本费用							
4	利润总额(1-2-3)							
5	所得税							
6	税后利润(4-5)							
7	弥补损失							
8	法定盈余公积金							
9	公益金							
10	应付利润							
11	未分配利润(6-7-8-9-10)							
12	累计未分配利润							
计算指标:投资利润率/% 投资利税率/% 资本金利润率/%								

表中,销售(营业)收入、销售税金及附加、总成本费用的数据从项目基本数据预测中得到;弥补损失主要是指支付被没收的财务损失,支付各项税收的滞纳金及罚款,弥补以前年度亏损;税后利润按法定盈余公积金、公益金、应付利润及未分配利润等项进行分配。

5）固定资产投资贷款还本付息表的编制

编制固定资产投资贷款还本付息表主要是测算还款期的利息和偿还贷款的时间,从而观察项目的资金偿还能力和收益,为项目的财务评价和决策提供依据。项目贷款还本付息表的基本表式如表3.18所示。

表3.18　项目贷款还本付息表

序 号	项 目	利率	建设期		投产期		达产期			
			1	2	3	4	5	6	…	n
1	贷款还本付息									
1.1	年初贷款本息累计									
1.1.1	本金									
1.1.2	建设期利息									
1.2	本年贷款									
1.3	本年应计利息									
1.4	本年还本									
1.5	本年付息									
1.6	年末本息余额									
2	偿还本金的资金来源									
2.1	当年可用于还本的未分配利润									
2.2	当年可用于还本的折旧与摊销									
2.3	以前年度节余可用于还本资金									
2.4	用于还本的短期借款									
2.5	其他资金									

6）财务外汇平衡表的编制

财务外汇平衡表主要适用于有外汇收支的项目,用于反映项目计算期内各年的外汇余缺程度,进行外汇平衡分析。财务外汇平衡表的表式如表3.19所示。

表3.19　财务外汇平衡表

序 号	项 目	建设期		投产期		达产期			
		1	2	3	4	5	6	…	n
	生产负荷/%								
1	外汇来源								
1.1	产品销售外汇收入								
1.2	外汇借款								
1.3	其他外汇收入								
2	外汇运用								
2.1	固定资产投资中外汇支出								
2.2	进口原材料								
2.3	进口零部件								
2.4	技术转让费								
2.5	偿付外汇借款本息								
2.6	其他外汇支出								
2.7	外汇余缺								

表中,其他外汇收入包括自筹外汇;技术转让费是指生产期支付的技术转让费;外汇余缺可由表中其他各项数据按照"外汇来源＝外汇运用"的等式直接推算;其他各项数据分别来自与收入、投资、资金筹措、成本费用、借款偿还等相关的估算报表或估算资料。

【例3.8】　某项目建设期为2年,生产期为8年,项目建设投资(不含固定资产投资方向调节税、建设期借款利息)3 100万元,预计全部形成固定资产。固定资产折旧年限为10年,按平均年限折旧法计算折旧,残值率为5%,在生产期末回收固定资产残值。固定资产投资方向调节税税率为0。建设项目发生的资金投入、收益及成本情况如表3.20～表3.22所示。建设投资贷款年利率为10%,建设期只计利息不还款,银行要求建设单位从生产期开始的6年间,等额分期回收全部建设资金贷款;流动资金贷款年利率为5%。假定销售税金及附加的税率为6%,所得税率为33%,行业基准投资收益率为12%,基准投资回收期为7年。

问题:

①计算各年固定资产折旧额。

②编制建设资金借款还本付息表。

③计算各年利润及所得税。

④编制全部投资的现金流量表。

⑤计算该项目的动态投资回收期,并对项目作可行性分析。

表3.20　建设项目资金投入、收益及成本表　　　　　　单位:万元

序　号	项　　目		年　份				
			1	2	3	4	5—10
1	建设投资	自有资金	930	620			
		贷款	930	620			
2	流动资金贷款				300		
3	年销售收入				3 240	4 860	5 400
4	年经营成本				2 600	2 600	2 600

表3.21　建设资金借款还本付息表　　　　　　单位:万元

序　号	项　目	建设期		生产期					
		1	2	3	4	5	6	7	8
1	年初累计借款								
2	本年新增借款								
3	本年应计利息								
4	本年应还本金								
5	本年应还利息								

表3.22　全部投资现金流量表　　　　　　　　　　　单位:万元

序号	项目	建设期		生产期							
		1	2	3	4	5	6	7	8	9	10
	生产负荷										
1	现金流入										
1.1	产品销售收入										
1.2	回收固定资产余值										
1.3	回收流动资金										
2	现金流出										
2.1	固定资产投资										
2.2	流动资金										
2.3	经营成本										
2.4	销售税金及附加										
2.5	所得税										
3	净现金流量(1−2)										
4	折现系数 ($I_c = 12\%$)	0.892 9	0.797 2	0.711 3	0.635 5	0.567 4	0.506 6	0.452 3	0.403 9	0.360 6	0.322 0
5	折现净现金流量										
6	累计折现净现金流量										

【解】　(1)固定资产折旧

①建设借款利息计算:

第1年应计利息: $\left(0 + \dfrac{930}{2}\right)$ 万元 $\times 10\% = 46.5$ 万元

第2年应计利息: $\left(930 + 46.5 + \dfrac{620}{2}\right)$ 万元 $\times 10\% = 128.65$ 万元

第3年初累计借款: $(930 + 620 + 46.5 + 128.65)$ 万元 $= 1\ 725.15$ 万元

②计算固定资产折旧额:

固定资产原值: $(3\ 100 + 46.5 + 128.65)$ 万元 $= 3\ 275.15$ 万元

残值:$3\ 275.15$ 万元 $\times 5\% = 163.76$ 万元

各年固定资产折旧费: $(3\ 275.15 - 163.76)$ 万元 $\div 10 = 311.14$ 万元

(2)编制建设资金借款还本利息表(表3.23)

因每年偿还的本金加利息是一个常数(年金),设为

$A = 1\ 725.15 \times (A/P, 10\%, 6) = 1\ 725.15$ 万元 $\times 0.229\ 61 = 396.11$ 万元

表 3.23　建设资金借款还本付息表　　　　　　　　　　单位:万元

序　号	项　目	建设期		生产期					
		1	2	3	4	5	6	7	8
1	年初累计借款		976.5	1 725.15	1 501.56③	1 255.61	985.06	687.46	360.1
2	本年新增借款	930	620						
3	本年应计利息	46.5	128.65	172.52①	150.16	125.56	98.51	68.75	36.01
4	本年应还本金			223.59②	245.95	270.55	297.6	327.36	360.01
5	本年应还利息			172.52	150.16	125.56	98.51	68.75	36.01

注:①本年应计利息 = 年初累计借款 × 借款年利率 = 1 725.15 × 10% = 172.52

②偿债基金偿还:本年应还本金 = A − 本年应计利息 = 396.11 − 172.52 = 223.59

③第 4 年初累计借款 = 第 3 年初累计借款 − 第 3 年偿还本金 = 1 725.15 − 223.59 = 1 501.56

(3)利润及所得税计算表(表 3.24)

表 3.24　利润及所得税表　　　　　　　　　　单位:万元

序　号	项　目	生产期							
		3	4	5	6	7	8	9	10
1	销售收入	3 240	4 860	5 400	5 400	5 400	5 400	5 400	5 400
2	总成本费用	3 098.66	3 076.3	3 051.7	3 024.65	2 994.89	2 962.15	2 926.14	2 926.14
2.1	经营成本	2 600	2 600	2 600	2 600	2 600	2 600	2 600	2 600
2.2	折旧费	311.14	311.14	311.14	311.14	311.14	311.14	311.14	311.14
2.3	财务费用	187.52	165.16	140.56	113.51	83.75	51.01	15	15
2.3.1	长期借款利息	172.52	150.16	125.56	98.51	68.75	36.01		
2.3.2	流动资金借款利息	15	15	15	15	15	15	15	15
3	销售税金及附加	194.4	291.6	324	324	324	324	324	324
4	利润总额(1 − 2 − 3)	− 53.06	1 492.1	2 024.3	2 051.35	2 081.11	2 113.85	2 149.86	2 149.86
5	弥补以前年度亏损		53.06						
6	应纳税所得额		1 439.04						
7	所得税		474.88	668.02	676.95	686.77	697.57	709.45	709.45
8	税后利润		964.16	1 356.28	1 374.40	1 394.34	1 416.28	1 440.41	1 440.41

注:①长期借款利息数据来源于长期借款还本付息表;

②各年流动资金借款利息:300 万元 × 5% = 15 万元,销售税金及附加 = 销售收入 × 税率;

③按现行《工业企业财务制度》规定,企业发生的年度亏损可以用下一年度的税前利润等弥补,下一年度利润不足弥补
的,可以在 5 年内延续弥补,5 年内不足弥补的,用税后利润等弥补。

（4）编制全部投资的现金流量表（表3.25）

表3.25　现金流量表

单位:万元

序号	项目	建设期		生产期							
		1	2	3	4	5	6	7	8	9	10
	生产负荷										
1	现金流入			3 240	4 860	5 400	5 400	5 400	5 400	5 400	6 486.03
1.1	产品销售收入			3 240	4 860	5 400	5 400	5 400	5 400	5 400	5 400
1.2	回收固定资产余值										786.03[①]
1.3	回收流动资金										300
2	现金流出	1 860	1 240	3 094.4	3 366.48	3 592.02	3 600.95	3 610.77	3 621.57	3 633.45	3 633.45
2.1	固定资产投资	1 860[②]	1 240								
2.2	流动资金			300							
2.3	经营成本			2 600	2 600	2 600	2 600	2 600	2 600	2 600	2 600
2.4	销售税金及附加			194.4	291.6	324	324	324	324	324	324
2.5	所得税				474.88	668.02	676.95	686.77	697.57	709.45	709.45
3	净现金流量(1−2)	−1 860	−1 240	145.6	1 493.52	1 807.98	1 799.05	1 789.05	1 778.43	1 766.55	2 852.58
4	折现系数(I_c=12%)	0.892 9	0.797 2	0.711 3	0.635 5	0.567 4	0.506 6	0.452 3	0.403 9	0.360 6	0.322 0
5	折现净现金流量	−1 660.79	−988.53	103.57	949.13	1 025.85	911.40	809.27	718.31	637.02	918.53
6	累计折现净现金流量	−1 660.79	−2 649.32	−2 545.75	−1 596.62	−570.77	340.63	1 149.9	1 868.21	2 505.23	3 423.76

注:①固定资产余值和流动资金均在计算期最后一年回收:固定资产余值 = 固定资产原值 − 已经提取的固定资产折旧额累计;流动资金回收额为项目全部流动资金;

②全部投资的现金流量表中,固定资产投资不包含建设期借款利息。

（5）动态投资回收期

动态投资回收期 = (6 − 1 + 570.77/911.40)年 = 5.63 年 < 7 年,方案可行。

· 3.4.3　建设项目财务评价指标体系 ·

建设项目财务评价的内容通过具体的评价指标及相应的指标体系表现出来。

评价指标是指用于衡量和比较投资项目优劣,以便据以进行方案决策的定量化标准与尺度,是由一系列综合反映投资效益、投入产出关系的量化指标构成的。

财务评价结果的好坏一方面取决于基础数据的可靠性,另一方面取决于所选取的指标体系的合理性。只有选取正确的指标体系,财务评价结果才能与客观实际情况相符合,才有实际意义。

财务评价指标体系根据不同的标准,可作不同形式的分类。

①按是否考虑时间价值因素,分为静态指标和动态指标。这是最常用的分类方法之一,如图3.2所示。

②按指标的性质,分为时间型指标、价值型指标和比率型指标,如图3.3所示。

③按财务评价的目标,分为反映盈利能力的指标、清偿能力的指标和反映外汇平衡能力的指标,如图3.4所示。上述指标可以通过相应的基本财务报表直接或间接求得,这些指标同基

本报表的关系如表3.26所示。

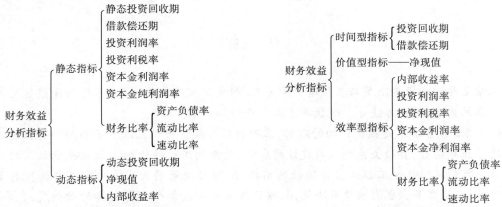

图3.2 财务评价指标分类之一   图3.3 财务评价指标分类之二

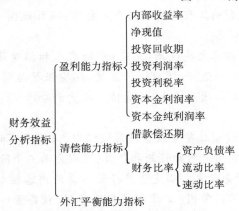

图3.4 财务评价指标分类之三

表3.26 财务评价指标与基本报表的关系

分析内容	基本报表	静态指标	动态指标
盈利能力分析	现金流量表（全部投资）	投资回收期	内部收益率 净现值 动态投资回收期
	现金流量表（自有资金）		内部收益率 净现值
	损益表	投资利润率 投资利税率 资本金利润率 资本金净利润率	
清偿能力分析	借款还本付息估算表 资金来源与运用表 资产负债表	借款偿还期 资产负债率 流动比率 速动比率	
外汇平衡	财务外汇平衡表		
其他		价值指标或实物指标	

小 结

本章主要讲述投资决策与工程造价的关系、影响工程造价的因素、可行研究报告的内容、投资估算的内容、编制方法等。现就其基本要点归纳如下：

(1)项目投资决策是投资行动的准则,正确的项目投资行动来源于正确的项目投资决策。项目决策正确与否,直接关系到项目建设的成败,关系到工程造价的高低及投资效果的好坏。a.项目决策的正确性是工程造价合理性的前提;b.项目决策的内容是决定工程造价的基础;c.造价高低、投资多少也影响项目决策;d.项目决策的深度影响投资估算的精确度,也影响工程造价的控制效果。

(2)建设项目决策阶段影响工程造价的因素主要有:项目规模、建设标准水平、建设地点、生产工艺和平面布置方案、设备。

(3)可行性研究报告的内容主要包括:总论;市场需求和拟建规模;资源、原材料、燃料及公用设施情况;建厂条件与厂址选择;项目设计方案;环境保护与劳动安全;企业组织、劳动定员与人员培训;项目实施计划和进度要求;投资估算与资金筹措;项目的经济评价;综合评价与结论、建议。

(4)投资估算是指在建设项目整个投资决策过程中,依据已有的资料,运用一定的方法和手段,对建设项目全部投资费用进行的预测和估算,可以分为三个阶段。其内容主要包括固定资产投资估算和铺底流动资金估算。固定资产投资估算的内容按照费用性质划分,包括设备及工器具购置费、建筑安装工程费用、工程建设其他费用、预备费(含基本预备费和涨价预备费)、建设期贷款利息及固定资产投资方向调节税。

(5)投资估算就是估算建设项目总投资,它包括静态投资和动态投资两部分。

● 静态投资估算法

①资金周转率法：

$$投资额 = \frac{产品的年产量 \times 产品单价}{资金周转率}$$

$$资金周转率 = \frac{年销售总额}{总投资} = \frac{产品的年产量 \times 产品单价}{总投资}$$

②生产能力指数法：

$$C_2 = C_1 \left(\frac{Q_2}{Q_1} \right)^n \times f$$

③比例估算法:主要有分项比例估算法,拟建项目或装置的设备费为基数法,拟建项目中的最主要、投资比重较大并与生产规模直接相关的工艺设备的投资(包括运杂费及安装费)为基数法三种。

④系数估算法:主要有朗格系数法、设备与厂房系数法、主要车间系数法三种方法。

⑤指标估算:主要有单位面积综合指标估算法、单元指标估算法。

⑥模拟概算法。

● 动态投资估算法

涨价预备费的估算：

$$P_F = \sum_{t=1}^{n} I_t \left[(1 + f)^t - 1 \right]$$

建设期贷款利息。

固定资产投资方向调节税。

(6)铺底流动资金是保证项目投产后，能正常生产经营所需要的最基本的周转资金数额。

$$铺底流动资金 = 流动资金 \times 30\%$$

复习思考题

1.建设项目决策与工程造价的关系是什么？建设项目决策阶段影响工程造价的主要因素有哪些？

2.可行性研究报告的内容有哪些？可行性研究报告的编制程序是什么？

3.可行性研究报告的编制依据和编制要求是什么？

4.可行性研究报告的预审和审批权限是怎么规定的？

5.什么叫投资估算？它可以分为哪几个阶段？

6.投资估算的编制原则和内容是什么？其编制的程序是什么？

7.投资估算的编制方法是什么？

8.某公司拟投资建设一机械厂，其基础数据如下：

该项目的建设期为 1 年。该项目第 2 年投产，当年生产负荷达到项目设计生产能力的 70%，第 3 年项目的生产负荷达到项目设计生产能力。该项目固定资产投资的估算额为 2 550 万元，预备费为 135 万元。按照国家规定，本项目的固定资产投资方向调节税为 0%。建设期贷款额 1 650 万元，贷款名义利率为 5.94%，按季结息。本项目所需流动资金为 520 万元。

问题:(1)计算该项目的实际年利率及建设期贷款利息。

(2)估算该项目的投资总额。

4 建设项目设计阶段工程造价的确定与控制

4.1 概　述

拟建项目经过决策确定后,设计就成为工程建设和控制工程造价的关键。它对建设项目的建设工期、工程造价、工程质量以及建成后能否较好地发挥经济效益或使用效益,起着决定性作用。

·4.1.1　设计程序·

工程设计过程按建设项目复杂程度、规模大小,划分为不同的设计阶段。一般按两阶段设计,即初步设计和施工图设计。对于技术上复杂而又缺乏设计经验的项目,根据需要可按照初步设计、技术设计、施工图设计三个阶段进行,称之为"三阶段设计"。小型建设项目中技术简单的、在简化的初步设计确定后,就可以做施工图设计。

对于特殊的大型项目,事先还要进行总体设计,但总体设计未计入我国"二阶段"或"三阶段"设计的划分,仅作为初步设计的依据。总体设计是为了解决总体开发方案和建设项目总体部署等重大问题,其深度应满足初步设计的展开和主要大型设备、材料的预安排及土地征用的需要。

工程设计程序包括准备工作、编制各阶段的设计文件、配合施工和参加施工验收、进行工程设计总结的全过程,如图 4.1 所示。在各个设计阶段,都需要编制相应的工程造价控制文件,即设计概算、修正概算、施工图预算等,逐步由粗到细确定工程造价控制目标,以求合理使用人力、物力和财力,取得较好的投资效益。

(1)设计前准备工作

设计单位根据主管部门或业主的委托书进行可行性研究,参加厂址选择和调查研究设计所需的基础资料(包括勘察资料,环境及水文地质资料,科学试验资料,水、电及原材料供应资料,用地情况及指标,外部运输及协作条件等资料),开展工程设计所需的科学试验。在此基础上进行方案设计。

方案设计的内容包括:设计说明书,包括各专业设计说明以及投资估算等内容;总平面图以及建筑设计图纸;设计委托或设计合同中规定的透视图、鸟瞰图、模型等。在《建筑工程设计文件编制深度规定》中,增加了方案设计的深度要求。方案设计文件应满足编制初步设计文件的需要。

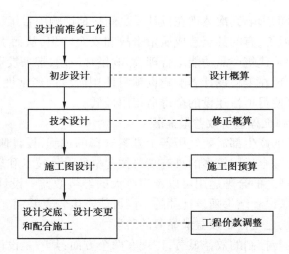

图4.1 工程设计程序

（2）初步设计

初步设计是设计阶段的关键阶段，也是整个设计阶段构思形成的阶段。通过初步设计可以进一步明确拟建工程在指定地点和规定期限内进行建设的技术可行性和经济合理性，并在此基础上确定项目的设计标准、工程总投资和主要技术经济指标。设计单位根据设计合同、设计大纲或纲要、批准的可行性研究报告以及其他设计基础资料等进行初步设计，编制初步设计文件（含设计总概算）。

（3）技术设计

技术设计的主要任务是在初步设计的基础上进一步解决各种技术问题，协调各工种之间技术上的矛盾，其详细程度应能满足确定设计方案中重大技术问题和有关实验、设备选制等方面的要求，应能保证根据技术设计进行施工图设计和提出主要材料设备订货明细表。设计单位应根据批准的初步设计文件进行技术设计和编制技术设计文件（含修正总概算）。

（4）施工图设计

施工图反映建筑物、设备、管线等工程对象的尺寸、布置、选用材料、构造、相互关系、施工及安装质量要求，是指导施工的直接依据。施工图设计的深度应能满足设备、材料的选择与确定、非标准设备的设计与加工制作、施工图预算的编制、建筑工程施工和安装的要求。设计单位根据批准的初步设计文件（或技术设计文件）和主要设备订货情况进行施工图设计，并编制施工图设计文件（含施工图预算）。

（5）设计交底和配合施工

设计单位应负责交代设计意图，进行技术交底，解释设计文件，及时解决施工中设计文件出现的问题，参加试运转和竣工验收、投产及进行全面的工程设计总结。对于大中型工业项目和大型复杂的民用工程，应派现场设计代表积极配合现场施工并参加隐蔽工程验收。

·4.1.2 设计阶段工程造价确定与控制的意义·

（1）建设项目设计直接或间接地影响项目的工程造价和经常性费用

工程设计对造价的影响首先体现在设计方案直接影响项目工程造价。在设计中，诸如建筑与结构方案选择、建筑材料的选用、性能标准的确定等设计内容对建设项目的造价均有直接影响。工程设计对造价的影响其次体现在设计质量间接地影响项目工程造价。由于设计质量差导致工程施工停工、返工，有的甚至造成质量事故和安全隐患，从而引起造价费用的极大浪费。设计质量差还会导致建筑产品功能不合理，影响正常使用，带来投资者的投资浪费。工程设计对造价的影响还体现在工程设计影响建设项目使用阶段的经常性费用，如暖通、照明、保养、维修等，合理设计可使得项目建设的全寿命费用最低。

（2）在设计阶段控制工程造价效益最显著

任何一个建筑产品的产生都需要经历若干方案选择的过程，设计阶段是方案选择最集中的阶段。设计阶段需要综合运用较多的具有高科技含量的设计技术和理论。科学技术是第一生产力，这些设计技术理念的合理运用可以产生巨大的经济效益。设计阶段的设计工作具有更大的创造性和灵活性，设计结果随设计师的不同可能产生较大差别。因此，设计阶段是实施造价管理最重要的阶段，也是控制效益最显著的阶段。

设计阶段造价确定与控制的效益显著，体现在两个方面：其一是设计阶段对投资的影响度最大，控制效果显著，如图 4.2 所示；其二是设计阶段造价确定与控制的效率高，投入产出比大。实践表明，设计费一般只相当于项目全寿命周期费用的1%以下，但正是这少于1%的费用对投资的影响却高达75%以上。很显然，控制工程造价的关键是设计阶段。在设计一开始就将控制造价的目标贯穿于设计工作中，可以保证选择恰当的设计标准和合理的功能水平。

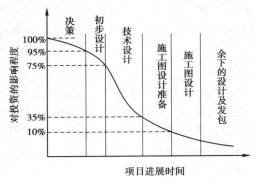

图 4.2　工程建设各阶段对投资的影响

（3）设计阶段的造价确定与控制使造价管理工作更主动

工程设计使得投资决策阶段确定的建设目标和水平具体化，设计图纸及说明是项目施工的直接依据。设计阶段的造价控制手段，如设计方案的技术经济分析、价值分析、限额设计等的核心思想与设计匡算、设计概算和施工图预算相结合，可实现项目造价控制的主动性。

4.2　设计方案的优选

优化设计方案是设计阶段的重要步骤，是控制工程造价的有效方法。设计方案优选就是对设计方案进行技术和经济的分析、计算、比较和评价，从而选出与环境协调、功能适用、结构可靠、技术先进、造型美观和经济合理的最优设计方案。

为了提高工程建设投资效果，在设计方案比较和选择中首先应当将技术与经济有机结合，通过技术比较、经济分析和效果评价,正确处理技术与经济两者之间的对立统一关系,力求在技术先进条件下的经济合理,在经济合理基础上的技术先进;其次,设计方案必须兼顾建设和使用,考虑项目全寿命费用;另外,设计时要根据近期和远期要求,选择项目合理的功能水平。

·4.2.1　工程设计方案的比较选择·

1)设计方案结构选型

结构设计是根据建筑设计的布局和要求,按照国家有关规范和标准,科学地处理工程主体结构包括地基基础的安全性、适用性与经济性,在坚固可靠、经济适用和美观之间寻求合理的平衡。

对于采用何种结构形式,应综合考虑以下因素:

a. 功能适应性;

b. 工程成本和投资能力;

c. 施工条件、技术条件和施工工期要求;

d. 建筑材料和能源供应;

e. 建筑美学要求;

f. 建筑场地地形、地貌和自然灾害的特点等。

建筑结构选型是一个综合性的科学问题,涉及结构力学、结构工程、建筑经济、材料学、施工管理、建筑学、系统优化理论等多个学科。对于结构选型决策而言,就是要针对具体的设计,列出所有可能采用的结构形式。因此,合理进行建筑结构选型,使建筑物的综合经济效益最佳,要求设计人员在掌握相关学科基本理论的前提下,对常用建筑结构形式的特点及适用条件具有比较全面的了解和把握。

常用建筑结构体系可以分为多层建筑结构体系、高层建筑结构体系、单层工业厂房、网架结构体系、网壳结构体系、悬索结构体系、其他大跨度结构体系等。而多层建筑结构体系又可分为多层砌体与混合结构体系、多层框架结构体系、无梁楼盖结构体系、壁板结构、盒子结构、预应力混凝土结构体系等。高层建筑结构体系可分为框架结构体系、剪力墙结构体系、框架-剪力墙结构体系、简体结构体系、高层建筑钢结构、钢-混凝土组合结构、巨型框架结构体系等。

设计中采用先进适用的结构形式,能更好地满足功能要求,减轻建筑物的自重,简化和减轻基础工程,减少建筑材料和构配件的费用,提高劳动生产率和缩短工期,经济效果明显。

2)设计参数评价

(1)常用的反映用地经济性的技术经济指标

①建筑密度:在一定用地范围内所有建筑物的基底面积与用地总面积之比,一般以百分数表示。它可以反映出一定用地范围的空地率和建筑物的密集程度,是城市规划管理的控制性指标。

$$建筑密度 = \frac{建筑基底总面积}{用地总面积} \times 100\%$$

②建筑面积密度:是指一定用地范围内总建筑面积与用地面积之比,单位:m^2/hm^2。它是反映建筑用地使用强度的主要指标。

$$建筑面积密度 = \frac{总建筑面积}{用地总面积}$$

③平均层数：是指各居住建筑层数的平均值。它是鉴别居住区是以低层为主，还是以多层、高层为主的一个指标。

$$平均层数 = \frac{总建筑面积}{总基底面积}$$

④居住密度：通常指在每公顷居住用地内的居住密度。居住密度可分为人口密度、居住建筑面积密度、居住面积密度等指标。

$$人口毛密度 = \frac{居住人数}{居住小区占地总面积}（人/hm^2）$$

$$人口净密度 = \frac{居住人数}{居住建筑占地面积}（人/hm^2）$$

$$居住建筑面积密度 = \frac{居住建筑面积}{居住建筑占地面积}（m^2/hm^2）$$

$$居住面积密度 = \frac{居住面积}{居住建筑占地总面积}（m^2/hm^2）$$

（2）设计参数对造价的影响

影响用地经济性的设计参数：建筑规模、平面形状、层数、层高、建筑总高度、柱网布置等。在设计方案的构思和优化过程中，分析研究设计参数与造价之间的关系，充分认识设计参数的变化对工程造价的影响，选择技术上可行、经济上合理的设计参数，这一点是至关重要的。

• 平面形状

建筑物的平面形状对建筑物单位面积造价有显著的影响，而且这些影响是多方面的。一般来说，建筑平面形状越简单，它的单位面积造价就越低，当一栋建筑物的平面又长又窄，或者它的外形做得复杂而不规则时，伴随而来的则是较高的单位造价。

平面形状对建筑物成本的影响主要体现之一就是对外墙费用的影响。不同的设计可以通过检查外墙面积与建筑面积的比率或外墙周长与建筑面积的比率来加以比较。通常，该比率越低，设计就越经济。

除了对外墙费用的影响外，不规则的建筑外形也将由于其他原因而引起费用的增加，如：放线、场地室外工程以及排水工程等因复杂而增加造价；砌砖工程以及屋面工程由于施工比较复杂，同样也将增加造价；平面形状的不规则还将引起建筑物用地面积的增加，主要是因为不规则的建筑物将占用较多的周边土地，而得不到有效的利用。

虽然，简单的平面形状对于降低建筑物造价有利，但是在决定采用建筑物形态时还需要考虑其他众多的因素，如平面设计、室内设备布置、采光、美观等。因此，在造价、功能和外观之间保持平衡，若设计师提出的方案虽能节约费用，但不能满足使用或美观的要求，则是毫无意义的。例如：圆形建筑的外墙周长与建筑面积比率最理想，但是墙体工程量所节约的费用通常被圆形建筑较高的施工费用所抵消，增加的施工费用一般在 20% ~ 30%。又如：最简单的平面形状是正方形的建筑物，它在施工方面最为经济，但却不一定是切合实际的方案。住宅、较小的办公楼、学校以及医院建筑，需要考虑使建筑物大部分都能获得足够的自然采光。一座大型的正方形建筑物，其中心部分的自然采光总是不足的，这就可能降低舒适性，引起使用期间人工照明费用的增加。而且在平面设计以及室内设备布置中，也可能产生困难，出现建筑造型不适合房间的使用而产生浪费。因此,虽然一栋矩形建筑物比一栋建筑面积相同但周长与建筑面积的比率较小的方形建筑物建造成本要高,但从实用或功能方面,以及审美方面考虑,还是决定采用矩形建筑物。而矩形建筑物尤以长宽比为2:1最佳。

当然,在某些特殊情况下,为了追求建筑物的标新立异,或特殊的"观感",往往会采用复杂的平面或立面形状。此时造价控制目标已经不是项目最主要的目标,特殊的建筑造型因此被采用,由此带来较大的成本增加。

- 建筑物大小

建筑物尺寸的加大,一般能引起单位工程造价即每平方米建筑面积工程造价的降低。因为建筑物尺寸的加大,可能会引起墙与建筑面积的比率缩小,房间的使用面积势必加大,而内部隔墙、装饰、墙裙等的工程量也会成比例地减少,装设在墙上的门、窗的额外费用也要相应地下降。高层建筑的电梯能为更多的建筑面积和更多的住户服务,则有利于降低造价。

因此,在基地许可下,采用多单元拼接方案(联排修建),可共用基础和内隔墙等结构构件,对节约项目总成本将起到积极的影响。

建筑物尺寸的加大能引起单位造价降低的另一个主要原因是,对于一个较大的工程项目,某些固定费用,例如运输、现场临时设施工程的修建及其拆除等准备工作,不一定因建筑面积的扩大而有明显变化,而固定费用占总造价的比率却会相应地降低。

- 层高

在不变更各层建筑面积的情况下,层高的改变会引起建筑物各项费用的变化。受到层高变化影响的主要建筑项目是墙、隔断、装饰。由于增加层高而可能受到影响的一些次要项目有:需要采暖的体积增加,这就需要较大的热源和较长的管道或者电缆;为提供卫生设备而需较长的给水和排水管道;增加施工垂直运输量,可能造成较高的屋面建造成本;建造楼梯所增加的费用;如果设有电梯,则又需增加电梯的费用。如果层高和层数增加得很多,则可能增加结构和基础造价。

根据不同性质的工程综合测算住宅层高每降低10 cm,可降低造价1.2% ~ 1.5%。民用住宅的层高一般≤2.8 m,单层厂房的高度主要取决于车间内的生产设备和运输方式。

- 建筑物层数

民用建筑按其层数可划分为低层建筑(1—3层)、多层建筑(4—6层)、中高层建筑(7—9层)和高层建筑(10层以上住宅或总高度超过24 m的公共建筑)。在民用住宅建筑中,多层住宅具有降低造价和节约用地的优点。一般情况下,5或6层较为经济,其经济的主要原因是降低了单位建筑面积中基础、屋盖和墙体造价的比重。当住宅的层数超过7层后,因承受较大的风力荷载,必须提高工程的结构强度,按规定还要设置价格较高的电梯,从而使工程造价大幅度地上升。所以,中小城市应以多层住宅为经济合理;对于人口密度大、建筑用地价格高的大城市,可沿主要街道建设一部分中高层和高层住宅,以合理利用空间,美化市容。

选择工业厂房层数时,应结合工艺要求确定。对于需要跨度大和层高高,并具有重型生产设备,生产时有较大振动的重型工业,采用单层结构是经济合理的;对于工艺过程紧凑、采用垂直工艺流程、设备和产品质量不大,并要求具有恒温条件的车间,宜采用多层结构厂房。

- 柱网布置

柱网尺寸用于确定柱子的跨度和柱距。柱网尺寸的选择,首先应考虑生产工艺与设备布置的要求,并根据建筑材料、结构形式、施工水平、经济效果以及建筑工业化的要求来确定。

当柱间距不变时,厂房的跨度(柱的行距)越大,则单位面积造价就越小。因为除屋架外,其他结构构件分摊在单位面积上的造价,随着跨度的增大而减少。当柱间距和跨度均不变时,厂房的跨数越多越经济。因为柱和基础分摊在单位面积上的造价,随着厂房跨数的增多而减少。

● 规划设计与地形地貌的结合

科学、合理地开发土地能够使得人类、建筑物和自然和谐共处,可以创造比原有景观更出众的设计形式和人工景观,保存和融合当地最好的自然要素,满足使用者不断提高的生态环境性能要求。而不恰当的规划、不合理的强制土地利用,会降低建筑物的舒适和使用性能,甚至使我们的视觉和知觉感到不适。科学合理地利用土地,减少不必要的土地开发,还可节约项目建设成本,提高项目投资效益。

建设项目对土地的合理利用,由场地规划开始,通过场地开发来实现。场地规划的目的是最优地安排与场地及其环境的自然和人工特征相关的任何规划元素。不论是住宅小区、私家花园、大学校园还是其他公共工程,都有本质一致的规划途径。场地规划包括选址、场地分析、综合土地规划、概念规划、规划设计等过程,只有经过这一条理化、系统化的过程,才能最终进入场地开发的过程。

场地规划一般被看成是由土地未来的使用者对整个场地和空间的组织,以使使用者达到对其的最佳利用。成功的项目总是那些经过了最佳规划和设计的项目,这些项目不仅完美地实现了项目的建设目标,而且通常也具有经济节约的优点。项目规划设计与地形地貌的有效结合,既有助于项目建设意图的完美实现,又对提高土地利用效率,节约项目的建设成本、运营或使用费用有积极作用。

· 4.2.2   应用价值工程进行设计方案优化 ·

1)价值工程的原理

价值工程(Value Engineering,VE),又称价值管理(Value Management,VM)、价值分析(Value Analysis,VA),是当前广泛应用的一种技术经济分析方法,也是世界各国公认的行之有效的现代管理技术。价值工程在 20 世纪 40 年代产生于美国,其创始人为通用电气公司工程师劳伦斯·迈尔斯(Lawrence Miles)。1961 年美国成立了"价值工程学会",这是世界上最早的价值工程学术组织。

美国价值工程师协会对价值工程的定义是:"价值工程是一种以功能分析为导向的系统群体决策方法,它的目的是增加产品、系统或者服务的价值。通常这种价值的增加通过降低产品的成本来实现,也可以通过提高顾客需要的功能来实现。"该定义明确指出降低产品成本是价值工程的重要目标。美国建筑业应用价值工程的统计结果表明:一般情况下应用价值工程可以降低整个建设项目初始投资的 5% ~ 10%,同时可以降低项目建成后的运行费用的5% ~ 10%。而在某些情况下这一节约的比例可以高达 35% 以上,而整个价值工程研究的投入经费仅为项目建设成本的0.1% ~ 0.3%。

自从 1978 年价值工程传入我国以来,由于它在降低成本、提高功能和促进创新等方面的显著效果,而使得价值工程在我国的许多行业中被迅速推广和应用开来。

价值工程中"价值"含义是产品的一定功能或效用(Functions)与为获这种功能所支出的费用或成本(Cost)之比。其表达式为:

$$V = \frac{F}{C}$$

式中　V——价值系数；

　　　F——功能系数；

　　　C——成本系数。

价值工程，是通过各相关领域的协作，对所研究对象的功能与费用进行系统分析，不断创新，旨在提高研究对象价值的思想方法和管理技术。其目的是以研究对象的最低寿命周期成本可靠地实现使用者所需功能，以获得最佳的综合效益。

价值工程活动可以多次应用于项目建设的全过程中，但主要侧重于项目的决策阶段和设计阶段开展工作，以提高产品价值为中心，把功能分析作为独特的研究方法。通过功能和价值分析，把技术问题与经济问题紧密地结合起来。

（1）提高产品价值的途径

在设计阶段提高产品价值有 5 条基本途径，如表 4.1 所示。

表 4.1　提高产品价值的途径

途径	产品功能	产品总成本	产品价值	途径	产品功能	产品总成本	产品价值
1	→	↓	↑	4	↓	↓↓	↑
2	↑	→	↑	5	↑	↓	↑
3	↑↑	↑	↑				

表 4.1 中："→"表示功能或成本不变；

　　　　　"↑"表示功能或成本略有提高或增加；

　　　　　"↓"表示功能或成本略有下降或减少；

　　　　　"↑↑"表示功能或成本大幅度提高或增加；

　　　　　"↓↓"表示功能或成本大幅度下降或减少。

（2）价值工程的工作步骤

价值工程的工作可以分为 4 个阶段：准备阶段、分析阶段、创新阶段、实施阶段。大致可按以下步骤进行：选择对象→收集资料→功能分析→功能评价→提出改进方案→方案评价与选择→试验证明→决定实施方案。

价值工程主要回答和解决下列问题：

①价值工程的研究对象是什么？

②它的用途是什么？

③其成本是多少？

④其价值是多少？

⑤有无其他方法实现同样功能？

⑥新方案成本是多少？

⑦新方案能满足要求吗？

因此从本质上讲，价值工程活动实质上就是提出问题和解决问题的过程。围绕这 7 个问题，价值工程的一般工作程序如表 4.2 所示。

表4.2　价值工程的工作程序

阶　段	步　骤	说　明
准备阶段	1. 对象选择	应明确目标、限制条件和分析范围
	2. 组成价值工程工作小组	一般由项目负责人、专业技术人员、熟悉价值工程的人员组成
	3. 制订工作计划	包括具体执行人、执行日期、工作目标等
	4. 收集整理信息资料	此项工作应贯穿于价值工程的全过程
分析阶段	5. 功能系统分析	明确功能特性要求，并绘制功能系统图
	6. 功能评价	确定功能目标成本、功能改进区域
创新阶段	7. 方案创新	提出各种不同的实现功能的方案
	8. 方案评价	从技术、经济和社会等方面综合评价各种方案达到预定目标的可行性
	9. 提案编写	将选出的方案及有关资料编写成册
实施阶段	10. 审批	由主管部门组织进行
	11. 实施与检查	制订实施计划、组织实施，并跟踪检查
	12. 成果鉴定	对实施后取得的技术经济效果进行成果鉴定

【例4.1】　某综合楼设计方案资料如下：

A方案：结构方案为大柱网框架轻墙体系，采用预应力大跨度跌合楼板，墙体材料采用多空砖及移动式可拆装式分室隔墙，窗户采用单框双玻璃钢塑窗，面积利用系数93%，单方造价为1 455元/m^2；

B方案：结构体系同A墙体，采用内浇外砌，窗户采用单框双玻璃空腹钢窗，面积利用系数87%，单方造价1 156元/m^2；

C方案：结构方案为砖混结构体系，采用多孔预应力板，墙体材料采用标准粘土砖，窗户采用单玻璃空腹钢窗，面积利用系数70.69%，单方造价926元/m^2。

方案功能得分及重要系数如表4.3所示。

表4.3　方案功能得分及重要系数表

方案功能	方案功能得分			方案功能重要系数
	A	B	C	
结构体系 F_1	10	10	5	0.25
模板类型 F_2	10	10	8	0.05
墙体材料 F_3	8	9	7	0.25
面积系数 F_4	9	8	6	0.35
窗户类型 F_5	9	7	7	0.10

试应用价值工程方法选择最优设计方案。

【解】 (1)成本系数计算(表4.4)

$$某方案成本系数(C) = \frac{某方案成本(或造价)}{各方案成本(或造价)和}$$

A 方案成本系数 $(C_A) = \frac{1\ 455}{1\ 455 + 1\ 156 + 926} = \frac{1\ 455}{3\ 537} = 0.411\ 4$

B 方案成本系数 $(C_B) = \frac{1\ 156}{1\ 455 + 1\ 156 + 926} = \frac{1\ 156}{3\ 537} = 0.326\ 8$

C 方案成本系数 $(C_C) = \frac{926}{1\ 455 + 1\ 156 + 926} = \frac{926}{3\ 537} = 0.261\ 8$

表4.4　成本系数计算表

方案名称	造价/(元·m^{-2})	成本系数
A	1 455	0.411 4
B	1 156	0.326 8
C	926	0.261 8
合　计	3 537	1.000 0

(2)功能因素评分与功能系数计算

按照功能重要程度,采用10分制加权平均法,对三个方案的5项功能的满足程度分别评定分数。

$$某方案评定总分 = \sum_i \varphi_i S_{ij}$$

A 方案评定总分 $= \sum_i \varphi_i S_{ij} = 0.25 \times 10 + 0.05 \times 10 + 0.25 \times 8 + 0.35 \times 9 + 0.1 \times 9$
$= 9.05$

B 方案评定总分 $= \sum_i \varphi_i S_{ij} = 0.25 \times 10 + 0.05 \times 10 + 0.25 \times 9 + 0.35 \times 8 + 0.1 \times 7 = 8.75$

C 方案评定总分 $= \sum_i \varphi_i S_{ij} = 0.25 \times 5 + 0.05 \times 8 + 0.25 \times 7 + 0.35 \times 6 + 0.1 \times 7 = 6.2$

$$某方案功能评价系数(F) = \frac{某方案评定总分}{各方案评定总分和} = \frac{\sum_i \varphi_i S_{ij}}{\sum_i \sum_j \varphi_i S_{ij}}$$

A 方案功能评价系数 $(F_A) = \frac{9.05}{9.05 + 8.75 + 6.2} = 0.377$

B 方案功能评价系数 $(F_B) = \frac{8.75}{9.05 + 8.75 + 6.2} = 0.365$

C 方案功能评价系数 $(F_C) = \frac{6.9}{9.05 + 8.75 + 6.2} = 0.258$

功能评价系数计算如表4.5所示。

表4.5 功能评价系数计算表

功能因素	重要系数	方案功能得分加权值 $\varphi_i S_{ij}$		
		A	B	C
F_1	0.25	$0.25 \times 10 = 2.5$	$0.25 \times 10 = 2.5$	$0.25 \times 5 = 1.25$
F_2	0.05	$0.05 \times 10 = 0.5$	$0.05 \times 10 = 0.5$	$0.05 \times 8 = 0.4$
F_3	0.25	$0.25 \times 8 = 2.0$	$0.25 \times 9 = 2.25$	$0.25 \times 7 = 1.75$
F_4	0.35	$0.35 \times 9 = 3.15$	$0.35 \times 8 = 2.8$	$0.35 \times 6 = 2.1$
F_5	0.10	$0.1 \times 9 = 0.9$	$0.1 \times 7 = 0.7$	$0.1 \times 7 = 0.7$
方案加权平均总分 $\sum \varphi_i S_{ij}$		9.05	8.75	6.2
功能系数 $= \dfrac{\sum \varphi_i S_{ij}}{\sum\limits_i \sum\limits_j \varphi_i S_{ij}}$		0.377	0.365	0.258

(3)计算各方案价值系数

按 $V = F/C$ 公式分别求出各方案价值系数,列表4.6中。

表4.6 各方案价值系数计算表

方案名称	功能名称	成本系数	价值系数	选 优
A	0.377	0.411 4	0.916	
B	0.365	0.326 8	1.117	最优
C	0.258	0.261 8	0.985	

由表4.6可见,B方案价值系数最大,故B方案为最佳方案。

2)价值工程的特征

价值工程的特征是:以提高价值为目标,以业主要求为重点,以功能分析为核心,以集体智慧为依托,以创造精神为支柱,采用技术分析和经济分析相结合的科学方法。

(1)目标上的特征

着眼于提高价值,这种价值的提高是为了更好地满足业主和使用者对工程项目的要求,使得业主所追求的价值能得到更好地实现。一般情况下,价值工程追求的目标是以最低的寿命周期费用实现业主需求的必要功能。

(2)方法上的特征

功能分析是价值工程的核心。功能分析首先需要从项目整体的层面对业主的要求进行深入分析,以保证项目决策的正确性;然后,依次从空间、构件和部件的层面分析项目的功能系统,发现问题,寻求解决办法。

(3)活动领域上的特征

价值工程活动可以多次应用于项目建设的全过程中,但重点时间段为项目的决策阶段和设计阶段。美国的价值工程活动多在设计工作完成35%以后展开,通过对初步方案的审核、调整、创新,使建设项目不仅在功能上满足业主的要求,而且在成本上也实现优化。

(4)组织上的特征

价值工程小组由多个专业的专家共同参与,这是价值工程的另一个重要特点,也是价值工程取得成功的重要保证。同时价值工程活动的开展,必须依据严密的计划和协调的组织(国际上的价值工程活动通常依据通行的工作计划"Job Plan"),依靠集体智慧,有组织地开展活动,依靠各个方面的专家和设计人员,运用多学科的知识与经验,群策群力,努力提高项目的价值。

在工程设计中应用价值工程的原理,在保证建筑产品功能不变或提高的情况下,可设计出更加符合用户要求的产品。在设计阶段,运用价值工程可降低成本 25% ~40%。

· 4.2.3　限额设计 ·

1)限额设计的概念

在工程项目建设过程中采用限额设计是我国工程建设领域控制投资支出、有效使用建设资金的有力措施。

限额设计就是按照批准的可行性研究报告及投资估算控制初步设计,按照批准的初步设计总概算控制技术设计和施工图设计,同时各专业在保证达到使用功能的前提下,按分配的投资限额控制设计,严格控制不合理变更,保证不突破总投资额的工程设计过程。

限额设计目标是在初步设计开始前,根据批准的可行性研究报告及其投资估算(原值)确定的。将该项总体限额目标层层分解后确定各专业、各分部工程、各分项工程目标。该项工作中,提高投资估算的合理性与准确性是进行限额设计目标设置的关键环节。

限额设计体现了设计标准、规模、原则的合理确定,以及有关概算基础资料的合理取定。因此,限额设计应进行多层次的控制与管理,步步为营、层层控制,才能最终实现控制投资的目标,同时实现对设计规模、设计标准、工程数量与概算指标等各个方面的多维控制。

2)限额设计控制工作的主要内容

限额设计控制的工作流程如图 4.3 所示,其控制工作包括以下内容:

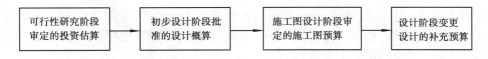

图 4.3　限额设计控制的工作流程图

(1)重视初步设计的方案选择

初步设计开始时,项目总设计师应将可行性研究报告的设计原则、建设方针和各项控制经济指标向工作人员交底,对关键设备、工艺流程、主要建筑和各种费用指标提出技术方案比选,要研究实现可行性研究报告中投资限额的可行性,特别要注意对投资影响较大的因素,将设计任务和投资限额分专业下达到设计人员,促使设计人员进行多方案比选。

初步设计阶段应按照批准的可行性研究阶段的投资估算进行限额设计,控制概算不超过投资估算,主要是对工程量和设备、材质的控制。

在初步设计限额中,各专业设计人员要增强工程造价意识,在拟定设计原则、技术方案和选择设备材料过程中应先掌握工程的参考造价和工程量,严格按照限额设计所分解的投资额和控制工程量以及保证使用功能的条件下进行设计,并以单位工程为考核单元,事先做好专业内部的平衡调整,提出节约投资的措施,力求将工程造价和工程量控制在限额内。为鼓励、促使设计人员做好设计方案选择,要把竞争机制引入设计中,实行设计招标,促使设计人员增强竞争意识,增加危机感和紧迫感,克服和杜绝方案比选中的片面性和局限性以及经验主义。要鼓励设计者解放思想,开拓思路,激发创造灵感,从而使功能好、造价低、效益高、技术经济合理的设计方案脱颖而出。

（2）严格控制施工图预算

施工图设计是设计单位的最终产品,是指导工程建设的重要文件,是施工企业实施施工的依据。设计单位编制的施工图及其预算造价要严格控制在批准的概算内,并有所节约。

施工图设计必须严格按照批准的初步设计所确定的原则、范围、内容、项目和投资额进行。施工图阶段限额设计的重点应放在工程量控制上,控制的工程量是经审定的初步设计工程量,并作为施工图设计工程量的最高限额,不得突破。

当建设规模、产品方案、工艺流程或设计方案发生重大变更时,必须重新编制或修改初步设计及其概算,并报原主管部门审批。其限额设计的投资控制额也以新批准的修改或新编的初步设计的概算造价为准。

（3）加强设计变更管理

如果把设计变更控制在设计阶段,则只须修改图纸,其他费用尚未发生,损失有限;如果在采购阶段变更,不仅需要修改图纸,而且设备、材料还须重新采购;若在施工阶段变更,除上述费用外,已施工的工程还须拆除,势必造成重大变更损失。为此,必须加强设计变更管理,尤其对影响工程造价的重大设计变更,更要用先算账后变更的办法解决,使工程造价得到有效控制。

4.3　设计概算

· 4.3.1　设计概算的概念 ·

设计概算是在初步设计或技术设计阶段,根据设计要求而确定的工程概算造价的文件,是设计文件的重要组成部分。在两阶段设计中,初步设计阶段必须编制设计概算;在三阶段设计中,技术设计阶段必须编制修正概算。

设计概算经批准后,就成为编制建设项目投资计划、确定和控制建设项目投资、签订建设工程总包合同和贷款总合同、控制施工图预算的依据,也是衡量设计方案技术经济合理性和考核建设项目投资效果的依据。

· 4.3.2　设计概算的编制原则和依据 ·

1）设计概算的编制原则

为提高建设项目设计概算编制质量,科学合理确定建设项目投资,设计概算编制应坚持以下原则:

（1）严格执行国家的建设方针和经济政策的原则

设计概算是一项重要的技术经济工作,要严格按照党和国家的方针、政策办事,坚决执行勤俭节约的方针,严格执行规定的设计标准。

(2)要完整、准确地反映设计内容的原则

编制设计概算时,要认真了解设计意图,根据设计文件、图纸准确计算工程量,避免重算和漏算。设计修改后,要及时修正概算。

(3)要坚持实事求是的原则

为提高设计概算的准确性,必须对工程所在地的建设条件,以及可能影响造价的各种因素进行认真的调查研究。在此基础上正确使用定额、指标、费率和价格等各项依据资料,按照现行工程造价的构成,根据有关部门发布的价格信息及价格调整指数,考虑建设期的价格变化因素,使概算尽可能地反映设计内容、施工条件和实际价格。

2)设计概算的编制依据

①国家发布的有关法律、法规、规章、规程等;

②批准的可行性研究报告及投资估算、设计图纸等有关资料;

③有关部门颁布的现行概算定额、概算指标、费用定额等和建设项目设计概算编制办法;

④有关部门发布的人工、设备材料价格、造价指数等;

⑤建设场地的自然条件和施工条件;

⑥其他有关资料。

· 4.3.3 设计概算的内容 ·

设计概算分为三级概算,即单位工程概算、单项工程综合概算、建设项目总概算。各级概算之间的相互关系如图4.4所示。

1)单位工程概算

单位工程概算是确定单项工程中的各单位工程建设费用的文件,是编制单项工程综合概算的依据。单位工程概算分为建筑工程概算和设备及安装工程概算两大类。建筑工程概算分为一般土建工程概算,给排水、采暖工程概算,通风、空调工程概算,电气照明工程概算,弱电工程概算,特殊构筑物工程概算等;设备及安装工程概算分为机械设备及安装工程概算,电气设备及安装工程概算,以及工具、器具及生产家具购置费概算等。

2)单项工程综合概算

单项工程综合概算是确定一个单项工程所需建设费用的文件,它是由单项工程中的各单位工程概算汇总编制而成的,是建设项目总概算的组成部分。

3)建设项目总概算

建设项目总概算是确定整个建设项目从筹建到竣工验收所需全部费用的文件。它是由各单项工程综合概算、工程建设其他费用概算、预备费和投资方向调节税概算等汇总编制而成的。

· 4.3.4 单位工程概算的编制方法 ·

单位工程是单项工程的组成部分,是指具有单独设计可以独立组织施工,但不能独立发挥生产能力或使用效益的工程。单位工程概算由建筑安装工程中的直接工程费、间接费、计划利润和税金组成。

单位工程概算分建筑工程概算和设备及安装工程概算两大类。建筑工程概算的编制方法

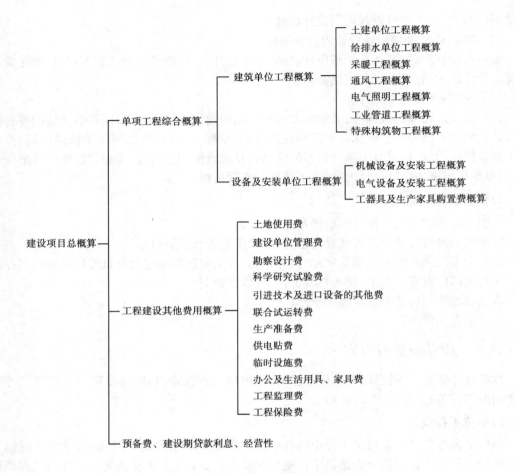

图4.4　设计概算文件的组成内容及相互关系

有概算定额法、概算指标法、类似工程预算法等;设备及安装工程概算的编制方法有:预算单价法、扩大单价法、设备价值百分比法和综合吨位指标法等。

1)建筑工程概算的编制方法

(1)概算定额法

概算定额法又称为扩大单价法。它是用于初步设计达到一定深度,建筑结构比较明确的条件下,编制单位工程概算的方法。其编制步骤如下:

①根据初步设计图纸和说明书,按概算定额中划分的项目列出单位工程中扩大分项工程项目名称,并计算工程量;

②套用概算定额相应项目的概算定额单价,计算工程直接费,同时进行工料分析,计算出工程需用的各种材料量;

③根据有关取费标准计算其他直接费、间接费、利润和税金;

④计算单位工程概算造价;

⑤计算单位建筑工程技术经济指标。

当初步设计达到一定的深度,建筑结构比较明确时,采用这种方法编制建筑工程概算。

(2)概算指标法

概算指标法用于初步设计深度不够,不能准确地计算出工程量,但工程采用的技术比较成熟,而且又有类似工程概算指标可以利用的条件下,编制单位工程概算的方法。

概算指标,是指比概算定额更综合扩大的分部工程或单位工程的人工、材料和机械台班的消耗标准和造价指标。它是按完整的建筑物或构筑物以元/m²、元/m³、元/座等为计量单位。

当拟建工程(设计对象)的结构特征、自然条件与概算指标完全相同时,可直接套用概算指标编制单位工程概算。其计算公式如下:

$$拟建单位工程概算造价 = 拟建工程建筑面积 × 概算指标$$
或
$$拟建单位工程概算造价 = 拟建工程建筑体积 × 概算指标$$
或
$$拟建构筑物概算造价 = 拟建构筑物数量 × 概算指标$$

当拟建工程(设计对象)结构特征与某概算指标有局部不同时,则需对该概算指标进行修正,然后用修正后的概算指标进行计算。

第1种修正方法如下:

$$单位造价修正指标 = 原指标单价 - 换出结构构件的价值 + 换入结构构件的价值$$

式中,换出(换入)结构构件的价值 = 换出(换入)结构构件工程量 × 相应概算定额单价

第2种修正方法是直接修正概算指标中的工料数量。具体做法是:

首先,从概算指标的工料数量中减去与拟建单位工程不同结构构件的人工、材料及机械台班的数量;

其次,再加上所需结构构件的人工、材料和机械台班的数量;

最后,根据调整后的人工、材料和机械台班数量,并结合地区材料预算价格、人工单价、机械台班预算价格,修正原概算指标。

这种方法主要适用于不同地区的同类工程编制概算。

用概算指标编制工程概算,工程量的计算工作很小,节省了大量的定额套用和工料分析工作。因此,比采用概算定额编制工程概算的速度快,但准确性要差。

(3)类似工程预算法

类似工程预算法是用于概算定额和概算指标资料不全,但有与拟建工程(设计对象)结构特征相类似的已完工程或在建工程的工程造价资料的条件下,编制单位工程概算的方法。

类似工程预算法的具体做法是:以已建或在建的类似工程的预算为基础,按编制概算指标的方法,先求出拟建单位工程的概算指标,再按概算指标法编制拟建单位工程概算。

利用类似工程预算,应考虑以下条件:

①拟建工程与类似工程在结构上的差异;

②拟建工程与类似工程在建筑上的差异;

③地区工资的差异;

④材料预算价格的差异;

⑤机械台班单价的差异;

⑥间接费用的差异等。

其中,①,②两项差异可参考修正概算指标的方法加以修正,③～⑥项的调整常用两种方法:一是类似工程造价资料有具体的人工、材料、机械台班的用量时,可按类似工程造价资料中的主要材料用量、工日数量、机械台班用量乘以拟建工程所在地的主要材料预算价格、人工单价、机械台班单价,计算出直接费,再按当地取费标准计取其他各项费用,即可得出所需的造价指标;二是类似工程造价资料只有人工、材料、机械台班费用和其他直接费、现场经费、间接费时,须编制修正系数。计算修正系数时,先求类似预算的人工费、材料费、机械使用费、间接费等在全部价值中所占比例,然后分别求其修正系数,最后求出综合修正系数。用综合修正系数

乘以类似预算的价值,就可以得到概算价值。修正系数按以下公式计算:

$$K = aK_1 + bK_2 + cK_3 + dK_4 + eK_5 + fK_6$$

式中　K——综合修正系数;

　　　a,b,c,d,e,f——类似工程预算的人工费、材料费、机械台班费、其他直接费、现场经费、间接费占预算造价的比例:$a = \dfrac{类似工程人工费(或工资标准)}{类似工程预算造价} \times 100\%$,$b,c$,

　　　　　　　d,e,f类同;

　　　K_1,K_2,K_3,K_4,K_5,K_6——拟建工程地区与类似工程预算造价在人工费、材料费、机械台班费、其他直接费、现场经费和间接费之间的差异系数:$K_1 = $ 拟建工程概算的人工费(或工资标准)/类似工程预算人工费(或地区工资标准),K_2,K_3,K_4,K_5,K_6类同。

则用类似工程编制概算的公式如下:

$$\begin{array}{l}工程概算\\总造价\end{array} = \begin{array}{l}拟建工程的\\建筑面积\end{array} \times \begin{array}{l}类似工程的\\预算单方造价\end{array} \times \begin{array}{l}综合修正\\系数(K)\end{array} \pm \begin{array}{l}结构\\增减值\end{array} \times \left(1 + \begin{array}{l}修正后的\\间接费率\end{array}\right)$$

【例4.2】　某设计院采用类似工程预算法编制某办公大楼工程概算,经分析对比后得到类似工程和拟建工程价值指标差异表(如表4.7所示)和结构差异表(如表4.8所示)。已知编制概算所依据的类似工程预算是本地区2010年5月编制的,建筑面积3 200 m²。拟建工程建筑面积3 500 m²,其适用现行取费标准:利润率5.6%,税率3.56%。

试确定该拟建工程的概算造价。

表4.7　价值指标差异表

项　目	价值指标名称	2010年5月	2011年3月
人工费 (权重0.08)	人工工资标准	50元/工日	65元/工日
材料费 (权重0.62)	材料费指数(以2008年为基期)/%	195	235
机械使用费 (权重0.09)	机械使用费指数(以2008年为基期)/%	141	183
间接费 (权重0.12)	间接费率/%	17	15
其他费 (权重0.12)	其他费差异系数	1.00	0.98

表4.8　结构差异表

结构名称	单　位	数　量	单价/元	预算成本(直接工程费+间接费)/元
一、类似工程				3 560 000
1.一砖外墙	m³	186	275	
2.普通木窗	m²	75	228	
二、拟建工程				
1.一砖半外墙	m³	250	256	
2.钢窗	m²	85	385	

【解】 （1）综合修正系数

$$\frac{65}{50} \times 0.08 + \frac{235\%}{195\%} \times 0.62 + \frac{183\%}{141\%} \times 0.09 + \frac{15\%}{17\%} \times 0.09 + \frac{0.98}{1.00} \times 0.12 = 1.165$$

（2）因结构差异造成的造价增加值

$$\left[(250 \times 256 + 85 \times 385) - (186 \times 275 + 75 \times 228) \right] 元 \times (1 + 15\%) = 32\ 746.25\ 元$$

（3）拟建工程的预算成本

$$(3\ 560\ 000/3\ 200) \times 1.165 \times 3\ 500\ 元 + 32\ 746.25\ 元 = 4\ 568\ 965\ 元$$

（4）拟建工程的概算造价

$$4\ 568\ 965\ 元 \times (1 + 5.6\%) \times (1 + 3.41\%) = 4\ 989\ 353.64\ 元$$

2）设备及安装工程概算的编制方法

（1）设备购置费概算

设备购置费由设备原价和运杂费两项组成。

国产标准设备原价可根据设备型号、规格、性能、材质、数量及附带的配件,向制造厂家询价或向设备、材料信息部门查询或按主管部门规定的现行价格逐项计算。非主要标准设备和工器具、生产家具的原价可按主要标准设备原价的百分比计算,百分比指标按主管部门或地区有关规定执行。

国产非标准设备原价在设计概算时可按下列两种方法确定:

①非标设备台（件）估价指标法。根据非标设备的类别、质量、性能、材质等情况,以每台设备规定的估价指标计算,即:

$$非标准设备原价 = 设备台数 \times 每台设备估价指标$$

②非标设备吨重估价指标法。根据非标设备的类别、性能、质量、材质等情况,以某类设备所规定吨重估价指标计算,即:

$$非标准设备原价 = 设备吨重 \times 每吨重设备估价指标$$

设备运杂费按有关规定的运杂费率计算,即:

$$设备运杂费 = 设备原价 \times 运杂费率$$

（2）设备安装工程概算的编制方法

①预算单价法。当初步设计较深,有详细的设备清单时,可直接按安装工程预算定额单价编制设备安装工程概算。具体做法是:根据初步设计中的设备清单,清点各类设备的数量,并将各类设备的数量分别乘以相应的定额单价,再汇总求出设备安装工程的概算造价。

②扩大单价法。当初步设计深度不够,设备清单不完备,只有主体设备或仅有成套设备质量时,可采用主体设备、成套设备的综合扩大安装单价来编制概算。其具体做法是:根据成套设备的质量或主体设备的质量乘以其相应的综合扩大单价,算出设备安装工程的概算造价。

③设备价值百分率法。设备价值百分率法又称为安装设备百分率法。当初步设计深度不够,只有设备出厂价而无详细规格、质量时,安装费可按占设备费的百分率计算。其百分率值（即安装费率）由主管部门制订或由设计单位根据已完类似工程确定。该法常用于价格波动不大的定型产品和通用设备产品。数学表达式为:

$$设备安装费 = 设备原价 \times 安装费率$$

④综合吨位指标法。当初步设计提供的设备清单有规格和设备质量时,可采用综合吨位指标编制概算,其综合吨位指标由主管部门或由设计院根据已完类似工程资料确定。该法常

用于设备价格波动较大的非标准设备和引进设备的安装工程概算。数学表达式为：

$$设备安装费 = 设备吨重 \times 每吨设备安装费指标$$

· 4.3.5 单项工程综合概算的编制方法 ·

单项工程综合概算是确定单项工程建设费用的综合性文件,是由该单项工程各专业单位工程概算汇总而成,是建设项目总概算的组成部分。

单项工程综合概算文件一般包括编制说明(不编制总概算时列入)和综合概算表。当建设项目只有一个单项工程时,单项工程综合概算(实为总概算)还应包括工程建设其他费用、预备费和建设期贷款利息的概算。

1)编制说明

编制说明列于综合概算书的前面,一般包括:编制依据、编制方法、主要设备和材料的数量、其他有关问题。

2)综合概算表

综合概算表是根据单项工程所辖范围内的各单位工程概算等基础资料,按照统一规定的表格进行编制。综合概算表如表4.9所示。

表4.9 综合概算表

建筑项目_____
单项工程_____

序号	单位工程或费用名称	概算价值					技术经济指标			占投资额比率/%	备注
		建筑工程费	设备购置费	设备安装费	工器具购置费	合计	单位	数量	单位造价/(元·m^{-2})		
一	建筑工程					××	m^2	××	××	××	
1	土建工程	××				××			××	××	
2	给水排水工程	××				××	m^2	××	××	××	
3	电气照明工程	××				××			××	××	
二	设备及安装工程					××	m^2	××	××	××	
1	设备购置		××			××	m^2	××	××	××	
2	设备安装			××		××			××	××	
三	工器具购置				××	××	m^2	××	××	××	
	合计	××	××	××	××	××					

审核_____ 核对_____ 编制_____ 日期_____

· 4.3.6 建设项目总概算的编制方法 ·

建设项目总概算是设计文件的重要组成部分,是确定整个建设项目从筹建到竣工交付使用所预计花费的全部费用的文件。它是由各单项工程综合概算、工程建设其他费用、预备费、建设期贷款利息和经营性项目的铺底流动资金概算所组成,按照主管部门规定的统一表格进行编制而成的。

设计概算文件一般应包括:封面及目录、编制说明、总概算表、工程建设其他费用概算表、单项工程综合概算表、单位工程概算表、工程量计算表、分年度投资汇总表与分年度资金流量汇总表以及主要材料汇总表与工日数量表等。现将有关主要问题说明如下:

(1)封面、签署页及目录

封面、签署页格式如表4.10所示。

表4.10 封面、签署页格式

建设项目设计概算文件
建设单位_____
建设项目名称_____
设计单位(或工程造价咨询单位)_____
编制单位_____
编制人(资格证号)_____
审核人(资格证号)_____
项目负责人_____
总工程师_____
单位负责人_____
年   月   日

(2)编制说明

编制说明应包括下列内容:

①工程概况。简述建设项目性质、特点、生产规模、建设周期、建设地点等主要情况。引进项目要说明引进内容以及与国内配套工程等主要情况。

②资金来源及投资方式。

③编制依据及编制原则。

④编制方法。说明设计概算是采用概算定额法,还是采用概算指标法等。

⑤投资分析。主要分析各项投资的比重、各专业投资的比重等经济指标。

⑥其他需要说明的问题。

(3)总概算表

总概算表应反映静态投资和动态投资两个部分。静态投资是按设计概算编制时期价格、费率、利率、汇率等确定的投资;动态投资是指概算编制时期到竣工验收前的工程和价格变化等多种因素确定所需的投资。

为了便于投资分析,总概算表中的项目,按工程性质分成三大部分:

```
┌── 工程费用项目
├── 其他工程费用项目
└── 预备费
```

（4）工程建设其他费用概算表

工程建设其他费用概算按国家或地区或部委所规定的项目和标准确定，并按统一表格式编制。

（5）单项工程综合概算表和建筑安装单位工程概算表

（6）工程量计算表和工、料数量汇总表

（7）分年度投资汇总表和分年度资金流量汇总表

·4.3.7 设计概算的审查·

审查设计概算，有利于合理分配资金，加强投资的计划管理。设计概算编制偏高或偏低，都会影响投资计划的真实性，影响投资资金的合理分配。所以审查设计概算是为了准确确定工程造价，使投资更能遵循客观经济规律。通过审查设计概算，可以促进概算编制单位严格执行国家有关概算的编制规定和费用标准，从而提高概算的编制质量；有助于促进设计的技术先进性和经济合理性。概算中的技术经济指标，是概算的综合反映，与同类工程比较，便可查出它的先进与合理程度，可以使建设项目总投资力求做到准确、完整，防止任意扩大投资规模或出现漏项，从而减少投资缺口，缩小概算与预算之间的差距，避免故意压低概算投资，搞钓鱼项目，最后导致实际造价大幅度地突破概算。审查后的概算，为建设项目投资的落实提供了可靠的依据，有利于打足投资，不留缺口，提高建设项目的投资效益。

设计概算审查的内容，一般包括：设计概算编制依据的审查、设计概算编制内容的审查。

1）设计概算编制依据的审查

①审查编制依据的合法性。采用的各种编制依据必须符合国家的有关规定。

②审查编制依据的时效性。各种依据，如定额、指标、价格、取费标准等，都应根据国家有关部门的现行规定进行，注意有无调整和新的规定，如有，应按新的调整办法和规定执行。

③审查编制依据的适用范围。各种编制依据都有规定的适用范围，如各主管部门规定的各种专业定额及其取费标准，只适用于该部门的专业工程；各地区规定的各种定额及其取费标准，只适用于该地区范围内，特别是地区的材料预算价格区域性更强。

2）设计概算编制内容的审查

（1）单位工程概算的审查

审查单位工程概算，首先，要熟悉各地区和各部门编制概算的有关规定，了解其项目划分及其取费规定，掌握其编制依据、编制程序和编制方法；其次，要从分析技术经济指标入手，选好审查重点，依次进行。

①建筑工程概算的审查内容：

a.工程量的审查。根据初步设计图纸、概算定额、工程量计算规则和施工组织设计的要求，进行审查。

b.采用的定额或指标的审查，包括定额或指标的适用范围、定额基价或指标的调整、定额或指标中缺项的补充。其中,进行定额或指标的补充时,要求补充定额的项目划分、内容组成、编制原则等要与现行的定额水平相一致。

c. 材料预算价格的审查。要着重对材料原价和运输费用进行审查。在审查材料运输费同时,要审查节约材料运输费用的措施,以努力降低材料费用。为了有效地做好材料预算价格的审查工作,首先要根据设计文件确定材料耗用量,以耗用量大的主要材料作为审查的重点。

d. 各项费用的审查。审查时,结合项目的特点,搞清各项费用所包含的具体内容,避免重复计算或遗漏。取费标准根据国家有关部门或地方规定标准执行。

②设备及安装工程概算的审查:审查设备规格、数量和配置是否符合设计要求,是否与设备清单相一致,设备预算价格是否真实,设备运杂费计算是否正确,非标准设备原价的计价方法是否符合规定,进口设备的各项费用组成及其计算方法是否符合国家主管部门的规定。

设备安装工程概算的审查,包括编制方法、编制依据等。当采用预算单价或扩大综合单价计算安装费时,要审查采用的各种单价是否合适,计算的安装工程量是否符合规则要求,是否准确无误;当采用概算指标计算安装费时,要审查采用的概算指标是否合理,计算结果是否达到精度要求。另外,还要审查计算安装费的设备数量及种类是否符合设计要求,避免一些不需要安装的设备也计算了安装费。

(2)综合概算和总概算的审查

①审查概算的编制是否符合国家的方针、政策要求。坚持实事求是,根据工程所在地的条件(包括自然条件、施工条件和影响造价的各种因素),反对大而全、铺张浪费和弄虚作假,不许任意扩大投资额或留有缺口。

②审查概算文件的组成。概算文件反映的设计内容必须完整,概算包括的工程项目必须按照设计要求确定,设计文件内的项目不能遗漏,设计文件外的项目不能列入;概算所反映的建设规模、建筑结构、建筑面积、建筑标准、总投资是否符合计划任务书和设计文件要求;非生产性建设项目是否符合规定的面积和定额,是否采用最经济的结构和适用材料,不要超前选用进口、高级、豪华的装饰、家具等;概算投资是否完整地包括建设项目从筹建到竣工投产的全部费用等。

③审查总图设计和工艺流程:

a. 总图布置应根据生产和工艺的要求,全面规划,紧凑合理。厂区运输和仓库布置要避免迂回运输。分期建设的工程项目要统筹考虑,合理安排,留有发展余地。总图占地面积应符合"规划指标"要求。不应多征多占,也不能多征少用或不用,以利支援农业,节约投资。

b. 按照生产要求和工艺流程合理安排工程项目,主要车间工艺生产要形成合理的流水线,避免工艺倒流,造成生产运输和管理上的困难和人力、物力的浪费。

④审查投资经济效果。概算是设计的经济反映,对投资的经济效果要进行全面考虑,不仅看投资的多少,还要看社会效果,并从建设周期、原材料来源、生产条件、产品销路、资金回收和盈利等因素综合考虑,全面衡量。

⑤审查项目的"三废"治理。设计的项目必须同时安排"三废"(废水、废气、废渣)的治理方案和投资,对于未做安排或漏列的项目,应按国家规定要求列入项目内容和投资。

·4.3.8 建设项目总概算案例·

（1）封面

建设项目设计概算书如表4.11所示。

表4.11 建设项目设计概算书封面

建设项目设计概算书

建设单位 ××建材有限公司

建设项目名称 ××混凝土搅拌站

设计单位 ××设计院

编制单位 ××设计院

编制人（资格证章）

审核人（资格证章）

年 月 日

（2）编制说明

编制说明如表4.12所示。

表4.12 编制说明

编制说明

1. 本项目概算文件依据初设图纸、××市建筑工程基价表、××市安装工程预算定额、××市市政工程预算定额及其配套文件编制。
2. 本项目概算文件参照编制期建材市场价格编制。
3. 本项目概算造价5 031.872万元。

（3）总概算表

总概算表如表4.13所示。

（4）单项工程综合概算表（略）

表4.13　××混凝土搅拌站总概算表

建设单位:××建材有限公司

序号	主项目	工程项目及费用名称	概算价值/万元								技术经济指标		占总投资的百分率/%	
			静态部分						动态部分	动、静态合计	动态部分占地面积造价/(元·m⁻²)	静态部分占地面积造价/(元·m⁻²)	动态部分	静态部分
			建筑工程费	设备购置费	安装工程费	工器具家具购置费	其他	合计						
一		工程费用	1 771.902	1 725.63	89.2	21.4		3 608.132		3 608.132		716.85		77.43
	1	办公楼工程	403.922	25.13		12.5		441.552				(87.73)		(9.476)
	2	配电室及试验室工程	58.81	165		2.5		226.31				(44.96)		(4.857)
	3	生产区及设备基础工程	102.36	1 500	85	5.2		1 692.56				(336.27)		(36.323)
	4	室外挡墙工程	356.65					356.65				(70.86)		(7.654)
	5	平基工程	354.54					354.54				(70.44)		(7.609)
	6	料场工程	305.78					305.78				(60.75)		(6.562)
	7	场区道路工程	156.39					156.39				(31.07)		(3.356)
	8	岗亭、厕房工程	5.62	35.5	4.2	1.2		46.52				(9.24)		(0.998)
	9	公厕工程	4.25					4.25				(0.84)		(0.091)
	10	化粪池工程	6.48					6.48				(1.29)		(0.139)
	11	绿化工程	10.5					10.5				(2.09)		(0.225)
	12	路灯安装工程	6.6					6.6				(1.31)		(0.142)
二		工程建设其他费用					603.77	603.77	603.77			119.96		12.957

续表

序号	主项目序号	工程项目及费用名称	建筑工程费	设备购置费	安装工程费	工、器具购置费	其他	合计	动态部分	动、静态合计	动态部分占地面积总价/(元·m⁻²)	静态部分占地面积总价/(元·m⁻²)	动态部分%	静态部分%
二	1	土地使用费(含拆迁安置费)					490.75	490.75				(97.5)		(10.532)
	2	勘察设计费					39.84	39.843				(7.92)		(0.855)
静态部分费用	3	建设单位管理费					25.128	25.128				(4.99)		(0.539)
	4	联合试运转费					1.4	1.4				(0.28)		(0.03)
	5	生产工人培训费					5	5				(0.99)		(0.107)
	6	办公和生活用具购置费					20	20				(3.97)		(0.429)
	7	工程监理费					21.649	21.649				(4.03)		(0.465)
三		预备费								300		59.6		6.438
	1	基本预备费					100	100				(19.87)		(2.146)
四	2	投资方向调节税							200		(39.73)		(4.292)	
五	动态部分费用	建设期贷款利息							147.84	147.84	29.37		3.173	
		合计	1 771.902	1 725.63	89.2	21.4	703.77	4 311.902	347.84	4 659.74	69.1	856.68		100

4.4　施工图预算

· 4.4.1　施工图预算的概念 ·

施工图预算是确定建筑安装工程预算造价的经济技术文件。它是在施工图设计完成后，工程开工前，以施工图纸、拟订的施工方案、现行的预算定额、费用定额和地区人工、材料、设备和机械台班等资源价格，按照规定的计算程序计算直接工程费、措施费，并计取间接费、利润、税金等费用编制而成的，又称设计预算。

· 4.4.2　施工图预算的内容和编制依据 ·

1）施工图预算的内容

施工图预算有单位工程预算、单项工程预算和建设项目总预算。汇总所有各单位工程施工图预算，成为单项工程施工图预算；再汇总所有各单项工程施工图预算，便是一个建设项目建筑安装工程的总预算。其中单位工程预算包括建筑工程预算和设备安装工程预算。建筑工程预算按其工程性质分为一般土建工程预算，给排水、采暖工程预算，通风、空调工程预算，电气照明工程预算，弱电工程预算，特殊构筑物如炉窑、烟囱、水塔等工程预算和工业管道工程预算等。设备安装工程预算可分为机械设备安装工程预算、电气设备安装工程预算和化工设备、热力设备安装工程预算等。

2）施工图预算的编制依据

（1）施工图纸及说明书和标准图集

经审定的施工图纸、说明书和标准图集，完整地反映了工程的具体内容、各部分的具体做法、结构尺寸、技术特征以及施工方法，是编制施工图预算的重要依据。

（2）施工组织设计或施工方案

因为施工组织设计或施工方案中包括了与编制施工图预算必不可少的有关资料，如建设地点的土质、地质情况，土石方开挖的施工方法及余土外运方式与运距，施工机械使用情况，结构件预制加工方法及运距，重要的梁板柱的施工方案，重要或特殊机械设备的安装方案等。

（3）现行预算定额及单位估价表

国家和地区颁布的现行建筑、安装工程预算定额及单位估价表，是确定分项工程人工、材料和机械台班等实物消耗量，计算工程直接费的主要依据。

（4）建筑安装工程费用定额

各省、市、自治区和各专业部门规定的费用定额及计算程序。

（5）工程建设主管部门颁布的文件或规定

目前，工程造价主管部门在工程费用构成、定额项目的划分、计量单位等方面实行统一管理，各地区的定额或工程造价管理部门根据市场价格变化的情况和国家宏观经济政策的要求，定期发布人工、材料、设备、机械价格信息和有关配套的计价文件，都是预算编制的基础。

（6）预算工作手册及有关工具书

预算员工作手册和工具书包括了计算各种结构件面积和体积的公式,钢材、木材等各种材料规格、型号及用量数据,各种单位换算比例,特殊断面、结构件的工程量的速算方法,金属材料重量表等。显然,以上这些公式、资料、数据是施工图预算中常常要用到的,是编制施工图预算必不可少的依据。

· 4.4.3 单位工程施工图预算的编制方法 ·

单位工程施工图预算的编制方法通常有单价法和实物法两种。

1）单价法

用单价法编制施工图预算,根据施工图纸计算出各分项工程的工程量,套用地区统一单位估价表中相应定额基价,计算并汇总相加,得到单位工程的定额直接费,再加上按规定程序计算出来的措施费、间接费、利润和税金,便可得出单位工程的施工图预算造价。

其中,地区单位估价表是由地区造价管理部门根据地区统一预算定额或专业部门专业定额以及统一单价编制而成,它是计算建筑安装工程造价的基础。

单价法编制施工图预算的步骤如图4.5所示。

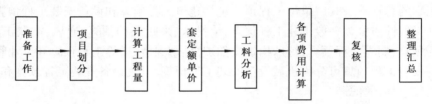

图4.5 单价法编制步骤

具体步骤如下:

（1）准备资料,熟悉图纸,了解现场实际情况

首先,广泛收集编制施工图预算所需要的各种编制依据,如:施工图纸、施工组织设计或施工方案、现行建筑安装工程预算定额、取费标准、统一的工程量计算规则、预算工作手册和工程所在地区的材料、人工、机械台班预算价格与调价规定等。

其次,充分熟悉施工图纸。只有对施工图有全面详细的了解,才能结合预算定额项目划分原则,正确而全面地分析该工程中各分项工程项目,也才可能有步骤地按照既定的工程项目,计算其工程量并正确地计算出工程造价。同时还要深入施工现场,了解现场实际情况与施工组织设计所规定的措施和方法,以便编制预算时注意其影响工程费用的因素。如土方开挖的施工方法,土方的运输方式及运输距离,预制构件是现场制作还是工厂制作,是自然养护还是蒸气养护,预应力钢筋是否进行人工时效处理,以及有哪些需要列入预算的特殊措施费等。

（2）列出工程项目,并计算工程量

在熟悉图纸基础上,根据预算定额的工程项目的划分,列出所需计算的分项工程项目,并按照工程量的计算规则,计算工程量。工程量的计算在整个预算过程中是最重要、最繁重的一个环节,不仅影响预算的及时性,更重要的是影响预算造价的准确性。因此,必须认真对待和做好这项工作。

（3）套用预算定额单价，计算定额直接费

工程量计算完毕并核对无误后，将所得到的分项工程量乘以单位估价表中相应的定额基价，求出各分项工程的定额直接费。经过汇总求和便可得到单位工程的定额直接费。

$$单位工程的定额直接费 = \sum（分项工程的工程量 \times 相应的预算定额基价）$$

套用定额基价时需注意如下几点：

①分项工程的名称、规格、内容、计量单位必须与预算定额或单位估价表所列内容一致；

②当施工图纸的某些设计要求与定额项目的特征不完全符合时，必须根据定额说明对定额基价进行调整或换算；

③如果设计中有的分项工程在定额中缺项，既不能直接套用，又不允许换算调整时，必须编制补充定额单价。

（4）进行工料分析，编制工料分析表

根据各分项工程的实物工程量和相应定额中的项目所列的用工工日及材料数量，计算出各分项工程所需的人工及材料数量，经过合并汇总，便得到该单位工程所需要的各类人工和材料的数量。其计算式如下：

$$材料需要量 = \sum（分项工程的工程量 \times 单位分项工程材料耗用量标准）$$

$$人工需要量 = \sum（分项工程的工程量 \times 单位分项工程用工量标准）$$

工料分析是控制现场备料，计算劳动力需要量，编制作业计划，签发班组施工任务书，进行财务成本核算和开展班组经济核算的依据。同时，通过分析汇总得出的材料，也为计算材料价差提供所需。

（5）计算单位工程预算造价

按照建筑安装单位工程造价构成的规定费用项目、费率及计费基础，分别计算出措施费、间接费、利润和税金，并汇总单位工程造价。

$$单位工程造价 = 直接费 + 间接费 + 利润 + 税金$$

其中，直接费 = 直接工程费 + 措施费。

（6）复核

单位工程预算编制后，有关人员对单位工程预算进行复核，以便及时发现差错，提高预算质量。复核时应对项目的填列、工程量计算公式、计算结果、套用的定额基价、取费费率、取费基础等内容进行全面的复核。

（7）拟写编制说明，填写封面

编制说明主要应写明预算所包括的工程内容范围、编制依据、设计图纸号、套用单价需要补充说明的问题及其他需说明的问题。

封面应写明工程编号、工程名称、建筑面积、预算总造价和单方造价、编制单位名称、负责人和编制日期以及审核单位的名称、负责人和审核日期等。

单价法计算简单、工作量较小、编制速度较快，便于工程造价管理部门集中统一管理。但由于是采用事先编制好的统一的单位估价表，其定额消耗量反映社会平均水平，且定额价格水平只能反映定额编制年份的价格水平。因此，在工程造价计算时，采用单价法其计算结果会偏离实际价格水平，误差较大。所以应特别注意价差调整，列入按实计算的费用中。

2）实物法

用实物法编制施工图预算,就是根据施工图纸计算出各分项工程的工程量,套用预算定额求出单位工程所需的各种人工、材料、施工机械台班的消耗量,分别乘以工程所在地当时的人工、材料、机械台班的实际单价,求得人工费、材料费和机械台班使用费,再汇总求和,得出单位工程定额直接费;然后按规定计取其他各项费用,最后汇总为单位工程施工图预算造价。

用实物法编制施工图预算的步骤如图4.6所示。

从图4.6中可以看出,实物法编制施工图预算的首尾步骤与单价法相似,但在具体内容方面也有一些区别。另外,实物法和单价法在编制步骤中的最大区别在于计算人工费、材料费和施工机械使用费及汇总三者费用之和的方法。

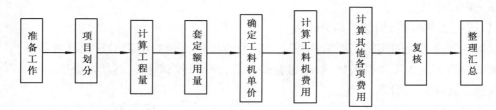

图4.6　实物法编制步骤

下面就与单价法不同之处加以说明:

①准备资料、熟悉施工图纸阶段,针对实物法的特点,需要全面地搜集各种人工、材料、机械的当时当地的实际价格,包括:不同品种、不同规格的材料预算价格,不同工种、不同等级的人工工资单价,不同种类、不同型号的机械台班单价等。要求获得的各种实际价格全面、系统、真实、可靠。

②工程量计算后,实物法套用预算定额中人工、材料、机械台班消耗指标,计算并汇总单位工程人工消耗量、材料消耗量、机械台班消耗量。

套定额的消耗指标,就是将计算所得各分项工程的工程量分别乘以相应定额项目规定的人工、材料和机械台班的消耗量指标,求出各分项工程所需人工、各类材料和各类机械台班的数量,再将各分项工程所需人工工日消耗量、材料消耗量和机械台班消耗量汇总求和,便得到单位工程所需人工工日、各类材料和各类机械台班的总消耗量。即

单位工程人工工日总消耗量 = $\sum$（分项工程的工程量×相应人工消耗量指标）

单位工程某种材料总消耗量 = $\sum$（分项工程的工程量×相应材料消耗量指标）

单位工程某种机械台班总消耗量 = $\sum$（分项工程的工程量×相应机械台班消耗量指标）

③实物法根据当时、当地的造价主管部门定期发布的人工工日单价、材料预算价格和机械台班单价,乘以相应的人、材、机的消耗量,得到单位工程人工费、材料费和机械使用费。即

单位工程人工费 = 单位工程人工工日总消耗量 × 人工工日单价

单位工程材料费 = $\sum$（单位工程某种材料总消耗量 × 相应材料预算价格）

单位工程机械费 = $\sum$（单位工程某种机械台班总消耗量 × 相应机械台班预算价格）

实物法编制施工图预算,可以避免单价法的不足,因为实物法所用的人工、材料和机械台

班单价都是当时、当地的实际价格,所编制的预算造价能较好地反映实际水平,准确性较高。这种方法适合于市场经济条件下,价格波动较大的情况。虽然计算过程较单价法烦琐,但采用计算机操作就快捷了。实物法是一种与市场经济体制相适应的、行之有效的编制方法。

4.5 工程量清单计价

· 4.5.1 概 述 ·

为规范建设工程工程量清单计价行为,统一建设工程工程量清单的编制和计价方法,住房和城乡建设部 2008 年 7 月 9 日发布《建设工程工程量清单计价规范》(GB 50500—2008),自 2008 年 12 月 31 日起实施。该规范依据 2003 年以来在全国范围内实施的建设工程工程量清单计价法的经验,修编了原规范正文中部分条款及表格格式,增加了招标控制价、投标报价、合同价款约定以及工程计量与价款支付、工程价款调整、索赔、竣工结算、工程计价争议处理等内容,还特别强调全部使用国有资金投资或国有资金投资为主的工程建设项目必须采用工程量清单计价。这标志着我国工程量清单计价方法的应用逐渐完善。

工程量清单计价有别于定额工料单价法计价。该模式的基础是:工程量计算规则统一化;工程造价的确定市场化。使工程造价在市场竞争中按价值规律通过合同确定,工程量清单计价模式适应建设市场发展的需要,真正体现了由政府宏观调控、企业自主报价、市场竞争形成价格的原则。

工程量清单计价活动涵盖施工招标、合同管理以及竣工交付全过程,主要包括:工程量清单的编制,招标控制价、投标报价的编制,工程合同价款的约定,竣工结算的办理以及施工过程中的工程计量、工程价款支付、索赔与现场签证、工程价款调整和工程计价争议处理等活动。

工程量清单计价的过程可以分为两个阶段:工程量清单的编制和利用工程量清单来编制投标报价(或招标控制价)。

· 4.5.2 工程量清单编制 ·

工程量清单是依据施工图纸和招标文件要求,将拟建工程的全部项目和有关内容按照《建设工程工程量清单计价规范》(GB 50500—2008)中统一的项目编码、项目名称、计量单位及工程量计算规则进行编制,表现拟建工程的分部分项工程项目、措施项目、其他项目、规费项目和税金项目的名称和相应数量的明细清单,是确定招标控制价、投标报价、计算工程量、支付工程款、调整合同价款、办理竣工结算以及工程索赔等的依据。工程量清单应由具有编制招标文件能力的招标人或具有相应资质的工程造价咨询人编制。

1)分部分项工程量清单

分部分项工程量清单反映拟建工程的全部分项实体工程名称和相应数量,包括项目编码、项目名称、项目特征、计量单位和工程量。

(1)项目编码

分部分项工程量清单项目编码以 5 级编码设置,用 12 位阿拉伯数字表示。一、二、三、四级编码为规范统一设置,第五级编码应根据拟建工程的工程量清单项目名称设置。同一招标工程的项目编码不得有重码。各级编码代表的含义如下:第一级(第1、2位)表示工程分类顺序码:建筑工程为01、装饰装修工程为02、安装工程为03、市政工程为04、园林绿化工程为05、矿山工程06;第二级(第3、4位)表示专业工程顺序码;第三级(第5、6位)表示分部工程顺序码;第四级(第7、8、9位)表示分项工程项目名称顺序码;第五级(第10、11、12位)表示工程量清单项目名称顺序码,由招标人针对招标工程编制。

(2)项目名称

分部分项工程量清单的项目名称应以"清单计价规范"附录中的项目名称为基础,考虑该项目的规格、型号、材质等特征要求,结合拟建工程实际情况,使清单项目名称表达详细、准确。

(3)项目特征

项目特征是对项目的准确描述,是确定一个清单项目综合单价不可缺少的重要依据,是区分清单项目的依据,是履行合同义务的基础。分部分项工程量清单的项目特征应按"清单计价规范"附录中规定的项目特征,结合技术规范、标准图集、施工图纸,按照工程结构、使用材质及规格或安装位置等,予以详细而准确的表述和说明。在进行项目特征描述时,可掌握以下要点:

①必须描述的内容:涉及正确计量的内容;涉及结构要求的内容;涉及材质要求的内容;涉及安装方式的内容。

②可不描述的内容:对计量计价没有实质影响的内容;应由投标人根据施工方案、施工要求确定的内容;应由施工措施解决的内容。

③可不详细描述的内容:无法准确描述的内容;施工图纸、标准图集标注明确的内容;清单编制人在项目特征描述中注明有投标人自定的内容。

(4)计量单位

计量单位采用基本单位,应按"清单计价规范"附录中规定的"计量单位"执行。

(5)工程量的计算

清单项目工程量主要通过"清单计价规范"附录中规定的工程量计算规则计算得到。除另有说明外,所有清单项目的工程量应以实体工程量为准,并以完成后的净值计算;投标人投标报价时,应在单价中考虑施工中的各种损耗和需要增加的工程量。在工程量计算时,工程数量的有效位数遵守下列规定:

①以"t"为单位,应保留小数点后3位数字,第四位四舍五入;

②以"m^3""m^2""m"为单位,应保留小数点后2位数字,第3位四舍五入;

③以"个""项"等为单位,应取整数。

2)措施项目清单

措施项目清单指为完成工程项目施工,发生于该工程施工前和施工过程中技术、生活、文明、安全等方面的非工程实体项目清单。措施项目根据专业类别的不同可以分为通用措施项目和专业措施项目,其项目清单应根据拟建工程的具体情况参照表4.14列项。

表 4.14 措施项目一览表

序 号	项目名称
通用措施项目	
1	安全文明施工(含环境保护、文明施工、安全施工、临时设施)
2	夜间施工
3	二次搬运
4	冬雨季施工
5	大型机械设备进出场及安拆
6	施工排水
7	施工降水
8	地上、地下设施,建筑物的临时保护设施
9	已完工程及设备保护
建筑工程	
1.1	混凝土、钢筋混凝土模板及支架
1.2	脚手架
1.3	垂直运输机械
装饰装修工程	
2.1	脚手架
2.2	垂直运输机械
2.3	室内空气污染测试
安装工程	
3.1	组装平台
3.2	设备、管道施工的安全、防冻和焊接保护措施
3.3	压力容器和高压管道的检验
3.4	焦炉施工大棚
3.5	焦炉烘炉、热态工程
3.6	管道安装后的充气保护措施
3.7	隧道内施工的通风、供水、供气、供电、照明及通信设施
3.8	现场施工围栏
3.9	长输管道临时水工保护设施
3.10	长输管道施工便道
3.11	长输管道跨越或穿越施工措施
3.12	长输管道地下穿越地上建筑物的保护措施

续表

序　号	项目名称
3.13	长输管道工程施工队伍调遣
3.14	格架式抱杆
市政工程	
4.1	围堰
4.2	筑岛
4.3	便道
4.4	便桥
4.5	脚手架
4.6	洞内施工通风管路、供水、供气、供电、照明及通信设施
4.7	驳岸块石清理
4.8	地下管线交叉处理
4.9	行车、行人干扰增加
4.10	轨道交通工程路桥、市政基础设施施工监测、监控、保护
矿山工程	
6.1	特殊安全技术措施
6.2	前期上山道路
6.3	作业平台
6.4	防洪工程
6.5	凿井措施
6.6	临时支护措施

措施项目中可以计算工程量的项目清单宜采用分部分项工程量清单的方式编制,列出项目编码、项目名称、项目特征、计量单位和工程量;不能计算工程量的项目清单,以"项"为计量单位。

3）其他项目清单

其他项目清单是指分部分项工程量清单、措施项目清单所包含的内容以外,因招标人的特殊要求而发生的与拟建工程有关的其他费用项目和相应数量的清单。其他项目清单宜按照以下内容列项:暂列金额、暂估价、计日工、总承包服务费等。

（1）暂列金额

暂列金额是指招标人暂定并包括在合同中的一笔款项。工程建设过程可能会存在一些不能预见、不能确定的因素,消化这些因素必然会影响合同价格的调整,暂列金额正是因这类不可避免的价格调整而设立的,以便达到合理确定和有效控制工程造价的目标。

（2）暂估价

暂估价是指招标阶段直至签订合同协议时,招标人在招标文件中提供的用于支付必然要发生但暂时不能确定价格的材料以及专业工程的金额,包括材料暂估单价、专业工程暂估价。

①招标人提供的材料暂估价应只是材料费,投标人应将材料暂估单价计入工程量清单综合单价报价中。

②专业工程的暂估价一般应是综合暂估价,应当包括除规费和税金以外的管理费、利润等取费。

（3）计日工

计日工是为了解决现场发生的零星工作的计价而设立的。国际上常见的标准合同条款中,大多数都设立了计日工（Daywork）计价机制。计日工对完成零星工作所消耗的人工工时、材料数量、施工机械台班进行计量,并按照计日工表中填报的适用项目的单价进行计价支付。计日工适用的所谓零星工作一般是指合同约定之外的或者因变更而产生的、工程量清单中没有相应项目的额外工作,尤其是那些时间不允许事先商定价格的额外工作。

（4）总承包服务费

总承包服务费是为了解决招标人在法律、法规允许的条件下进行专业工程发包以及自行供应材料、设备,并需要总承包人对发包的专业工程提供协调和配合服务,对供应的材料、设备提供收、发和保管服务以及进行施工现场管理时发生并向总承包人支付的费用。

4）规费、税金项目清单

规费项目清单应按照下列内容列项:工程排污费;社会保障费（包括养老保险费、失业保险金、医疗保险费）;住房公积金;危险作业意外伤害保险。出现未包含在上述规范中的项目,应根据省级政府或省级有关权力部门的规定列项。

税金项目清单应包括以下内容:营业税、城市建设维护税、教育费附加。如国家税法发生变化,税务部门依据职权增加了税种,应对税金项目清单进行补充。

·4.5.3　工程量清单计价·

工程量清单计价是根据招标文件和工程量清单要求,合理确定工程量清单所列项目的全部费用,包括分部分项工程费、措施项目费、其他项目费和规费、税金。

1）工程量清单计价依据

①《建设工程工程量清单计价规范》（GB 50500—2008）;

②招标文件;

③施工图纸及有关资料;

④企业定额或地区预算定额;

⑤施工组织设计或施工技术方案;

⑥劳动力市场价格、建筑安装材料及工程设备的市场价格。

2）工程量清单计价方法

工程量清单计价采用综合单价计价。综合单价计价是有别于定额工料单价计价的另一种单价计价方式,其费用是指招标文件所确定的招标范围内的除规费、税金以外的全部内容,包括人工费、材料费、机械使用费、管理费和利润及一定的风险费用。

工程量清单计价模式下,单位工程造价由以下内容构成:分部分项工程量清单项目费用、措施项目费用、其他项目费用、规费、税金。

单位工程计价方法如表4.15所示。

表4.15　单位工程造价计价表

序　号	名　称		计算方法
1	分部分项工程量清单项目费		清单项目工程量 ×综合单价
2	措施项目费	技术措施项目费	措施项目工程量 ×综合单价;
		组织措施项目费	取费基数 ×相应费率;或按实计取;或按规定计价
3	其他项目费		根据工程特点,按有关计价依据计算
4	规费		(1＋2＋3)×费率
5	不含税工程造价		1＋2＋3＋4
6	税金		5×税率
7	含税工程造价		5＋6

(1)综合单价的确定

综合单价的分析、确定是工程量清单计价的核心内容。综合单价不仅适用于分部分项工程量清单,也适用于措施项目清单、其他项目清单。

清单项目的综合单价的计算步骤如下:

①分析清单项目特征描述和工程内容,按照计价定额(企业定额或地区预算定额)相关项目的工程内容,根据施工方案,列出该清单项目包含哪些报价子目。

②依据计价定额(企业定额或地区预算定额)中工程量计算规则,计算报价子目工程量。

③套用计价定额(企业定额或地区预算定额)中定额基价,计算报价子目定额直接工程费。

④计算管理费、利润,并进行报价子目价差调整。

⑤汇总各项费用,考虑合理的风险费用后,确定该清单项目的总价。

⑥清单项目的总价除以清单工程量,即得出清单的综合单价。其计算公式为:

$$清单综合单价 = \Bigg[\sum_{i=1}^{n} (计价工程量 \times 定额用工量 \times 工日单价)_i +$$

$$\sum_{j=1}^{n} (计价工程量 \times 定额材料用量 \times 材料单价)_j +$$

$$\sum_{k=1}^{n} (计价工程量 \times 定额台班量 \times 台班单价)_k \Bigg] \times$$

$$(1 + 管理费率) \times (1 + 利润率) \times (1 + 风险费率)/清单工程量$$

(2)措施项目费用计算方法

由于措施项目具有多样性,根据其费用发生的特点,其费用的计算方法通常可分为几类:

①依据预算定额、市场要素价格,确定措施项目的工程量和相应的综合单价,计算措施项

目的费用。如:脚手架项目、模板项目等可采用这种方法计算费用。

②采用系数计算法计算措施项目费用。如环境保护费、二次搬运费、临时设施费等,按照与措施项目直接有关的直接工程费(或人工费或人工费与机械费之和)合计作为计算基数,乘以措施项目系数计算。措施项目系数是根据以往有代表性工程的资料,通过分析计算取得的。

③采用按实发生计取费用。这种方法最能反映投标人个别成本的计价方法,如大型机械进出场费、室内空气污染测试费等。

④按照国家或省级、行业建设主管部门的规定计价。根据《中华人民共和国安全生产法》《中华人民共和国建筑法》《建设工程安全生产管理条例》《安全生产许可证条例》等法律、法规的规定,原建设部办公厅印发了《建筑工程安全防护、文明施工措施费及使用管理规定》(建办[2005]89号),将安全文明施工费纳入国家强制性标准管理范围,其费用标准不予竞争。清单计价规范规定,措施项目清单中安全文明施工费应按国家或省级、行业建设主管部门的规定费用标准计价,招标人不得要求投标人对该费用进行优惠,投标人也不得将该费用参与市场竞争。

(3)其他项目费用计算方法

其他项目费中暂列金额、暂估价、计日工,均为估算、预测数量,虽在投标时计入投标人的报价中,但不为投标人所有,工程结算时应按约定和承包商实际完成的工作量结算。总承包服务费应根据招标人在招标文件中列出的分包专业工程内容和供应材料设备情况,按照招标人提出的协调、配合与服务要求和施工现场管理需要自主确定。

(4)规费、税金项目计价

规费、税金应按国家或省级、行业建设主管部门的规定计算,不得作为竞争性费用。

小　结

本章主要讲述工程设计与工程造价的关系;工程设计阶段通过编制设计概算、修正概算、施工图预算来确定工程造价;为了取得较好的投资效益,通过采用设计方案优选、限额设计、运用价值工程优化设计方案等方法来实现对工程造价的主动控制。为了适应建设市场发展的需要,也为了与国际惯例接轨,我国实行工程量清单计价,这种全新的计价模式有利于规范建设市场计价行为,有利于控制建设项目投资,节约资源。现就其基本要点归纳如下:

(1)工程设计是影响和控制工程造价的关键环节。

(2)优化设计方案是设计阶段的重要步骤,是控制工程造价的有效方法。优化设计方案主要采用设计方案优选、运用价值工程优化设计方案和限额设计。

(3)设计概算是在初步设计或扩大初步设计阶段,根据设计要求而确定的工程概算造价的文件,是确定和控制建设项目投资,控制施工图预算的依据;设计概算分为单位工程概算、单项工程概算、建设项目总概算3级。

(4)施工图预算是确定建筑安装工程预算造价的经济技术文件,在建筑工程造价计算中,应用最广、涉及单位最多。施工图预算有单位工程预算、单项工程预算、建设项目总预算。其编制方法有:单价法、实物法。

(5)工程量清单计价模式的基础是:工程量计算规则统一化;工程造价的确定市场化。使工程造价在市场竞争中按价值规律通过合同确定,工程量清单计价模式适应建设市场发展的需要,真正体现了由政府宏观调控、企业自主报价、市场竞争形成价格的原则。工程量清单计价的过程可以分为两个阶段:工程量清单的编制和利用工程量清单来编制投标报价(或招标控制价)。

复习思考题

1. 设计方案优选的途径有哪些?

2. 价值工程的基本特点是什么?

3. 提高产品的价值有哪些途径?

4. 某公寓工程,采用价值工程方法对该工程的 4 个设计方案及施工方案进行全面的技术经济评价,资料如表 1、表 2 所示。

表 1　功能重要性评分表

方案功能	F_1	F_2	F_3	F_4	F_5
F_1	0	4	2	3	1
F_2	4	0	3	4	2
F_3	2	3	0	1	1
F_4	3	4	1	0	1
F_5	1	2	1	1	0

表 2　方案功能得分及单方造价

方案功能	方案功能得分			
	A	B	C	D
F_1	9	10	9	8
F_2	10	10	8	9
F_3	9	9	10	9
F_4	8	8	8	7
F_5	9	7	9	6
单方造价/(元·m^{-2})	1 496.00	1 230.00	1 108.00	1 355.00

问题:

①计算功能重要性系数。

②计算功能系数、成本系数、价值系数。

③选择最优设计方案。

5. 设计概算的内容有哪些?

6. 论述设计概算的概念和作用。

7.某医院实验楼工程建筑面积 1 560 m²,依据扩大初步设计资料和当地概算定额已计算出某医院实验楼工程土建概算造价 215.5 万元。现收集到同类工程的各专业单位工程造价站单项工程综合造价的比例如表 3 所示。试计算该实验楼工程的综合概算造价,并编制单项工程综合概算书。

表 3 同类工程的各专业单位工程造价比例表

专业名称	土建	采暖	通风空调	电器照明	给排水	设备购置	设备安装	工器具
所占比例 /%	40	1.5	13.5	2.5	1	36.5	4.5	0.5

8.某投资商欲投资建设高层住宅(以下简称 A 工程),该工程为框剪结构,建筑面积 21 000 m²,24 层。经调查,在该地区的类似工程(以下简称 B 工程)是外形仿古,内部框剪结构商住楼,B 工程决算建筑安装工程投资额为 1 750 元/m²。

A 工程和 B 工程的主要差异是:B 工程采用铝合金窗(210 元/m²),A 工程采用是塑钢窗(280 元/m²);B 工程屋顶是仿古歇山形屋顶(550 元/m²),而 A 工程是钢筋混凝土平屋顶(158 元/m²);A 工程塑钢窗总面积为 2 850 m²,屋顶投影面积 800 m²。

问题 1:试计算该工程的建筑安装工程概算造价。

若 B 工程是 2010 年建成,其建筑安装工程造价构成比例为:人工费 20%,材料费 46%,机械费 5%,措施费 12%,间接费 9%,利润及税金 8%;在 B 工程决算至 A 工程估算期间人工费上涨 20%,材料费上涨 10%,利润及税金费率下降 2%。

问题 2:考虑上述情况,试计算该工程建筑安装工程概算造价。

9.论述施工图预算的概念和作用。

10.简述单价法、实物法编制施工图预算的区别。

11.论述工程量清单的概念和内容。

12.简述工程量清单的编制程序。

13.论述工程量清单计价特点。

5 建设项目施工阶段工程造价的确定与控制

5.1 工程变更与合同价调整

·5.1.1 工程变更的概念及产生原因·

1)工程变更的概念

所谓工程变更包括设计变更、进度计划变更、施工条件变更以及原招标文件与工程量清单中未包括的"新增工程"。按照《建设工程施工合同文本》有关规定,乙方根据甲方变更通知并按工程师要求进行下列有关的变更:

①更改工程有关部分的标高、基线、位置和尺寸;

②增减合同中约定的工程量;

③改变有关工程的施工时间和顺序;

④其他有关工程变更需要的附加工作。

2)工程变更的产生原因

在工程项目的实施过程中,经常遇到来自业主方对项目要求的修改,设计方由于业主要求的变化或现场施工环境、施工技术的要求而产生的设计变更等。由于这些变更,经常出现工程量变化、施工进度变化、业主方与承包方在执行合同中的争执等问题。这些问题的产生,一方面是由于主观原因,如勘察设计工作粗糙,以致在施工过程中发现许多招标文件中没有考虑到或估算不准确的工程量,因而不得不改变施工项目或增减工程量;另一方面是由于客观原因,如发生不可预见的事故、自然或社会原因引起的停工和工期拖延等,致使工程变更不可避免。

·5.1.2 工程变更的确认及处理程序·

1)工程变更的确认

由于工程变更会带来建设工程造价和工期的变化,为了有效地控制建设工程造价,无论任何一方提出工程变更,均需由工程师确认并签发工程变更指令。当工程变更发生时,要求工程师及时处理并确认变更的合理性。一般过程是:提出工程变更→分析提出的工程变更对项目目标的影响→分析有关的合同条款和会议、通信记录→初步确定处理变更所需的费用、时间范围和质量要求(向业主提交变更评估报告)→确认工程变更。

2)认真处理好工程变更的意义

工程变更常发生于工程项目实施过程中,一旦处理不好,经常会引起纠纷,损害投资者或承包商的利益,对项目目标控制很不利。首先是投资容易失控,因为承包工程实际造价等于合同价与索赔额之和。承包方为了适应日益竞争的建设市场,通常在合同谈判时让步而在工程实施过程中通过索赔获取补偿;由于工程变更所引起的工程量的变化、承包方的索赔等,都有可能使最终投资超出原来的预计投资,所以造价工程师应密切注意对工程变更价款的处理;其次,工程变更容易引起停工、返工现象,会延迟项目的完成时间,对进度不利;第三,变更的频繁还会增加监理工程师(业主方的项目管理)的组织协调工作量(协调会议、联系会的增多);第四,对合同管理和质量控制也不利。因此对工程变更进行有效控制和管理就显得十分重要。

3)工程变更的处理程序

①建设单位(施工合同中的甲方)需对原工程设计进行变更,根据《建设工程施工合同文本》的规定,甲方应不迟于变更前14天以书面形式向乙方发出变更通知。变更超过原设计标准或批准的建设规模时,须经原规划主管部门和其他有关部门审查批准,并由原设计单位提供变更的相应图纸和说明。甲方办妥上述事项后,乙方根据甲方变更通知并按工程师要求进行变更。因变更导致合同价款的增减及造成的乙方损失,由甲方承担,延误的工期相应顺延。

合同履行中甲方要求变更工程质量标准及发生其他实质性变更,由甲、乙双方协商解决。

②承包商(施工合同中的乙方)要求对原工程进行变更,其控制程序如图5.1所示。

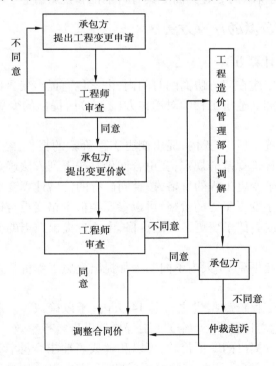

图5.1 对承包方提出工程变更的控制程序

具体规定如下：

a.施工中乙方不得对原工程设计进行变更。因乙方擅自变更设计发生的费用和由此导致甲方的直接损失，由乙方承担，延误的工期不予顺延。

b.乙方在施工中提出的合理化建议涉及对设计图纸或施工组织设计的更改及对原材料、设备的换用，须经工程师同意。未经同意擅自更改或换用时，乙方承担由此发生的费用，并赔偿甲方的有关损失，延误的工期不予顺延。

c.工程师同意采用乙方合理化建议，所发生的费用和获得的收益，甲乙双方另行约定分担或分享。

③控制好由施工条件引起的变更。工程变更中除了对原工程设计进行变更、工程进度计划变更之外，施工条件的变更往往较复杂，需要特别重视，否则会引起索赔的发生。对于施工条件的变更，往往是指未能预见的现场条件或不利的自然条件，即在施工中实际遇到的现场条件同招标文件中描述的现场条件有本质的差异，使承包商向业主提出施工单价和施工时间的变更要求。在土建工程中，现场条件的变更一般出现在基础地质方面，如厂房基础下发现流沙或淤泥层、隧洞开挖中发现新的断层破碎、水坝基础岩石开挖中出现对坝体安全不利的岩层走向等。

在施工实践中，控制由于施工条件变化所引起的合同价款变化，主要是把握施工单价和施工工期的科学性、合理性。因为，在施工合同条款的理解方面，对施工条件的变更没有十分严格的定义，往往会造成合同双方各执一词。所以，应充分做好现场记录资料和试验数据的收集整理工作，使以后在合同价款的处理方面更具有科学性和说服力。

· 5.1.3　工程变更价款的计算方法 ·

1)工程变更价款的计算方法

工程变更价款的确定应在双方协商的时间内，由承包商提出变更价格，报工程师批准后方可调整合同价或顺延工期。造价工程师对承包方(乙方)所提出的变更价款，应按照有关规定进行审核、处理，主要有：

①乙方在工程变更确定后14天内，提出变更工程价款的报告，经工程师确认后调整合同价款。按照工程量清单计价规范的规定，变更合同价款按下列方法确定：

a.合同中已有适用于变更工程的价格，按合同已有的价格计算变更合同价款；

b.合同中只有类似于变更工程的价格，可以参照类似价格变更合同价款；

c.合同中没有适用或类似于变更工程的价格，由乙方提出适当的变更价格，经工程师确认后执行。

②乙方在双方确定变更后14天内不向工程师提出变更工程价款报告时，视为该变更不涉及合同价款的变更。

③工程师收到变更工程价款报告之日起14天内，予以确认。工程师无正当理由不确认时，自变更价款报告送达之日起14天后变更工程价款报告自行生效。

④工程师不同意乙方提出的变更价款，可以和解或者要求合同管理及其他有关主管部门(如建设工程造价管理站)调解，和解或调解不成的，双方可以采用仲裁或向人民法院起诉的方式解决。

⑤工程师确认增加的工程变更价款作为追加合同价款，与工程款同期支付。

⑥因乙方自身原因导致的工程变更，乙方无权要求追加合同价款。

2）工程变更价款的计算实例

这是一个由于工程量增加引起的工程价款变更的实例。

【例 5.1】 某段公路改建工程,包括土方挖填和弃土处理工作,承包公司 B 中标,合同额 2 489 万元,工期 2 年。具体工程量包括:

表土层剥除	挖深 0.3 m
堆于路旁待用	共约 20 500 m³
开挖路基土方,用作填料	约 509 600 m³
路基开挖,将弃土运至弃土场	约 202 500 m³
路基填压	约 509 600 m³

弃土场距路基开挖地段的距离为 2 km,系一废弃的采石场,容积约 274 000 m³。

在施工过程中,发现开挖路基的弃土量由原标书的 202 500 m³ 增至 212 468 m³,即多挖 9 968 m³。由于弃土量增加,原定的弃土场不够用,必须在更远的地方另找新的弃土场。经承包商勘查,并经工程师及业主同意,选定的新弃土场运距为 9.5 km。因此,承包商向工程师提出了工程变更申请报告。

申请报告中对工程量变更的计算如表 5.1 所示。

表 5.1 工程量变更计算表

项 目	弃土量	备 注
填方余料	(509 600 m³ × 1.20 × 0.90 − 509 600 m³) × 10 ÷ 9 = 45 298 m³	土体膨松系数 1.20,松土压缩系数 0.9
原标书弃土	202 500 m³ × 1.20 = 243 000 m³	土体膨松系数 1.20
原弃土场容量	274 000 m³ ÷ 0.95 = 288 421 m³ (45 298 m³ + 243 000 m³ = 288 298 m³,已填满)	弃土场松土压缩 5%

由表 5.1 可知,原标书弃土量及填方余料已将原定的弃土场填满。但是,实际开挖的弃土量比工程量清单上的土方量增加 9 968 m³,超过原定挖方弃土量的 4.9%,这些挖方弃土必须运至较远距离的新弃土场,从而增加了承包商的施工费用开支。

承包商在工程变更申请报告中提出了两个具体要求:第一,挖方弃土量较标书文件增加了 4.9%,这部分必须运至较远的新弃土场。因此,要求提高这部分土方的开挖单价,即从合同中的 12.5 元/m³ 增至 26.5 元/m³。第二,对土方开挖量增加及弃土运距增加,要求工程师发放工程变更指令。

工程师认为:第一,挖方弃土量较工程量清单增加 4.9%,不能改变开挖单价,而应按合同中已有的土方开挖价格计算,并同意签发工程变更指令;第二,弃土运距增加,由 2 km 增至 9.5 km,可以予以调整,要求承包商提出新的土方开挖单价和运输单价分析。

①承包商的土方开挖单价分析:

每立方米开挖单价 12.5 元,仍采用原合同中已有的这一单价;每立方米土方开挖的综合管理费 5%,则

每立方米开挖单价:12.5 元/m³ × 1.05 = 13.125 元/m³;

总土方开挖费:13.125 元/m³×9 968 m³ = 130 830 元

②承包商的运输费用单价分析:

汽车每次装土4.0 m³,每小时运费112 元,每车次需0.75 h;

每立方米弃土运价0.75 h×112 元/h÷4.0 m³ = 21 元/m³

每立方米弃土综合管理费5%,21 元/m³×1.05 = 22.05 元/m³

总运费 22.05 元/m³×9 968 m³ = 219 794 元

以上新增土方开挖费130 830 元,运输费219 794 元,合计350 624 元,为工程师和业主所接受,工程师随即签发了工程变更指令,并同意调整工程价款。此项工程变更价款亦顺利解决。

·5.1.4 FIDIC 合同条件下工程变更的控制与估价·

FIDIC 合同条件授予工程师很大的工程变更权力。工程师如认为有必要,便可对工程或其中某些部分做出变更指令。同时规定没有工程师的指令,承包商不得作任何变更,除非是工程量表上的简单增加或减少。

1)工程变更的控制程序和要求

FIDIC 合同条件下,工程变更的一般程序是:

(1)提出变更要求

工程变更可能由承包商提出,也可能由业主或工程师指出。承包商提出的变更多数是从方便承包商施工出发,提出变更要求的同时应提供变更后的设计图纸和费用计算;业主提出设计变更大多是由于当地政府的要求,或者工程性质改变;工程师提出的工程变更大多是发现设计错误或不足。工程师提出变更的设计图纸可以由工程师承担,也可以指令承包商完成。

(2)工程师审查变更

无论是哪一方提出的工程变更,均需由工程师审查批准。工程师审批工程变更时应与业主和承包商进行适当的协商,尤其是一些费用增加较多的工程变更项目,更要与业主进行充分的协商,征得业主同意后才能批准。

(3)编制工程变更文件

工程变更文件包括:

①工程变更令。主要说明变更的理由和工程变更的概况,工程变更估价及对合同价的影响;

②工程量清单。工程变更的工程量清单与合同中的工程量清单相同,并需附工程量的计算记录及有关确定单价的资料。

③设计图纸(包括技术规范)。

④其他有关文件等。

(4)发出变更指示

工程师的变更指示应以书面形式发出。如果工程师认为有必要以口头形式发出指示,指示发出后应尽快加以书面确认。

2)工程变更价款的估价步骤与方法

(1)工程变更估价的步骤

工程变更一般要影响费用的增减,所以工程师应把全部情况告知雇主。对变更费用的批准,一般遵循以下步骤:

①工程师准备一份授权申请,提出对规范和合同工程量所要进行的变更以及费用估算和变更的依据及理由。

②在雇主批准了授权的申请后,工程师要与承包商协商,确定变更的价格。如果价格等于或少于雇主批准的总额,则工程师有权向承包商发布必要的变更指示;如果价格超过批准的总额,工程师应请求雇主进一步给予授权。

③尽管已有上述程序,但为了避免耽误工作,工程师在和承包商就变更价格达成一致意见之前,有必要发布变更指示。此时,应发布一个包括两部分的变更指示:第一部分是在没有规定价格和费率时,指示承包商继续工作;在通过进一步的协商之后,发布第二部分,确定适用的费率和价格。

此程序中所述任何步骤均不应影响工程师决定任何费率或价格的权力(在工程师和承包商之间对费率和价格不能达成一致意见时)。

④在紧急情况下,不应限制工程师向承包商发布他认为必要的此类指示。如果在上述紧急情况下采取行动,他应就此情况尽快通知雇主。

(2)工程变更估价方法

①如工程师认为适当,应以合同中规定的费率及价格进行估价。如合同中未包括适用于该变更工作的费率和价格,则应在合理的范围内使用合同中的费率和价格作为估价的基础。若合同清单中,既没有与变更项目相同,也没有相似项目时,在工程师与业主和承包商适当协商后,由工程师和承包商商定一个合适的费率或价格作为结算的依据;当双方意见不一致时,工程师有权单方面确定其认为合适的费率或价格。费率或价格确定的合适与否是承包商费用索赔的关键。

为了支付的方便,在费率和价格未取得一致意见前,工程师应确定暂行费率或价格,以便有可能作为暂付款包含在期中付款证书中。

②如果工程师在颁发整个工程的移交证书时,发现由于工程变更和工程量表上实际工程量的增加或减少(不包括暂定金额、计日工和价格调整),使合同价格的增加或减少合计超过有效合同价(指不包括暂定金额和计日工补贴的合同价格)的15%,在工程师与业主和承包商协商后,应在合同价格中加上或减去承包商和工程师议定的一笔款额;若双方未能取得一致意见,则由工程师在考虑了承包商的现场费用和上级公司管理费后确定此款额。该款额仅以超过或等于"有效合同价"15%的那一部分为基础。

③也可按计日工方法估价。工程师如认为必要和可取,可以签发指示,规定按计日工方法进行工程变更估价。对这类工程变更,应按合同中包括的按日计工表中所定的项目和承包商在投标书对此所确定的费率或价格向承包商付款。

5.2 工程索赔与索赔费用的确定

· 5.2.1 索赔的概念及其处理原则 ·

1)索赔的概念与作用

索赔是指在合同履行过程中,对于并非自己的过错,而是应由对方承担责任的情况造成的实际损失,向对方提出经济补偿和时间补偿的要求。索赔是工程承包中经常发生的正常现象。由于施工现场条件、气候条件、施工进度、物价的变化,以及合同条款、规范、标准文件和施工图纸的变更、差错、延误等因素的影响,使得工程承包中不可避免地出现索赔。《中华人民共和国民法通则》第111条规定,当事人一方不履行合同义务或履行合同义务不符合约定条件的,另一方有权要求履行或者采取补救措施,并有权要求赔偿损失。这即是索赔的法律依据。

索赔的性质属于经济补偿行为,而不是惩罚。索赔的损失结果与被索赔人的行为并不一定存在法律上的因果关系。索赔工作是承发包双方之间经常发生的管理业务,是双方合作的方式,而不是对立。经过实践证明,索赔的健康开展对于培养和发展社会主义建设市场,促进建筑业的发展,提高工程建设的效益,起着非常重要的作用:

①它有利于促进双方加强内部管理,严格履行合同,有助于双方提高管理素质,加强合同管理,维护市场正常秩序;

②它有助于双方更快地熟悉国际惯例,熟练掌握索赔和处理索赔的方法与技巧,有助于对外开放和对外工程承包的开展;

③它有助于政府转变职能,使双方依据合同和实际情况实事求是地协商建设工程造价和工期,从而使政府从烦琐的调整概算和协调双方关系等微观管理工作中解脱出来;

④它有助于建设工程造价的合理确定,可以把原来打入工程报价中的一些不可预见费用,改为实际发生的损失支付,便于降低工程报价,使建设工程造价更为实事求是。

2)索赔的处理原则

(1)索赔必须以合同为依据

遇到索赔事件时,工程师必须以完全独立的身份,站在客观公正的立场上审查索赔要求的正当性,必须对合同条件、协议条款等有详细的了解,以合同为依据来公平处理合同双方的利益纠纷。由于合同文件和内容相当广泛,包括合同协议、图纸、合同条件、工程量清单以及许多来往函件和变更通知,有时会形成自相矛盾,或作不同解释,导致合同纠纷。根据我国有关规定,合同文件能互相解释、互为说明,除合同另有约定外,其组成和解释顺序如下:

①合同协议书;

②中标通知书;

③投标书及其附件;

④合同专用条款;

⑤合同通用条款;

⑥标准、规范及有关技术文件;

⑦图纸;

⑧工程量清单;

⑨工程报价单或预算书。

(2)必须注意资料的积累

积累一切可能涉及索赔论证的资料,同施工企业、建设单位研究的技术问题、进度问题和其他重大问题的会议应当做好文字记录,并争取会议参加者签字,作为正式文档资料。同时应建立严密的工程日志,承包方对工程师指令的执行情况、抽查试验、工序验收、计量、日进度以及每天发生的可能影响到合同协议的事件的具体情况做好详细记录,同时还应建立业务往来的文件编号档案等业务记录制度,做到处理索赔时以事实和数据为依据。

（3）及时、合理地处理索赔

索赔发生后，必须依据合同的准则及时地对索赔进行处理。任何在中期付款期间，将问题搁置下来，留待以后处理的想法将会带来意想不到的后果。如果承包方的合理索赔要求长时间得不到解决，单项工程的索赔积累下来，有时可能会影响承包方的资金周转，使其不得不放缓速度，从而影响整个工程的进度。此外，在索赔的初期和中期，可能只是普通的信件往来，拖到后期综合索赔，将会使矛盾进一步复杂化，往往还牵涉利息、预期利润补偿、工程结算以及责任的划分、质量的处理等，索赔文件及其根据的说明材料篇幅庞大，大大增加了处理索赔的困难。因此尽量将单项索赔在执行过程中陆续加以解决，这样做不仅对承包方有益，同时也体现了处理问题的水平，既维护了业主的利益，又照顾了承包方的实际情况。处理索赔还必须注意双方计算索赔的合理性，如对人工窝工费的计算，承包方可以考虑将工人调到别的工作岗位，实际补偿的应是工人由于更换工作地点及工种造成的工作效率的降低而发生的费用。

（4）加强索赔的前瞻性，有效避免过多索赔事件的发生

在工程的实施过程中，工程师要将预料到的可能发生的问题及时告诉承包商，避免由于工程返工所造成的工程成本上升，这样可以减轻承包商的压力，减少其想方设法通过索赔途径弥补工程成本上升所造成的利润损失的行为。另外，工程师在项目实施过程中，应对可能引起的索赔有所预测，及时采取补救措施，避免过多索赔事件的发生。

·5.2.2　索赔的分类·

索赔可以从不同的角度，以不同的标准进行分类。

（1）按索赔发生的原因分类

如施工准备、进度控制、质量控制、费用控制及管理等原因引起的索赔，这种分类能明确指出每一项索赔的根源所在，使业主和工程师便于审核分析。

（2）按索赔的目的分类

按索赔的目的分类，可分为工期索赔和费用索赔。

①工期索赔就是要求业主延长施工时间，使原规定的工程竣工日期顺延，从而避免了违约事件的发生。

②费用索赔就是要求业主补偿费用损失，进而调整合同价款。

（3）按索赔的依据分类

按索赔的依据分类，可分为合同规定的索赔、非合同规定的索赔及道义索赔（额外支付）。

①合同规定的索赔是指索赔涉及的内容在合同文件中能够找到依据，业主或承包商可以据此提出索赔要求。这种在合同文件中有明确规定的条款，常称为"明示条款"。一般凡是工程项目合同文件中有明示条款的，这类索赔不大容易发生争议。

②非合同规定的索赔是指索赔涉及的内容在合同文件中没有专门的文字叙述，但可以根据该合同条件某些条款的含义，推论出有一定索赔权。这种隐含在合同条款中的要求，常称为"默示条款"。"默示条款"是国际上用到的一个概念，它包含合同明示条款中没有写入，但符合合同双方签订合同时设想的愿望和当时的环境条件的一切条款。这些默示条款，或者从明示条款所表述的设想愿望中引申出来，或者从合同双方在法律上的合同关系中引申出来，经合同双方协商一致，或被法律或法规所指明，都成为合同文件的有效条款，要求合同双方遵照执行。例如：在一些国际工程的合同条件中，对于外汇汇率变化给承包商带来的经济损失，并无

明示条款规定。但是,由于承包商确实受到了汇率变化的损失(有些汇率变化与工程所在国政府的外汇政策有关)承包商因而有权提出汇率变化损失索赔。这虽然属于非合同规定的索赔,但亦能得到合理的经济补偿。

③道义索赔是指通情达理的业主看到承包商为完成某项困难的施工,承受了额外费用损失,甚至承受重大亏损,出于善良意愿给承包商以适当的经济补偿,因在合同条款中没有此项索赔的规定,所以也称为"额外支付",这往往是合同双方友好信任的表现,但较为罕见。

(4)按索赔的有关当事人分类

①承包商同业主之间的索赔;

②总承包商同分包商之间的索赔;

③承包商同供货商之间的索赔;

④承包商同保险公司、运输公司之间的索赔。

(5)按索赔的对象分类

按索赔的对象分类,可分为索赔和反索赔。

①索赔是指承包商向业主提出的索赔;

②反索赔主要是指业主向承包商提出的索赔。

(6)按索赔的业务性质分类

按索赔的业务性质分类,可分为工程索赔和商务索赔。

①工程索赔是指涉及工程项目建设中施工条件、施工技术、施工范围等变化引起的索赔,一般发生频率高,索赔费用大,这是本节论述的重点。

②商务索赔是指实施工程项目过程中的物资采购、运输、保管等方面活动引起的索赔事项。由于供货商、运输公司等在物资数量上短缺、质量上不符合要求、运输损坏或不能按期交货等原因,给承包商造成经济损失时,承包商向供货商、运输商等提出索赔要求;反之,当承包商不按合同规定付款时,则供货商或运输公司也可向承包商提出索赔等。

(7)按索赔的处理方式分类

按索赔的处理方式分类,可分为单项索赔和总索赔。

①单项索赔就是采取一事一索赔的方式,即在每一件索赔事件发生后,报送索赔通知书,编报索赔报告,要求单项解决支付,不与其他的索赔事项混在一起。这是工程索赔通常采用的方式,它避免了多项索赔的相互影响和制约,解决起来较容易。

②总索赔,又称综合索赔或一揽子索赔,即对整个工程(或某项工程)中所发生的数起索赔事项,综合在一起进行索赔。采取这种方式进行索赔,是在特定的情况下被迫采用的一种索赔方法。有时候,在施工过程中受到非常严重的干扰,以致承包商的全部施工活动与原来的计划大不相同,原合同规定的工作与变更后的工作相互混淆,承包商无法为索赔保持准确而详细的成本记录资料,无法分辨哪些费用是原定的,哪些费用是新增的。在这种条件下,无法采用单项索赔的方式。在实践中应尽量避免采用总索赔方式,因为它涉及的因素十分复杂,且纵横交错,不容易索赔成功。

· 5.2.3　索赔的程序及其规定 ·

1)索赔的程序

在工程项目施工阶段,每出现一个索赔事件,都应按照国家有关规定、国际惯例和工程项目合同条件的规定,认真及时地协商解决,一般索赔程序如图5.2所示。

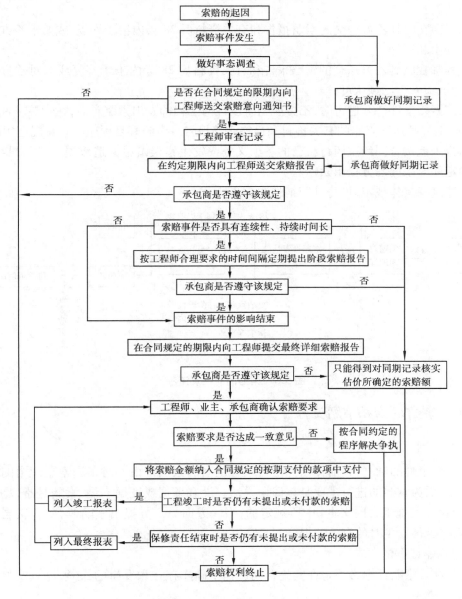

图5.2 索赔程序框图

2)我国有关索赔程序和时限的规定

我国《建设工程施工合同文本》有关规定中对索赔的程序和时间要求有明确而严格的限定,主要包括:

①甲方未能按合同约定履行自己的各项义务或发生错误以及应由甲方承担责任的其他情况,造成工期延误或向乙方延期支付合同价款以及造成乙方的其他经济损失,乙方可按下列程序以书面形式向甲方索赔。

a.索赔事件发生后28天内,向工程师发出索赔意向通知;

b.发生索赔意向通知后 28 天内,向工程师提出补偿经济损失和(或)延长工期的索赔报告及有关资料;

c.工程师在收到乙方送交的索赔报告和有关资料后 28 天内给予答复,或要求乙方进一步补充索赔理由和证据;

d.工程师在收到乙方送交的索赔报告和有关资料后 28 天内未予答复或未对乙方进一步要求,视为该项索赔已经认可;

e.当该索赔事件持续进行时,乙方应当阶段性向工程师发出索赔意向,在索赔事件终了后 28 天内,向工程师送交索赔的有关资料和最终索赔报告。索赔答复程序与 c,d 规定相同。

②乙方未能按合同约定履行自己的各项义务或发生错误给甲方造成损失,甲方也按以上各条款确定的时限向乙方提出索赔。

对上述这些具体规定,可将其归纳如图 5.3 所示。

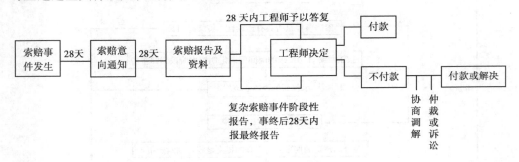

图 5.3　索赔的时限及流程

·5.2.4　索赔证据和索赔文件·

1)索赔证据

任何索赔事件的确立,其前提条件是必须有正当的索赔理由。对正当索赔理由的说明必须具有证据,因为索赔的进行主要是靠证据说话。没有证据或证据不足,索赔是难以成功的。这正如《建设工程施工合同文本》中所规定的,当一方向另一方提出索赔时,要有正当索赔理由,且有索赔事件发生时的有效证据。

(1)对索赔证据的要求

①真实性。索赔证据必须是在实施合同过程中确实存在和发生的,必须完全反映实际情况,能经得住推敲。

②全面性。所提供的证据应能说明事件的全过程。索赔报告中涉及的索赔理由、事件过程、影响、索赔值等都应有相应证据,不能零乱和支离破碎。

③关联性。索赔的证据应当能够互相说明,相互具有关联性,不能互相矛盾。

④及时性。索赔证据的取得及提出应当及时。

⑤具有法律证明效力。一般要求证据必须是书面文件,有关记录、协议、纪要必须是双方签署的;工程中重大事件、特殊情况的记录、统计必须由工程师签字认可。

(2)索赔证据的种类

①招标文件、工程合同及附件、业主认可的施工组织设计、工程图纸、技术规范等;

②工程各项有关设计交底记录、变更图纸、变更施工指令等;

③工程各项经业主或监理工程师签订的签证;

④工程各项往来信件、指令、信函、通知、答复等;

⑤工程各项会议纪要;

⑥施工计划及现场实施情况记录;

⑦施工日报及工长工作日志、备忘录;

⑧工程送电、送水、道路开通、封闭的日期及数量记录;

⑨工程停电、停水和干扰事件影响的日期及恢复施工的日期;

⑩工程预付款、进度款拨付的数额及日期记录;

⑪工程图纸、图纸变更、交底记录的送达份数及日期记录;

⑫工程有关施工部位的照片及录像等;

⑬工程现场气候记录。有关天气的温度、风力、雨雪等;

⑭工程验收报告及各项技术鉴定报告等;

⑮工程材料采购、订货、运输、进场、验收、使用等方面的凭据;

⑯工程会计核算资料;

⑰国家、省、市有关影响建设工程造价、工期的文件、规定等。

2)索赔文件

索赔文件是承包商向业主索赔的正式书面材料,也是业主审议承包商索赔请求的主要依据。索赔文件通常包括索赔信、索赔报告和附件三个部分。

(1)索赔信

索赔信是一封承包商致业主或其代表的简短的信函,应包括以下内容:

①说明索赔事件;

②列举索赔理由;

③提出索赔金额与工期;

④附件说明。

整个索赔信是提纲挈领的材料,它把其他材料串通起来。

(2)索赔报告

索赔报告是索赔材料的正文,其结构一般包含三个主要部分:首先是报告的标题,应简明扼要地概括索赔的核心内容;其次是事实与理由,这部分应该叙述客观事实,合理引用合同规定,建立事实与损失之间的因果关系,说明索赔的合理合法性;最后是损失计算与要求赔偿金额及工期,这部分只须列举各项明细数字及汇总数据即可。

需要特别注意的是索赔报告的表述方式对索赔的解决有重大影响。一般要注意如下几方面:

①索赔事件要真实、证据确凿。索赔针对的事件必须实事求是,有确凿的证据,令对方无可推卸和辩驳。对事件叙述要清楚明确,避免使用"可能""也许"等估计猜测性语言,造成索赔说服力不强。

②计算索赔值要合理、准确。要将计算的依据、方法、结果详细说明列出,这样易于对方接受,减少争议和纠纷。

③责任分析要清楚。一般索赔所针对的事件都是由非承包商责任引起的。因此,在索赔

报告中必须明确对方负全部责任,而不可用含糊的语言,这样会丧失自己在索赔中的有利地位,使索赔失败。

④在索赔报告中,要强调事件的不可预见性和突发性,说明承包商对它不可能有准备,也无法预防,并且承包商为了避免和减轻该事件的影响和损失已尽了最大努力,采取了能够采取的措施,从而使索赔理由更加充分,更易于被对方接受。

⑤明确阐述由于干扰事件的影响,使承包商的工程施工受到严重干扰,并为此增加了支出,拖延了工期,表明干扰事件与索赔有直接的因果关系。

⑥索赔报告书写用语应尽量婉转,避免使用强硬、不客气的语言,否则会给索赔带来不利的影响。

(3)附件

①索赔报告中所列举事实、理由、影响等的证明文件和证据。

②详细计算书,这是为了证实索赔金额的真实性而设置的,可以大量运用图表。

·5.2.5 施工索赔的内容·

在国内外工程索赔实践中,通常把承包商向业主提出的,为了取得经济补偿或工期延长的要求,称为施工索赔;把业主向承包商提出的,由于承包商的责任或违约而导致业主经济损失的补偿要求,称为反索赔。这一划分已被国内外工程承包界普遍应用。

在国内外一些合同条件(如国际上的 FIDIC 合同、国内的建设工程施工合同)中,对建设单位(业主)和承包商所分担的风险是不一样的,也就是说,承包商承担风险较大,业主承担的风险相对较小,如图 5.4 所示。对于这种风险分担不均的现实,承包商可以从多方面采取措施防范,其中最有效的措施之一就是善于进行施工索赔。

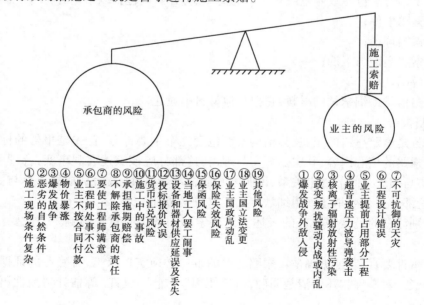

图 5.4 合同风险示意图

施工索赔的主要特点在于,这类索赔往往是由于业主或其他非承包商方面原因,致使承包商在项目施工中付出了额外的费用或造成了损失,承包商通过合法途径和程序,运用谈判、仲裁或诉讼等手段,要求业主偿付其在施工中的费用损失或延长工期。

1)我国施工索赔的主要内容

(1)不利的自然条件与人为障碍引起的索赔

不利的自然条件是指施工中遭遇到的实际自然条件比招标文件中所描述的更为困难和恶劣,这些不利的自然条件和人为障碍增加了施工难度,导致了承包商必须花费更多的时间和费用。在这种情况下,承包商可以提出索赔要求。

①地质条件变化引起的索赔。一般来说,业主在招标文件中会提供有关该工程的勘察所取得的水文及地表以下的资料。有时这类资料会严重失实,不是位置差异极大,就是地质成分相差较远,从而给承包商带来严重困难,导致费用损失加大或工期延误,为此承包商提出索赔。但在实践中,这类索赔经常会引起争议。这是由于在签署的合同条件中,往往写明承包商在提交投标书之前,已对现场和周围环境及与之有关的可用资料进行了考察和检查,包括地表以下条件及水文和气候条件。承包商应对他对上述资料的解释负责。但合同条件中还有另外一条:在工程施工过程中,承包商如果遇到了现场气候条件以外的障碍或条件,在他看来这些障碍和条件是一个有经验的承包商也无法预见的,则承包商应就此向工程师提供有关通知,并将一份副本呈交业主。收到此类通知后,如果工程师认为这类障碍或条件是一个有经验的承包商无法合理地预见到的,在与业主和承包商适当协商以后,应给予承包商延长工期和费用补偿的权力。以上两条并存的合同文件,往往是导致承包商同业主及工程师各执一端争议的缘由所在。

②工程中人为障碍引起的索赔。在施工过程中,如果承包商遇到了地下构筑物或文物,只要是图纸上并未说明的,而且与工程师共同确定的处理方案导致了工程费用的增加,承包商即可提出索赔。这类索赔一般比较容易成功,因为地下构筑物和文物的发现,的确是属于有经验的承包商也难以合理预见到的人为障碍。

(2)工期延长和延误的索赔

工期延长和延误的费用索赔通常包括两个方面:一是承包商要求延长工期;二是承包商要求偿付由于非承包商原因导致工程延误而造成的损失。一般情况下,这两方面的索赔报告要求分别编制。因为工期和费用索赔并不一定同时成立。例如,由于特殊气候、罢工等原因承包商可以要求延长工期,但不能要求赔偿;也有些延误时间并不在关键线路处,承包商可能得不到延长工期的承诺,但是,如果承包商能提出证据说明其延误造成的损失,就可能有权获得这些损失的赔偿。有时两种索赔可能混在一起,既可以要求延长工期,又可以获得对其损失的赔偿。

①延长工期的索赔。通常是由于下述原因造成:

a.业主未能按时提交可进行施工的现场;

b.有记录可查的特殊反常的恶劣天气;

c.工程师在规定的时间内未能提供所需的图纸或指示;

d.有关放线的资料不准确;

e.现场发现化石、古钱币或文物;

f.工程变更或工程量增加引起施工程序的变动;

g.业主和工程师要求暂停工程;

h.不可抗力引起的工程损坏和修复;

i.业主违约;

j.工程师对合格工程要求拆除或剥露部分工程予以检查,造成工程进度被打乱,影响后续工程的开展;

k.工程现场中其他承包商的干扰;

l.合同文件中某些内容的错误或互相矛盾。

以上这些原因要求延长工期,只要承包商提出合理的证据,一般可以获得工程师及业主的同意,有的还可索赔费用损失。但在某些延误工期的事件中,也会出现多种原因相互重叠造成的状况。例如,恶劣天气条件下不能施工,又恰好运输的道路中断使水泥、砂石不能送入现场等,进而影响施工进度。在这时需要实事求是地认真地加以调查分析,力求予以合理地解决。

②关于工期延误造成的费用索赔,需特别注意两点:一是凡纯属业主和工程师方面的原因造成的工期拖延,不仅应给承包商适当延长工期,还应给予相应的费用补偿;二是凡属于客观原因(既不是业主原因、也并非承包商原因)造成的拖期,如特殊反常的天气、工人罢工、政府间经济制裁等,承包商可得到延长工期,但得不到费用补偿。

(3)加速施工的索赔

当工程项目的施工计划进度受到干扰,导致项目不能按时竣工,业主的经济效益受到影响时,有时业主和工程师会发布加速施工指令,要求承包商投入更多资源、加班赶工来完成工程项目。这可能会导致工程成本的增加,引起承包商的索赔。当然,这里所说的加速施工并不是由于承包商的任何责任和原因。按照 FIDIC 合同专用条件中的规定,可采用奖励方法解决加速施工的费用补偿,激励承包商克服困难,按时完工。规定当某一部分工程或分部工程每提前完工一天,发给承包人奖金若干。这种支付方式的优点是,不仅促使承包商早日建成工程,早日投入运行,而且计价方式简单,避免了计算加速施工、延长工期、调整单价等许多容易扯皮的烦琐计算和争论。

(4)因施工临时中断和工效降低引起的索赔

由于业主和工程师原因造成的临时停工或施工中断,特别是由于业主和工程师不合理指令造成了工效的大幅度降低,从而导致费用支出增加,承包商可提出索赔。

(5)业主不正当地终止工程而引起的索赔

由于业主不正当地终止工程,承包商有权要求补偿损失,其数额是承包商在被终止工程上的人工、材料、机械设备的全部支出,以及各项管理费用、保险费、贷款利息、保函费用的支出(减去已结算的工程款),并有权要求赔偿其盈利损失。

(6)业主风险和特殊风险引起的索赔

由于业主承担的风险而导致承包商的费用损失增大时,承包商可据此提出索赔。另外,某些特殊风险,如战争、敌对行动、外敌入侵、工程所在国的叛乱、暴动、军事政变或篡夺权位、内战、核燃料或核燃料燃烧后的核废物,放射性毒气爆炸等所产生的后果也是非常严重的。许多合同规定,承包商不仅对由此而造成工程、业主或第三方的财产的破坏和损失及人身伤亡不承担责任,而且业主应保护和保障承包商不受上述特殊风险后果的损害,并免于承担由此而引起的与之有关的一切索赔、诉讼及其费用。相反,承包商还应当可以得到由此损害引起的任何永久性工程及其材料的付款及合理的利润,以及一切修复费用、重建费用及上述特殊风险而导致的增加费用。如果由于特殊风险而导致合同终止,承包商除可以获得应付的一切工程款和损失费用外,还可以获得施工机械设备的撤离费用和人员遣返费用等。

（7）物价上涨引起的索赔

由于物价上涨的因素,带来了人工费、材料费,甚至施工机械费的不断增长,导致工程成本大幅度上升,承包商的利润受到严重影响,也会引起承包商索赔。对这类物价上涨引起的合同价调整问题,我们将在本章第4节中予以介绍。

（8）拖欠支付工程款引起的索赔

这是争执最多也较为常见的索赔。一般合同中都有支付工程款的时间限制及延期付款计息的利率要求。如果业主不按时支付中期工程进度款或最终工程款,承包商可据此规定,向业主索要拖欠的工程款并索赔利息,敦促业主迅速偿付。对于严重拖欠工程款,导致承包商资金周转困难,影响工程进度,甚至引起中止合同的严重后果,承包商则必须严肃地提出索赔,甚至诉讼。

（9）法规、货币及汇率变化引起的索赔

①法规变化引起的索赔。如果在投标截止日期前的28天以后,由于业主国家或地方的任何法规、法令、政令或其他法律、规章发生了变更,导致了承包商成本增加。对承包商由此增加的开支,业主应予补偿。

②货币及汇率变化引起的索赔。如果在投标截止日期前的28天以后,工程施工所在国政府或其授权机构对支付合同价格的一种或几种货币实行货币限制或货币汇兑限制,业主应补偿承包商因此而受到的损失。如果合同规定将全部或部分款额以一种或几种外币支付给承包商,则这项支付不应受上述指定的一种或几种外币与工程施工所在国货币之间的汇率变化的影响。

（10）因合同条文模糊不清甚至错误引起的索赔

在合同签订中,对合同条款审查不认真,有的措辞不够严密,各处含义不一致,也可能导致索赔的发生。例如,日本大成公司承揽的鲁布革水电站隧洞开挖工程在施工过程中,因中方合同条款拟定文字疏忽,石方量计算合同条款有的地方用"to the line"（到开挖设计轮廓线）,有的地方又用"from the line"（从开挖设计轮廓线）。按前者可以理解"自然方"计量,按后者则解释为按开挖后的"松方"计量。虽然只一字之差,但对于长达9 km的隧洞开挖来说,2种计量法总工程量相差5%～10%（相当于2.5万～5万 m³）。作为承包方的日本大成公司抓住合同文字漏洞,使索赔成功。

2）FIDIC 合同条件中承包商可引用的索赔条款

工程项目的索赔管理人员应能熟练应用合同条款来论证自己的索赔权。在具体的施工索赔中,每一个索赔事项往往涉及几个合同条款,究竟引用哪一条更有利、更具有说服力,这需要统筹考虑决定。这就要求项目索赔管理人员仔细研究工程项目合同文件,尤其要注意研究FIDIC 合同条件中承包商可引用的索赔条款,如表5.2所示。这些条款以及标出的索赔内容、补偿事项是相当明确和具体的,无疑也是比较权威的,值得仔细研究和借鉴。

表 5.2　FIDIC《合同条件》中承包商可引用的索赔条款

序　号	合同条款号	条款主要内容	可调整的事项
1	5.2	合同论述含糊	工期调整 T + 成本调整 C
2	6.3 & 6.4	施工图纸拖期交付	$T + C$

续表

序　号	合同条款号	条款主要内容	可调整的事项
3	12.2	不利的自然条件	$T+C$
4	17.1	因工程师数据差错,放线错误	$C+$ 利润调整 P
5	18.1	工程师指令钻孔勘探	$C+P$
6	20.3	业主的风险及修复	$C+P$
7	27.1	发现化石、古迹等建筑物	$T+C$
8	31.2	为其他承包商提供服务	$C+P$
9	36.5	进行试验	$T+C$
10	38.2	指示剥露或凿开	C
11	40.2	中途暂停施工	$T+C$
12	42.2	业主未能提供现场	$T+C$
13	49.3	要求进行修理	$C+P$
14	50.1	要求检查缺陷	C
15	51.1	工程变更	$C+P$
16	52.1& 52.2	变更指令付款	$C+P$
17	52.3	合同额增减超过 15%	$\pm C$
18	65.3	特殊风险引起其他开支	$C+P$
19	65.5	特殊风险引起其他开支	C
20	65.8	终止合同	$C+P$
21	69	业主违约	$T+C$
22	70.1	成本的增减	按调价公式 $\pm C$
23	70.2	法规变化	$\pm C$
24	71	货币及汇率变化	$C+P$

注:T——表示承包商有权获得工期延长。

C——表示承包商有权获得在施工现场内外已发生、正在发生或将要发生的全部开支,包括管理费和合理分摊的其他费用,但不包括任何利润补贴。

P——表示承包商有权获得利润补贴。

在以上承包商可引用的 24 项条款中,有 8 项可索赔工期 T 和成本 C,有 6 项仅可索赔成本 C,有 10 项可索赔成本 C 和利润 P。它体现出的基本规律是:

①可索赔工期的条款,一般可同时索赔成本。

②24 项索赔条款中,均可据其索赔成本。

③可索赔利润的条款,一定可以同时索赔成本。

④在工期延长和利润补偿二者之中,只能得到一种,即:或进行工期延长,或给予利润补

偿,二者不能兼得。

⑤利润补偿的机会较少。有相当多场合是可以索赔成本,但不能补偿利润;利润的补偿也不能单独进行。

·5.2.6 业主反索赔的内容·

业主反索赔是业主向承包商所提出的索赔,由于承包商不履行或不完全履行约定的义务,或是由于承包商的行为使业主受到损失时,业主为了维护自己的利益,向承包商提出的索赔。在国际上,业主反索赔正如名著《施工索赔》(J.J.Adrian 著)一书中所论述的:"对承包商提出的损失索赔要求,业主采取的立场有两种可能的处理途径:第一,就(承包商)施工质量存在的问题和拖延工期,业主可以对承包商提出反要求,这就是业主通常向承包商提出的反索赔。此项反索赔就是要求承包商承担修理工程缺陷的费用。第二,业主也可以对承包商提出的损失索赔要求进行批评,即按照双方认可的生产率和会计原则等事项,对索赔要求进行分析,这样能够很快地减少索赔款的数量。对业主方面来说,使其成为一个比较合理的和可以接受的款额。"

由此可见,业主对承包商的反索赔包括两个方面:其一是对承包商提出的索赔要求进行分析、评审和修正,否定其不合理的要求,接受其合理的要求;其二是对承包商在履约中的其他缺陷责任,如部分工程质量达不到要求,或拖期建成,独立地提出损失补偿要求。

1)我国施工过程中业主反索赔的主要内容

(1)对承包商履约中的违约责任进行索赔

根据《建设工程施工合同文本》规定,因乙方原因不能按照协议书约定的竣工日期或工程师同意顺延的工期竣工,或因乙方原因造成工程质量达不到协议书约定的质量标准,或因乙方不履行合同义务或不按合同约定履行义务的情况,乙方均应承担违约责任,赔偿因其违约给甲方造成的损失。双方在专用条款内约定乙方赔偿甲方损失的计算方法或者乙方应当支付违约金的数额。施工过程中业主反索赔的主要内容有:

①工期延误反索赔。在工程项目的施工过程中,由于多方面的原因,往往使竣工日期拖后,影响到业主对该工程的利用,给业主带来经济损失。按国际惯例,业主有权对承包商进行索赔,即由承包商支付延期竣工违约金。承包商支付这项违约金的前提是:这一工期延误的责任属于承包商方面。土木工程施工合同中的误期违约金,通常是由业主在招标文件中确定的。业主在确定违约金的费率时,一般要考虑以下因素:

a.业主盈利损失;

b.由于工期延长而引起的贷款利息增加;

c.工程拖期带来的附加监理费;

d.由于本工程拖期竣工不能使用,租用其他建筑物时的租赁费。

至于违约金的计算方法,在每个合同文件中均有具体规定。一般按每延误一天赔偿一定的款额计算,累计赔偿额一般不超过合同总额的10%。

②施工缺陷反索赔。当承包商的施工质量不符合施工技术规程的要求,或在保修期未满以前未完成应该负责修补的工程时,业主有权向承包商追究责任。如果承包商未在规定的时限内完成修补工作,业主有权雇佣他人来完成工作,发生的费用由承包商负担。

③承包商不履行的保险费用索赔。如果承包商未能按合同条款指定的项目投保,并保证

保险有效,业主可以自行投保并保证保险有效,业主所支付的必要的保险费可在应付给承包商的款项中扣回。

④对超额利润的索赔。如果工程量增加很多(超过有效合同价的15%),使承包商预期的收入增大,因工程量增加承包商并不增加任何固定成本,合同价应由双方讨论调整,收回部分超额利润。

由于法规的变化导致承包商在工程实施中降低了成本,产生了超额利润,应重新调整合同价格,收回部分超额利润。

⑤对指定分包商的付款索赔。在承包商未能提供已向指定分包商付款的合理证明时,业主可以直接按照工程师的证明书,将承包商未付给指定分包商的所有款项(扣除保留金)付给该分包商,并从应付给承包商的任何款项中如数扣回。

⑥业主合理终止合同或承包商不正当地放弃工程的索赔。如果业主合理地终止承包商的承包,或者承包商不合理地放弃工程,则业主有权从承包商手中收回由新的承包商完成工程所需的工程款与原合同未付部分的差额。

⑦由于工伤事故给业主方人员和第三方人员造成的人身或财产损失的索赔,以及承包商运送建筑材料及施工机械设备时损坏了公路、桥梁或隧洞,道桥管理部门提出的索赔等。

(2)对承包商所提出的索赔要求进行评审、反驳与修正

除以上几方面反索赔的内容外,反索赔的另一项工作就是对承包商提出的索赔要求进行评审、反驳与修正。首先是审定承包商的这项索赔要求有无合同依据,即有没有该项索赔权。审定过程中要全面参阅合同文件中的所有有关合同条款,客观评价、实事求是、慎重对待。对承包商的索赔要求不符合合同文件规定的,即被认为没有索赔权,而使该项索赔要求落空。但要防止有意地轻率否定的倾向,避免合同争端升级。根据施工索赔的经验,判断承包商是否有索赔的权利时,主要依据以下几方面:

①此项索赔是否具有合同依据。凡是工程项目合同文件中有明文规定的索赔事项,承包商均有索赔权,即有权得到合理的费用补偿或工期延长;否则,业主可以拒绝这项索赔要求。

②索赔报告中引用索赔理由不充分,论证索赔权漏洞较多,缺乏说服力。在这种情况下,业主和工程师可以否决该项索赔要求。

③索赔事项的发生是否为承包商的责任。凡是属于承包商方面原因造成的索赔事项,业主都应予以反驳拒绝,采取反索赔措施。凡是属于双方都有一定责任的情况,则要分清谁是主要责任者,或按各方责任的后果,确定承担责任的比例。

④在索赔事项初发时,承包商是否采取了控制措施。根据国际惯例,凡是遇到偶然事故影响工程施工时,承包商有责任采取力所能及的一切措施,防止事态扩大,尽力挽回损失。如果有事实证明承包商在当时未采取任何措施,业主可拒绝承包商要求的损失补偿。

⑤此项索赔是否属于承包商的风险范畴。在工程承包合同中,业主和承包商都承担着风险,甚至承包商的风险更大些。凡属于承包商合同风险的内容,如一般性干旱或多雨,一定范围内的物价上涨等,业主一般还会接受这些索赔要求。

⑥承包商没有在合同规定的时限内(一般为发生索赔事件后的28天内)向业主和工程师报送索赔意向通知。

(3)认真核定索赔款额,肯定其合理的索赔要求,反驳或修正不合理的索赔要求

在肯定承包商具有索赔权前提下,业主和工程师要对承包商提出的索赔报告进行详细审

核,对索赔款组成的各个部分逐项审核、查对单据和证明文件,确定哪些不能列入索赔款额,哪些款额偏高,哪些在计算上有错误和重复。通过检查,削减承包商提出的索赔款额,使其更加可靠和准确。

2) FIDIC 合同条件下业主可引用的索赔条款(表 5.3)

表 5.3　FIDIC《合同条件》中业主可引用的索赔条款

条款	回收应收款项的基础	回收的权利	是否通知业主	回收款项的方法
25	承包商未能提交表明按合同要求保险有效的证明	业主为了得到所要求的保险,已经支付了必要的保险费	不需要	①从现在或将来付给承包商的任何款项中扣除此项费用;②视为一项债务,予以收回
30(3)	由于承包商未遵守和履行 30(1)和 30(2)款中规定的责任,在运输施工机械、设备时使通往现场的公路或桥梁损坏	工程师已证明,其中一部分是承包商的失误而应付的款项	不需要	承包商应付给业主
39(2)	承包商未能履行工程师的命令,移走或调换不合格的材料,或重新做好工程	业主雇用别人移走材料或重新做好工程,并付了款	不需要	按上述第 25 条一样处理
47(1)	承包商未能在相应的时间内完成工程	产生了合同规定的拖期罚款	46	按合同约定处理
49(1)	承包商未能完成工程师要求落实第 49 条的某些工作,工程师认为,按合同规定,这是承包商应当用自己的费用去完成的	业主雇用其他人实施了这些工作并支付了费用	49(2)	按上述第 25 条同样处理
52(1)(2)	工程师认为,按 52(1)工程减少了,同时,工程增减的性质和数量关系到整个工程或任何一部分工程的单价和价格变得不合理或不适用	工程师变更单价	52(2)b	调整合同或价格
53(3)	按完工证明,发现工程总增加量超过接受标价函件中总价 15%	工程增加量很多(15%)使承包商预期的收入增大	不需要	工程量增大,承包商并不增加任何固定成本而在总款额中增加了超额收入(利润),合同价应由双方讨论调整
59(5)	承包商未能提供已向指定的分包商付款的合理证据	业主已直接付给指定的分包商	59(5)	从应付给承包商的款项中扣除

续表

条款	回收应收款项的基础	回收的权利	是否通知业主	回收款项的方法
63	承包商违约,导致被驱出工地	工程施工维修费及拖延工期的损失赔偿及其他费用等总计超过了可付给承包商的总款项(按60(3)),业主可拍卖其施工设备等	按63(2)和63(3)的证明	作为承包商对业主的债务,应予偿还将所有承包商的收款用于偿还债务:①从现在或将来应付承包商的任何款项中扣除此数;②作为承包商的债务收回
70(1)	根据合同中专用条款70条,按劳务和材料价格下降和其他影响工程成本价格的因素调整合同的价格	发生了成本降低	不需要	调整合同价格
70(2)	法规的变化,导致承包商在工程实施中降低成本	法令法规等在投标截止期前28天以后,已有改变	按70(2)条提出证明	调整合同价格

·5.2.7 索赔费用的组成和计算方法·

1)索赔费用的组成

索赔费用的主要组成部分,同建设工程施工承包合同价的组成部分相似。由于我国关于施工承包合同价的构成规定与国际惯例不尽一致,所以在索赔费用的组成内容上也有所差异。按照我国现行规定,建筑安装工程合同价一般包括直接工程费、间接费、计划利润和税金。而国际上的惯例是将建筑安装工程合同价分为直接费、间接费、利润三部分,具体内容如图5.5所示。

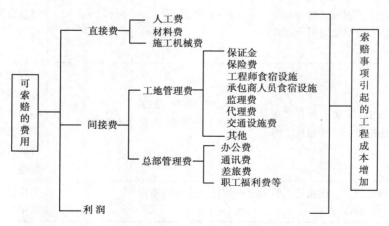

图5.5 索赔费用组成部分

从原则上说,凡是承包商有索赔权的工程成本的增加,都可以列入索赔的费用。但是,对于不同原因引起的索赔,可索赔费用的具体内容则有所不同。哪些内容可索赔,哪些内容不可索赔,则需要具体地分析与判断。J. J. Adrian 所写名著《施工索赔》中,对索赔费用在最常见的4 种不同施工索赔类型中,哪些费用可以得到补偿,哪些费用需通过分析而决定,哪些费用一般不能得到补偿,列出了一个表格,值得参考,如表5.4 所示。

表5.4 索赔费的组成部分及其可索赔性

施工索赔费的组成部分	不同原因引起的最常见的 4 种索赔			
	工期拖期索赔	施工范围变更索赔	加速施工索赔	施工条件变化索赔
1. 由于工程量增大而新增现场劳动时间的费用	O	√	O	√
2. 由于工效降低而新增现场劳动时间的费用	√	*	√	*
3. 人工费提高	√	*	√	*
4. 新增建筑材料用量	O	√	*	√
5. 建筑材料单价提高	√	√	*	√
6. 新增加分包工程量	O	√	O	*
7. 新增加分包工程成本	√	*	√	√
8. 设备租赁费	*	√	√	√
9. 承包商原有设备的使用费	√	√	*	√
10. 承包商新增设备的使用费	*	O	√	*
11. 工地管理费(可变部分)	*	√	√	√
12. 工地管理费(固定部分)	√	O	O	*
13. 公司总部管理费(可变部分)	*	*	√	√
14. 公司总部管理费(固定部分)	√	√	O	*
15. 利息(融资成本)	√	*	*	*
16. 利润	*	√	*	√
17. 可能的利润损失	*	*	√	*

注:表中的"√"代表应该列入;"﹡"代表有时可以列入,也就是通过合同双方具体分析决定;"O"表示一般不应列入索赔款。

根据国际惯例,索赔费用中主要包括的项目如下:

(1)人工费

人工费是工程成本直接费中主要项目之一,它包括生产工人基本工资、工资性质的津贴、加班费、奖金等。对于索赔费用中的人工费部分来说,主要是指完成合同之外的额外工作所花费的人工费用、由于非承包商责任的工资降效所增加的人工费用、超过法定工作时间的加班费用、法定的人工费增长及非承包商责任造成的工程延误导致的人员窝工费等。

(2)材料费

材料费的索赔包括:

①由于索赔事项材料实际用量超过计划用量而增加的材料费;

②由于客观原因材料价格大幅度上涨;

③由于非承包商责任工程延误导致的材料价格上涨;

④由于非承包商原因致使材料运杂费、材料采购与储存费用的上涨等。

（3）施工机械使用费

施工机械使用费的索赔包括：

①由于完成额外工作增加的机械使用费。

②非承包商责任致使的工效降低而增加的机械使用费。

③由于业主或监理工程师原因造成的机械停工的窝工费。机械台班窝工费的计算，如是租赁设备，一般按实际台班租金加上每台班分摊的机械调进调出费计算；如是承包商自有设备，一般按台班折旧费计算，而不能按全部台班费计算，因台班费中包括了设备使用费。

（4）工地管理费

索赔款中的工地管理费是指承包商完成额外工程、索赔事项工作以及工期延长、延误期间的工地管理费，包括管理人员工资、办公费、通讯费、交通费等。在确定分析索赔款时，有时把工地管理费具体又分为可变部分和固定部分（见表5.4）。所谓可变部分是指在延期过程中可以调到其他工程部位（或其他工程项目）上去的那部分人员和设施；所谓固定部分是指施工期间不易调动的那部分人员或设施。

（5）利息

在索赔款额的计算中，经常包括利息。利息的索赔通常发生于下列情况：

①业主拖延支付工程进度款或索赔款，给承包商造成较严重的经济损失，承包商因而提出拖付款的利息索赔；

②由于工程变更和工期延误增加投资的利息；

③施工过程中业主错误扣款的利息。

至于这些利息的具体利率应是多少，可采用不同标准，主要有以下三类情况：按当时银行贷款利率；按当时的银行透支利率；按合同双方协议的利率。

（6）总部管理费

索赔款中的总部管理费主要指的是工程延误期间所增加的管理费，一般包括总部管理人员工资、办公费用、财务管理费用、通讯费用等。这项索赔款的计算，目前没有统一的方法。在国际工程施工索赔中，常用的总部管理费的计算方法有以下几种：

①按照投标书中总部管理费的比率（3%～8%）计算：

$$总部管理费 = 合同中总部管理费比率 \times （直接费索赔款额 +$$
$$工地管理费索赔款额等）$$

②按照公司总部统一规定的管理费比率计算：

$$总部管理费 = 公司管理费比率 \times （直接费索赔款额 + 工地管理费索赔款额等）$$

③以工程延期的总天数为基础，计算总部管理费的索赔额，计算步骤如下：

a. 计算该工程提取的管理费：

$$该工程提取的管理费 = 同期内公司总管理费 \times \frac{该工程的合同额}{同期内公司的总合同额}$$

b. 计算工程每日管理费：

$$每日管理费 = \frac{该工程向总部上缴的管理费}{合同实施的天数}$$

c.计算总部管理费索赔额：

$$总部管理费索赔额 = 该工程的每日管理费 \times 工程延期的天数$$

（7）分包费用

索赔款的分包费用是指分包商的索赔款项，一般包括人工费、材料费、施工机械使用费等。分包商的索赔款额应如数列入总承包商的索赔款总额以内。

（8）利润

对于不同性质的索赔，取得利润索赔的成功率是不同的。一般来说，由于工程范围的变更和施工条件变化引起的索赔，承包商是可以列入利润的；由于业主的原因终止或放弃合同，承包商也有权获得已完成的工程款以外，还应得到原定比例的利润。而对于工程延误的索赔，由于利润通常是包括在每项实施的工程内容的价格之内的，而延误工期并未影响削减某些项目的实施，而导致利润减少，所以，一般监理工程师很难同意在延误的费用索赔中加利润损失。

索赔利润的款额计算通常是与原报价单中的利润百分率保持一致。即在索赔款直接费的基础上，乘以原报价单中的利润率，即作为该项索赔款中的利润额。

国际工程施工索赔实践中，承包商有时也会列入一项"机会利润损失"，要求业主予以补偿。这种机会利润损失是由于非承包商责任致使工程延误，承包商不得不继续在本项工程中保留相当数量的人员、设备和流动资金，而不能按原计划把这些资源转到另一个工程项目上去，因而使该承包商失去了一个创造利润的机会。这种利润损失索赔，往往由于缺乏有力而切实的证明，比较难以成功。

另外还需注意的是，施工索赔中以下几项费用是不允许索赔的：

①承包商对索赔事项的发生原因负有责任的有关费用；

②承包商对索赔事项未采取减轻措施，因而扩大的损失费用；

③承包商进行索赔工作的准备费用；

④索赔款在索赔处理期间的利息；

⑤工程有关的保险费用。

2）索赔费用的计算方法

（1）分项法

该方法是按每个索赔事件所引起损失的费用项目分别分析计算索赔值的一种方法。这一方法是在明确责任的前提下，将需索赔的费用分项列出，并提供相应的工程记录、收据、发票等证据资料，这样可以在较短时间内给以分析、核实，确定索赔费用，顺利解决索赔事宜。在实际中，绝大多数工程的索赔都采用分项法计算。

分项法计算通常分三个步骤：

①分析每个或每类索赔事件所影响的费用项目，不得有遗漏。这些费用项目通常应与合同报价中的费用项目一致。

②计算每个费用项目受索赔事件影响后的数值，通过与合同价中的费用值进行比较即可得到该项费用的索赔值。

③将各费用项目的索赔值汇总，得到总费用索赔值。分项法中索赔费用主要包括该工程施工过程中所发生的额外人工费、材料费、施工机械使用费、相应的管理费，以及应得的间接费和利润等。由于分项法所依据的是实际发生的成本记录或单据，所以施工过程中，对第一手资料的收集整理就显得非常重要。

（2）总费用法

总费用法又称总成本法，就是当发生多次索赔事件以后，重新计算出该工程的实际总费用，再从这个实际总费用中减去投标报价时的估算总费用，计算出索赔金额，具体公式是：

$$索赔金额 = 实际总费用 - 投标报价估算总费用$$

采用总费用法进行索赔时应注意如下几点：

①采用这个方法，往往是由于施工过程上受到严重干扰，造成多个索赔事件混杂在一起，导致难以准确地进行分项记录和收集资料、证据，也不容易分项计算出具体的损失费用，只得采用总费用法进行索赔。

②承包商报价必须合理，不能是采取低价中标策略后过低的标价。

③该方法要求必须出具足够的证据，证明其全部费用的合理性，否则其索赔款额将不容易被接受。

④有些人对采用总费用法计算索赔费用持批评态度，因为实际发生的总费用中可能包括因承包商原因（如施工组织不善、浪费材料等）而增加的费用，同时投标报价估算的总费用由于想中标而过低。所以这种方法只有在难以按分项法计算索赔费用时，才采用。

（3）修正总费用法

修正总费用法是对总费用法的改进，即在总费用计算的原则上，去掉一些不合理的因素，使其更合理。修正的内容如下：

①将计算索赔款的时段局限于受到外界影响的时间，而不是整个施工期。

②只计算受影响时段内的某项工作所影响的损失，而不是计算该时段内所有施工工作所受的损失。

③与该项工作无关的费用不列入总费用中。

④对投标报价费用重新进行核算：按受影响时段内该项工作的实际单价进行核算，乘以实际完成的该项工作的工作量，得出调整后的报价费用。

按修正后的总费用计算索赔金额的公式如下：

$$索赔金额 = 某项工作调整后的实际总费用 - 该项工作的报价费用$$

修正的总费用法与总费用法相比，有了实质性的改进，已相当准确地反映出实际增加的费用。

【例5.2】 某分包商承包一段道路的土方挖填工作，计划用10个台班的推土机，70个工日劳动力。台班费为800元，人工费40元，管理费所占的比率为9.5%，利润所占的比率为5%。

施工过程中，由于总承包的干扰，使这项工作用了12天才完成，比原计划多用2天，而每天出勤的设备和人数均未减少。因此，该分包商向总包商提出了由于工效降低而产生的附加开支的索赔要求，即超过原定计划2天的施工费用如下：

2天的设备台班费　　　　2×800 元 $= 1\ 600$ 元

2天的人工费　　　　　　$2 \times 7 \times 40$ 元 $= 560$ 元

管理费　　　　　　　　（$1\ 600$ 元 $+ 560$ 元）$\times 9.5\% = 205.20$ 元

利润　　　　　　　　　（$1\ 600$ 元 $+ 560$ 元 $+ 205.20$ 元）$\times 5\% = 118.26$ 元

合计　　　　　　　　　$1\ 600$ 元 $+ 560$ 元 $+ 205.20$ 元 $+ 118.26$ 元 $= 2\ 483.46$ 元

工效降低索赔款为 $2\ 483.46$ 元。

3）工期索赔的处理原则、计算方法

（1）不同类型工程拖期的处理原则

在施工过程中，由于各种因素的影响，使承包商不能在合同规定的工期内完成工程，造成工程拖期。工程拖期可以分为两种情况，即可原谅的拖期和不可原谅的拖期。可原谅的拖期是由于非承包商原因造成的工程拖期；不可原谅的拖期一般是承包商的原因而造成的工程拖期。这两类工程拖期的处理原则及结果均不相同，如表5.5所示。

表5.5　工程拖期分类表

索赔原因	是否可原谅	拖期原因	责任者	处理原则	索赔结果
工程进度拖延	可原谅拖期	①修改设计 ②施工条件变化 ③业主原因拖期 ④工程师原因拖期	业主/工程师	可给予工期延长，可补偿经济损失	工期＋经济补偿
		①异常恶劣气候 ②工人罢工 ③天灾	客观原因	可给予工期延长，不给予经济补偿	工期
	不可原谅的拖期	①工效不高 ②施工组织不好 ③设备材料供应不及时	承包商	不延长工期，不补偿经济损失，向业主支付误期损失赔偿费	索赔失败、无权索赔

（2）共同延误下工期索赔的处理原则

在实际施工过程中，工程拖期很少是只因一方面（承包商、业主或某一方面客观原因）原因造成的，往往是两三种原因同时发生（或相互作用）而形成的，这就称为共同延误。在共同延误的情况下，要具体分析哪一种情况延误是有效的，即承包商可以得到工期延长，或既可得到工期延长，又可得到费用补偿。在确定拖期索赔的有效期时，应依据下列原则：

①首先判别造成拖期的哪一种原因是最先发生的，即确定初始延误者，它应对工程拖期负责。在初始延误发生作用期间，其他并发的延误者不承担拖期责任；

②如果初始延误者是业主，则在业主造成的延误期内，承包商既可得到工期延长，又可得到经济补偿；

③如果初始延误者是客观因素，则在客观因素发生影响的时间段内，承包商可以得到工期延长，但很难得到费用补偿。

（3）工期索赔的计算方法

①网络分析法。即通过分析索赔事件发生前后的网络计划，对比前后两种工期计算结果，算出索赔值。它是一种科学、合理的分析方法，适用于许多索赔事件的计算，但它是以采用计算机网络分析技术进行工期计划和控制作为前提条件。

②对比分析法。在实际工程中，干扰事件常常又影响某些单项工程、单位工程，或分部分项工程的工期，要分析它们对总工期的影响，可以采用较简单的对比分析法。常用的计算公式是：

$$总工期索赔 = \frac{受干扰部分的工程合同价}{整个工程合同价} \times 该部分工程受干扰工期拖延量$$

【例5.3】 某工程施工中,业主推迟办公楼工程基础设计图纸的批准,使该单项工程延期10周。该单项工程合同价为360万元,而整个工程合同价为1 800万元,承包商提出的工期索赔计算是:

$$\frac{360}{1\ 800} \times 10\ 周 = 2\ 周$$

承包商提出工期索赔2周。

$$总工期索赔 = \frac{额外或新增工程量价格}{原合同总价} \times 原合同总工期$$

【例5.4】 某工程合同总价为900万元,合同总工期为28个月,现发包方增加额外工程价值为90万元,则承包商提出工期索赔计算如下:

$$\frac{90}{900} \times 28\ 月 = 2.8\ 月$$

承包商提出工期索赔2.8个月。

【例5.5】 某水电站工程的施工支洞,地质条件比较复杂,承包商在开挖中遇到断层软弱带和一些溶洞,造成施工极为困难。承包商因此改变投标报价文件中的施工方法,并经工程师同意,采用了边开挖、边衬砌的“新奥法”工艺施工。从而,实际施工进度比原计划拖后了4.5个月。为此,承包商决定调整钢管斜井的施工进度,利用原计划中的浮动工期,可挽回1.5个月的延误工期;同时,请求工程师批准另外3个月的拖期。

工程师经过核实后,评价认为:

①施工支洞开挖过程中出现的不良地质条件,超出了招标时所预期的断层软弱带的宽度,属于有经验的承包商也不能够合理预见和控制的不利施工条件,并非承包的失误或疏忽所致,故确认属于可原谅的延误。

②这一不利的施工条件,以及它所导致的工期延误,也不是业主及工程师所能预见和控制的,不是业主方面的错误。因此,此种工期延误是属于可原谅,但不予经济补偿的延误。

③根据以上分析,业主批准给承包商延长工期90天,但不进行经济补偿,即按投标文件中的施工单位和实际的开挖工程量向承包商进行施工进度款支付。

5.3 建设工程结算

· 5.3.1 工程结算概述 ·

1)工程结算概念

工程结算是指承包商按照合同的约定和规定的程序,向建设单位(业主)办理已完工程价款清算的经济文件。可分为工程价款结算、年终结算和竣工结算。

2)工程结算的主要方式

我国现行工程结算根据不同情况,可采取多种方式。

（1）按月结算

实行旬末或月中预支,月终结算,竣工后清算的办法。跨年度竣工的工程,在年终进行工程盘点,办理年度结算。此结算方式经常被采用。

（2）竣工后一次结算

建设项目或单项工程全部建筑安装工程建设期在 12 个月以内,或者工程承包合同价值在 100 万元以下的,可以实行工程价款每月月中预支,竣工后一次结算。

（3）分段结算

即当年开工,当年不能竣工的单项工程或单位工程按照工程形象进度,划分不同阶段进行结算。分段结算可以按月预支工程款,阶段末结算。

对于以上三种主要结算方式的收支确认,国家财政部在 1999 年 1 月 1 日起实行的《企业会计准则——建造合同》中做了如下规定:

①实行旬末或月中预支,月终结算,竣工后清算办法的工程合同,应分期确认合同价款收入的实现,即:各月份终了,与发包单位进行已完工程价款结算时,确认为承包合同已完工部分的工程收入实现,本期收入额为月终结算的已完工程价款金额。

②实行合同履行后一次结算工程价款办法的工程合同,合同履行完毕以后,施工企业与发包单位进行工程结算时,实现的收入额为承发包双方结算的合同价款总额。

③实行按工程形象进度划分不同阶段、分段结算工程价款办法的工程合同,应按合同规定的形象进度分次确认已完阶段工程收益实现。

（4）目标结款方式

在履行工程合同中,将承包工程的内容分解成不同的控制界面,以业主验收控制界面作为支付工程价款的前提条件。也就是将合同中的工程内容分解成不同的验收单元,当承包商完成单元工程内容并经业主(或其委托人)验收后,业主支付构成单元工程内容的工程价款。

采用目标结款方式,承包商要想获得工程价款,必须按照合同约定的质量标准完成界面内的工程内容;要想尽早获得工程价款,承包商必须充分发挥自己的组织实施能力,在保证质量前提下,加快施工进度。这意味着承包商拖延工期时,则业主推迟付款,增加承包商的财务费用、运营成本,降低承包商的收益,客观上使承包商因延迟工期而遭受损失。同样,当承包商积极组织施工,提前完成控制界面内的工程内容,则承包商可提前获得工程价款,客观上承包商因提前工期而增加了有效利润。同时,因承包商在界面内质量达不到合同约定的标准而业主不予验收,承包商也会因此而遭受损失。可见,目标结款方式实质上是运用合同手段、财务手段对工程的完成进行主动控制。

目标结款方式中,对控制界面的设定应明确描述,便于量化和质量控制,同时要适应项目资金的供应周期和支付频率。

（5）合同约定的其他结算方式

3）工程结算在工程项目承包中的重要意义

工程结算是工程项目承包中的一项十分重要的工作,主要表现在:

（1）工程结算是反映工程进度的主要指标

在施工过程中,工程结算的依据之一就是按照已完成的工程量进行结算,也就是说,承包商完成的工程量越多,应结算的工程价款就越多。所以,根据累计已结算的工程价款占合同总价款的比例,能够近似地反映出工程的进度情况,有利于准确掌握工程进度。

（2）工程结算是加速资金周转的重要环节

承包商能够尽快尽早地结算回工程价款,有利于偿还债务,也有利于资金的回笼,降低内部运营成本。通过加速资金周转,提高资金使用的有效性。

（3）工程结算是考核经济效益的重要指标

对于承包商来说,只有工程价款如数地结算,承包商才能够避免经营风险,也才能够获得相应的利润,进而达到良好的经济效益。

·5.3.2　工程预付款及其计算·

施工企业承包工程,一般都实行包工包料,这就需要有一定数量的备料周转金。在工程承包合同条款中,一般要明文规定发包单位(甲方)在开工前拨付给承包单位(乙方)一定限额的工程预付备料款。此预付款构成施工企业为该承包工程项目储备主要材料、结构构件所需的流动资金。

我国《建设工程施工合同文本》中规定,甲乙双方应当在专用条款内约定甲方向乙方预付工程款的时间和数额,开工后按约定的时间和比例逐次扣回。预付时间应不迟于约定的开工日期前 7 天。甲方不按约定预付,乙方在约定预付时间 7 天后向甲方发出要求预付的通知,甲方收到通知后仍能按要求以预付,乙方可在发出通知后 7 天停止施工,甲方应从约定应付之日起向乙方支付应付款的贷款利息,并承担违约责任。

建设部颁布的《招标文件范本》中规定,工程预付款仅用于乙方支付施工开始时与本工程有关的动员费用。如乙方滥用此款,甲方有权立即收回。在乙方向甲方提交金额等于预付款数额(甲方认可的银行开出)的银行保函后,甲方按规定的金额和规定的时间向乙方支付预付款,在甲方全部扣回预付款之前,该银行保函将一直有效。当预付款被甲方扣回时,银行保函金额相应递减。

1）预付备料款的限额

预付备料限额由下列主要因素决定:主要材料(包括外购构件)占建设工程造价的比率、材料储备期、施工工期。

对于施工企业常年应备的备料款限额,可按下式计算:

$$备料款限额 = \frac{年度承包工程总值 \times 主要材料所占比率}{年度施工日历天数} \times 材料储备天数$$

$$工程备料款额度 = \frac{主要材料所占比率 \times 材料储备天数}{年度施工日历天数}$$

$$备料款限额 = 年度承包工程总值 \times 工程备料款额度$$

工程备料款额度在建筑工程中一般不应超过 30%;安装工程中为 10%;材料占比率较大的安装工程可以按 15% 左右拨付。

在实际工作中,备料款的数额要根据各工程类型、合同工期、承包方式和供应体制等不同条件而定。例如,工业项目中钢结构和管道安装占比例较大的工程,其主要材料所占比率比一般安装工程中要高,因而备料款数额也要相应提高;工期短的工程比工期长的要高;材料由施工单位采购的比由建设单位供应主要材料的要高。

对于只包定额工日(不包材料定额,一切材料由建设单位供给)的工程项目,则可以不预付备料款。

2)备料款的扣回

发包单位拨付给承包单位的备料款属于预支性质,工程实施后随着工程所需主要材料储备的逐步减少,应以抵扣工程价款的方式陆续扣回。扣款的方法有两种:

①可以从未施工工程尚需的主要材料及构件的价值相当于备料款数额时起扣,从每次结算工程价款中,按材料所占比率抵扣工程价款,竣工前全部扣清。起扣点计算公式为:

$$备料款起扣点 = 工程价款总额 - \frac{预付备料款限额}{主要材料所占比率}$$

②建设部《招标文件范本》中规定,在乙方完成金额累计达到合同总价的10%后,由乙方开始向甲方还款,甲方从每次应付给乙方的金额中扣回工程预付款,甲方至少在合同规定的完工前3个月将工程预付款的总计金额按逐次分摊的办法扣回。当甲方一次付给乙方的金额少于规定扣回的金额时,其差额应转入下一次支付中作为债务结转。甲方不按规定支付工程预付款,乙方按《建设工程建设合同文本》第21条享有权力。

在实际经济活动中,情况比较复杂,有些工程工期较短,就无需分期扣回;有些工程工期较长,如跨年度施工,预付备料款可以不扣或少扣,并于次年按应预付备料款调整,多还少补。具体地说,跨年度工程,预计次年承包工程价值大于或相当于当年承包工程价值时,可以不扣回当年的预付备料款;如小于当年承包工程价值时,应按实际承包工程价值进行调整,在当年扣回部分预付备料款,并将未扣回部分,转入次年,直到竣工年度,再按上述办法扣回。

· 5.3.3 工程进度款的支付 ·

施工企业在施工过程中,按逐月(或形象进度、或控制界面等)完成的工程数量计算各项费用,向建设单位(业主)办理工程进度款的支付(即中间结算)。

以按月结算为例,现行的中间结算办法是,施工企业在旬末或月中向建设单位提出预支工程款账单,预支一旬或半月的工程款,月终再提出工程结算账单和已完工程月报表,收取当月工程价款,并通过银行进行结算。按月进行结算,要对现场已施工完毕的工程逐一进行清点,资料提出后要交监理工程师和建设单位审查签证。为简化手续,多年来采用的办法是以施工企业提出的统计进度月报表为支取工程款的凭证,即通常所称的工程进度款。工程进度款的支付步骤,如图5.6所示。

图5.6 工程进度支付步骤

工程进度款支付过程中,应遵循如下要求:

1)工程量的确认

根据有关规定,工程量的确认应做到:

①乙方应按约定时间,向工程师提交已完工程量的报告。工程师收到报告后7天内按设计图纸核实已完工程量(以下称计量),并在计量前24小时通知乙方,乙方为计量提供便利条件并派人参加。乙方不参加计量,工程师自行进行,计量结果有效,作为工程价款支付的依据。

②工程师收到乙方报告后7天内未进行计量,从第8天起,乙方报告中开列的工程量即视

为已被确认,作为工程价款支付的依据。工程师不按约定的时间通知乙方,使乙方不能参加计量,计量结果无效。

③工程师对乙方超出设计图纸范围或因自身原因造成返工的工程量,不予计量。

2)合同收入的组成

财政部制定的《企业会计准则——建造合同》中对合同收入的组成内容进行了解释,合同收入包括两部分内容:

①合同中规定的初始收入,即建造承包商与客户在双方签订的合同中最初商定的合同总金额,它构成了合同收入的基本内容。

②因合同变更、索赔、奖励等构成的收入。这部分收入并不构成合同双方在签订合同时已在合同中商订的合同总金额,而是在执行合同过程中由于合同变更、索赔、奖励等原因而形成的追加收入。

3)工程进度款支付

国家工商行政管理总局、建设部颁布的《建设工程施工合同文本》中对工程进度款支付做了如下详细规定:

①工程进度款在双方计量确认后 14 天内,甲方应向乙方支付工程进度款。同期用于工程上的甲方供应材料设备的价款,以及按约定时间甲方应按比例扣回的预付款,同期结算。

②符合规定范围的合同价款的调整、工程变更调整的合同价款及其他条款中约定的追加合同价款,应与工程进度款同期调整支付。

③甲方超过约定的支付时间不支付工程款(进度款),乙方可向甲方发出要求付款通知,甲方收到乙方通知后仍不能按要求付款,可与乙方协商签订延期付款协议,经乙方同意后可延期支付。协议须明确延期支付时间和从甲方计量签字后第 15 天起计算应付款的贷款利息。

④甲方不按合同约定支付工程进度款,双方又未达成延期付款协议,导致施工无法进行,乙方可停止施工,由甲方承担违约责任。

4)工程保修金的预留

工程保修金也可称为工程尾留款,按照有关规定,工程项目总造价中应预留出一定比例的尾留款作为质量保修费用(又称保留金),待工程项目保修期结束后最后拨付。有关尾留款应如何扣除,一般有两种做法:

①当工程进度款拨付累计额达到该建筑安装工程造价的一定比例(一般为 95% ~97%)时,停止支付,预留造价部分作为尾留款。

②国家颁布的《招标文件范本》中规定,尾留款(保留金)的扣除,可以从甲方向乙方第一次支付的工程进度款开始,在每次乙方应得的工程款中扣留投标书附录中规定金额作为保留金,直至保留总额达到投标书附录中规定的限额为止。

·5.3.4 工程竣工结算及其审查·

1)工程竣工结算的含义及要求

工程竣工结算是指施工企业按照合同规定的内容全部完成所承包的工程,经验收质量合格,并符合合同要求之后,向发包单位进行的最终工程价款结算。

《建设工程施工合同文本》中对竣工结算作了详细规定:

①工程竣工验收报告经甲方认可后 28 天内,乙方向甲方递交竣工结算报告及完整的结算资料,甲乙双方按照协议书约定的合同价款及专用条款约定的合同价款调整内容,进行工程竣工结算。

②甲方收到乙方递交的竣工结算报告及结算资料后 28 天内进行核实,给予确认或者提出修改意见。甲方确认竣工结算报告后通知经办银行向乙方支付工程竣工结算价款。乙方收到竣工结算价款后 14 天内将竣工工程交付甲方。

③甲方收到竣工结算报告及结算资料后 28 天内无正当理由不支付工程竣工结算价款,从第 29 天起按乙方同期向银行贷款利率支付拖欠工程价款的利息,并承担违约责任。

④甲方收到竣工结算报告及结算资料后 28 天内不支付工程竣工结算价款,乙方可催告甲方支付结算价款。甲方在收到竣工结算报告及结算资料后 56 天内仍不支付的,乙方可以与甲方协议将该工程折价,也可以由乙方申请人民法院将该工程依法拍卖,乙方就该工程折价或者拍卖的价款优先受偿。

⑤工程竣工验收报告经甲方认可后 28 天内,乙方未能向甲方递交竣工结算报告及完整的结算资料,造成工程竣工结算不能正常进行或工程竣工结算价款不能及时支付,甲方要求交付工程的,乙方应当交付;甲方不要求交付工程的,乙方承担保管责任。

⑥甲乙双方对工程竣工结算价款发生争议时,按解决争议的约定处理。

在实际工作中,当年开工、当年竣工的工程,只需办理一次性结算。跨年度的工程,在年终办理一次年终结算,将未完工程结转到下一年度,此时竣工结算等于各年度结算的总和。

办理工程价款竣工结算的一般公式为:

$$竣工结算工程价款 = 预算或合同价款 + 预算或合同价款调整额 -$$
$$预付及已结算工程价款$$

2)工程竣工结算的审查

工程竣工结算审查是竣工结算阶段的一项重要工作。经审查核定的工程竣工结算是核定建设工程造价的依据,也是建设项目验收后编制竣工决算和核定新增固定资产价值的依据。因此,建设单位、监理公司及审计部门等,都十分关注竣工结算的审核。一般从以下几方面入手:

(1)核对合同条款

首先,应对竣工工程内容是否符合合同条件要求、工程是否竣工验收合格等进行审核,只有按合同要求完成全部工程并验收合格才能列入竣工结算;其次,应按合同约定的结算方法、计价方法、主材价格和优惠条款等,对工程竣工结算进行审核,若发现与合同不符,建设单位与施工单位应该认真研究,明确结算要求。

(2)检查隐蔽验收记录

所有隐蔽工程均需进行验收,2 人以上签证;实行工程监理的项目应经监理工程师签证确认。审核竣工结算时应该对隐蔽工程施工记录和验收签证进行检查,工程量与竣工图一致方可列入结算。

(3)落实设计变更签证

设计修改变更应由原设计单位出具设计变更通知单和修改图纸,设计、校审人员签字并加盖公章,经建设单位和监理工程师审查同意、签证;重大设计变更应经原工程审批部门审批,否则不应列入结算。

（4）按图核实工程数量

竣工结算的工程量应依据竣工图、设计变更单和现场签证等进行核算，并按国家统一规定的计量规则计算。

（5）严格执行计价依据与计价方法

结算单价应按合同约定或招投标规定的计价定额与计价方法执行。

（6）注意各项费用的计取

建筑安装工程的取费标准应按合同要求和计价方法执行，严格审查计算标准、价格指数、价差调整、特殊费用是否符合要求等。

（7）防止各种计算误差

工程竣工结算子目多、篇幅大，往往有计算误差应认真核算，防止因计算误差多计或少算。

【例5.6】 某项工程业主与承包商签订了施工合同，合同中含有2个子项工程，估算工程量A项为2 400 m^3，B项为3 300 m^3，经协商合同价A项为185元/m^3，B项为165元/m^3。承包合同规定：

开工前业主应向承包商支付合同价20%的预付款；业主自第1个月起，从承包商的工程款中，按5%的比例扣留保修金；当子项工程实际工程量超过估算工程量10%时，可进行调价，调整系数为0.9；根据市场情况规定价格调整系数平均按1.2计算；工程师签发月度付款最低金额为25万元；预付款在最后两个月扣除，每月扣50%。

承包商每月实际完成并经工程师签证确认的工程量如表5.6所示。

表5.6 某工程每月实际完成并经工程师签证确认的工程量   单位：m^3

月 份	1月	2月	3月	4月
A项	500	900	800	600
B项	700	1 000	800	600

第1个月，工程量价款为：500 m^3 × 185元/m^3 + 700 m^3 × 165元/m^3 = 20.8万元

应签证的工程款为：20.8万元 × 1.2 × （1 − 5%） = 23.712万元

由于合同规定工程师签发的最低金额为25万元，故本月工程师不予签发付款凭证。求预付款、从第2个月起每月的工程价款、工程师应签证的工程款、实际签发的付款凭证金额各是多少？

【解】 （1）预付款金额为：（2 400 m^3 × 185元/m^3 + 3 300 m^3 × 165元/m^3） × 20% = 19.734万元

（2）第2个月，工程量价款为：900 m^3 × 185元/m^3 + 1 000 m^3 × 165元/m^3 = 33.15万元

应签证的工程款为：33.15万元 × 1.2 × 0.95 = 37.791万元

本月工程师实际签发的付款凭证金额为：23.712万元 + 37.791万元 = 61.503万元

（3）第3个月，工程量价款为：800 m^3 × 185元/m^3 + 800 m^3 × 165元/m^3 = 28.0万元

应签证的工程款为：28.0万元 × 1.2 × 0.95 = 31.92万元

应扣预付款为：19.734万元 × 50% = 9.832万元

应付款为：31.92万元 − 9.832万元 = 22.088万元

因本月应付款金额小于25万元，工程师不予签发付款凭证。

(4)第4个月，A项工程累计完成工程量为2 800 m³，比原估算工程量2 400 m³超出400 m³，已超过估算工程量的10%，超出部分其单价应进行调整。则：

超过估算工程量10%的工程量为：2 800 m³ − 2 400 m³ × (1 + 10%) = 160 m³

这部分工程量单价应调整为：185 元/m³ × 0.9 = 166.5 元/ m³

A项工程工程量价款为：(600 m³ − 160 m³) × 185 元/m³ + 160 m³ × 166.5 元/m³ = 10.804 万元

B项工程累计完成工程量为3 100 m³，比原估算工程量3 300 m³减少200 m³，不超过估算工程量，其单价不予调整。

B项工程工程量价款为：600 m³ × 165 元/m³ = 9.9 万元

本月完成A、B两项工程量价款合计为：10.804 万元 + 9.9 万元 = 20.704 万元

应签证的工程款为：20.704 万元 × 1.2 × 0.95 = 23.602 6 万元

本月工程师实际签发的付款凭证金额为：22.088 万元 + 23.026 万元 − 19.734 万元 × 50% = 35.282 万元

【例5.7】 某施工单位承包某内资工程项目，甲乙双方签订的关于工程价款的合同内容有：(1)建筑安装工程造价660 万元，主要材料费占施工产值的比率为60%；(2)预付备料款为建筑安装工程造价的20%；(3)工程进度款逐月计算；(4)工程保修金为建筑安装工程造价的5%，保修期半年；(5)材料价差调整按规定进行(按有关规定上半年材料价差上调10%，在6月份一次调增)。

工程各月实际完成产值如表5.7所示。

表5.7 实际完成产值表

月 份	2	3	4	5	6
完成产值/万元	55	110	165	220	110

试问：

(1)通常工程竣工结算的前提是什么？

(2)该工程的预付备料款、起扣点为多少？

(3)该工程1至5月，每月拨付工程进度款为多少？累计工程进度款为多少？

(4)6月份办理工程竣工结算，该工程结算总造价为多少？发包人应付工程尾款为多少？

(5)该工程在保修期间发生屋面漏水，发包人多次催促承包人修理，承包人一再拖延，最后发包人另请施工单位修理，修理费1.5 万元，该项费用如何处理？

【解】 (1)工程竣工结算的前提是竣工验收报告被批准。

(2)预付备料款及起扣点计算：

①预付备料款：660 万元 × 20% = 132 万元

②起扣点：660 万元 × (1 − 20% ÷ 60%) = 440 万元

(3)每月应拨付工程进度款及累计工程进度款：

2 月，工程进度款55 万元，累计工程进度款55 万元

3 月，工程进度款110 万元，累计工程进度款165 万元

4 月，工程进度款165 万元，累计工程进度款330 万元

5 月,工程进度款 220 万元 – (220 万元 + 330 万元 – 440 万元) × 60% = 154 万元

累计工程进度款 484 万元

(4)工程结算总造价及应付工程尾款:

工程结算总造价为:660 万元 + 660 万元 × 0.6 × 10% = 699.6 万元

发包人应付工程尾款 699.6 万元 – 484 万元 – (699.6 万元 × 5%) – 132 万元 = 48.62 万元

(5)1.5 万元维修费应从承包人(承包方)的保修金中扣除。

· 5.3.5　工程价款中的价差调整方法 ·

1)考虑工程价款中动态因素的重要意义

在经济发展过程中,物价水平是动态和不断变化的,有时上涨快,有时上涨慢,有时甚至表现为下降。

工程建设项目中合同周期较长的项目,随着时间的推移,经常要受到物价浮动等多种因素的影响,其中主要是人工费、材料费、施工机械费、运费等因素的动态影响。但是,我国现行工程价款的结算基本上是按照设计预算价值,以预算定额单价和各地方建设工程造价管理部门公布的调价文件为依据进行的,在结算中对价格波动等动态因素考虑不足,致使承包商(或业主)遭受损失。为了避免这一现象,有必要在工程价款结算中充分考虑动态因素,也就是要把多种动态因素纳入到结算过程中认真加以计算,使工程价款结算能够基本上反映工程项目的实际消耗费用。这对避免承包商(或业主)遭受不必要的损失,获取必要的调价补偿,从而维护合同双方的正当权益是十分必要的。

2)调整工程价款价差的主要方法

工程价款价差调整的方法有建设工程造价指数调整法、实际价格调整法、调整文件计算法、调值公式法等。下面分别加以介绍。

(1)建设工程造价指数调整法

这种方法是甲乙双方采取当时的预算(或概算)定额单价计算出承包合同价,待竣工时,根据合理的工期及当地建设工程造价管理部门所公布的该月度(或季度)的建设工程造价指数,对原承包合同价予以调整,重点调整那些由于实际人工费、材料费、施工机械费等费用上涨及工程变更因素造价的价差,并对承包商给以调价补偿。

$$调整后的工程价款 = 工程合同价 \times \frac{竣工时工程造价指数}{签订合同时工程造价指数}$$

【例 5.8】　某市某建筑公司承建一职工宿舍楼(框架结构),工程合同价款 500 万元,1996 年 1 月签订合同并开工,1996 年 10 月竣工,采用建设工程造价指数调整法予以动态结算,求价差调整的款额应为多少?

【解】　从《某市建筑工程造价指数表》查得:宿舍楼(框架结构)1996 年 1 月的造价指数为 100.02,1996 年 10 月的造价指数为 100.27,运用下列公式:

$$500 \text{ 万元} \times \frac{100.27}{100.02} = 501.25 \text{ 万元}$$

此工程价差调整额为 1.25 万元。

（2）实际价格调整法

在我国,有些地区规定对钢材、木材、水泥三大材的价格采取按实际价格结算的办法。工程承包商要凭发票按实报销。这种方法方便而正确。但由于是实报实销,因而承包商对降低成本不感兴趣,为了避免副作用,地方基建主管部门要定期公布最高结算限价,同时合同文件中应规定建设单位或工程师有权要求承包商选择更廉价的供应来源。

（3）调价文件计算法

这种方法是甲乙双方采取按当时的预算价格承包,在合同工期内,按照造价管理部门调价文件的规定进行抽料补差,在同一价格期内按所完成的材料用量乘以价差。也有的地方定期发布主要材料供应价格和管理价格,对这一时期的工程进行抽料补差。

（4）调值公式法

根据国际惯例,对建设项目工程价款的动态结算一般是采用此法。事实上,在绝大多数国际工程项目中,甲乙双方在签订合同时就明确列出这一调值公式,并以此作为价差调整的计算依据。

建筑安装工程费用价格调值公式一般包括固定部分、材料部分和人工部分。但当建筑安装工程的规模和复杂性增大时,公式也变得更为复杂。调值公式一般为:

$$P = P_0 \left(a_0 + a_1 \times \frac{A}{A_0} + a_2 \times \frac{B}{B_0} + a_3 \times \frac{C}{C_0} + a_4 \times \frac{D}{D_0} \right)$$

式中　P——调值后合同价款或工程实际结算款;

P_0——合同价款中工程预算进度款;

a_0——固定要素,代表合同支付中不能调整的部分;

$a_1, a_2, a_3, a_4, \cdots$——代表有关各项费用(如:人工费用、钢材费用、水泥费用、运输费等)在合同总价中所占的比例,$a_0 + a_1 + a_2 + a_3 + a_4 = 1$;

$A_0, B_0, C_0, D_0, \cdots$——投标截止日期前 28 天与 $a_1, a_2, a_3, a_4, \cdots$ 对应的各项费用的基期价格指数或价格;

$A, B, C, D, \cdots$——在工程结算月份与 $a_1, a_2, a_3, a_4, \cdots$ 对应的各项费用的现行价格指数或价格。

在运用这一调值公式进行工程价款差调整中要注意如下几点:

①固定要素通常的取值在 0.15 ~ 0.35。固定要素对调价的结果影响很大,它与调价余额成反比关系。固定要素相当微小的变化,隐含着在实际调价时很大的费用变动。所以,承包商在调值公式中采用的固定要素取值要尽可能偏小。

②调值公式中有关的各项费用,按一般国际惯例,只选择用量大、价格高且具有代表性的一些典型人工费和材料费,通常是大宗的水泥、砂石料、钢材、木材、沥青等,并且它们的价格指数变化综合代表材料费的价格变化,以便尽量与实际情况接近。

③各部分成本的比例系数,在许多招标文件中要求承包商在投标中提出,并在价格分析中予以论证。但有的是由发包方(业主)在招标文件中规定一个允许范围,由投标人在此范围内选定。例如,鲁布革水电站工程的标书即对外币支付项目各费用比例系数范围做了如下规定:外籍人员工资 0.10 ~ 0.20;水泥 0.10 ~ 0.16;钢材 0.09 ~ 0.13;设备 0.35 ~ 0.48;海上运输 0.04 ~ 0.08;固定系数 0.17。并规定允许投标人根据其施工方法在上述范围内选用具体系数。

④调整有关各项费用与合同条款规定相一致。例如,签订合同时,甲乙双方一般应商定调整的有关费用和因素,以及物价波动到何种程度才进行调整。在国际工程中,一般在±5%以上才进行调整。如有的合同规定,在应调整金额不超过合同原始价5%时,由承包方自己承担;在5%~20%时,承包方负担10%,发包方(业主)负责90%;超过20%时,则必须另行签订附加条款。

⑤调整有关各项费用应注意地点与时点。地点一般指工程所在地或指定的某地市场价格。时点指的是某月某日的市场价格。这里要确定两个时点价格,即签订合同时的时点价格(基础价格)和每次支付前的一定时间的时点价格。这两个时点就是计算调价的依据。

⑥确定每个品种的系数和固定要素系数。品种的系数要根据该品种价格对总造价的影响程度而定。各品种系数之和加上固定要素系数应该等于1。

【例5.9】 某地某土建工程,合同规定结算款为100万元,合同原始报价日期为1995年3月,工程于1996年5月建成交付使用。根据表5.8所列工程人工费、材料费构成比例及有关造价指数,计算工程实际结算款。

表5.8 工程人工费、材料构成比例及有关造价指数

项 目	人工费	钢材	水泥	集料	一级红砖	砂	木材	不调值费用
比例/%	45	11	11	5	6	3	4	15
1995年3月指数	100	100.8	102.0	93.6	100.2	95.4	93.4	—
1996年5月指数	110.1	98.0	112.9	95.9	98.9	91.1	117.9	—

【解】 实际结算价款 $= 100$ 万元 $\times \left(0.15 + 0.45 \times \dfrac{110.1}{100} + 0.11 \times \dfrac{98.0}{100.08} + 0.11 \times \dfrac{112.9}{102.0} + \right.$

$\left. 0.05 \times \dfrac{95.9}{93.6} \right) + 100$ 万元 $\times \left(0.06 \times \dfrac{98.9}{100.2} + 0.03 \times \dfrac{91.1}{95.4} + 0.04 \times \right.$

$\left. \dfrac{117.9}{93.4} \right) = 106.4$ 万元

总之,通过调值,1996年5月实际结算的工程价款为106.4万元,比原始合同价多结6.4万元。

·5.3.6 设备、工器具和材料价款的支付与结算·

1)国内设备、工器具和材料价款的支付与结算

(1)国内设备、工器具价款的支付与结算

按照我国现行规定,银行、单位和个人办理结算都必须遵守的结算原则:一是恪守信用,及时付款;二是谁的钱进谁的账,由谁支配;三是银行不垫款。

建设单位对订购的设备、工器具,一般不预付定金,只对制造期在半年以上的大型专用设备和船舶的价款,按合同分期付款。如上海市对大型机械设备结算进度规定为:当设备开始制造时,收取20%货款;设备制造进行60%时收取40%货款;设备制造完毕托运时,再收取40%货款。有的合同规定,设备购置方扣留5%的质量保证金,待设备运抵现场验收合格或质量保证期届满时再返还质量保证金。

（2）国内材料价款的支付与结算

建筑安装工程承发包双方的材料往来，可以按以下方式结算：

①由承包单位自行采购建筑材料的，发包单位可以在双方签订工程承包合同后按年度工作量的一定比例向承包单位预付备料款，并应在 1 个月内付清。备料款的预付额度，建筑工程一般不应超过当年建筑（包括水、电、暖、卫等）工作量的 30%，大量采用预制构件以及工期在 6 个月以内的工程，可以适当增加；安装工程一般不应超过当年安装工程量的 10%，安装材料用量较大的工程，可以适当增加。

预付的备料款，可从竣工前未完工程所需材料价值相当于预付备料款额度时起，在工程价款结算时按材料款占结算价款的比重陆续抵扣，也可按有关文件规定办理。

②按工程承包合同规定，由承包方包工包料的，则由承包方负责购货付款，并按规定向发包方收取备料款。

③按工程承包合同规定，由发包单位供应材料的，其材料可按材料预算价格转给承包单位。材料价款在结算工程款时陆续抵扣。这部分材料，承包单位不应收取备料款。

凡是没有签订工程承包合同和不具备施工条件的工程，发包单位不得预付备料款，不准以备料款为名转移资金。承包单位收取备料款后 2 个月仍不开工或发包单位无故不按合同规定付给备料款的，开户银行可以根据双方工程合同的约定分别从有关单位账户中收回或付出备料款。

2）进口设备、工器具和材料价款的支付与结算

进口设备分为标准机械设备和专制设备两类。标准机械设备系指通用性广泛、供应商（厂）有现货，可以立即提交的货物。专制设备是指要求业主提交的定制设备图纸专门为该业主制造的设备。

（1）标准机械设备的结算

标准机械设备的结算，大都使用国际贸易广泛使用的不可撤销的信用证。这种信用证在合同生效之后一定日期由买方委托银行开出，经买方认可的卖方所在地银行为议付银行。以卖方为收款人的不可撤销的信用证，其金额与合同总额相等。

①标准机械设备首次合同付款。当采购货物已装船，卖方提交下列文件和单证后，即可支付合同总价的 90%。

a. 由卖方所在国的有关当局颁发的允许卖方出口合同货物的出口许可证，或不需要出口许可证的证明文件；

b. 由卖方委托买方认可的银行出具的以买方为受益人的可撤销保函。担保金额与首次支付金额相等；

c. 装船的海运提单；

d. 商业发票副本；

e. 由制造厂（商）出具的质量证书副本；

f. 详细的装箱单副本；

g. 向买方信用证的出证银行开出以买方为受益人的即期汇票；

h. 相当于合同总价形式的发票。

②最终合同付款。机械设备在保证期截止时，卖方提交下列单证后支付合同总价的尾款，一般为合同总价的 10%。

a. 说明所有货物无损、无遗留问题、完全符合技术规范要求的证明书；

b. 向出证行开出以买方为受益人的即期汇票；

c. 商业发票副本。

③支付货币与时间。

a. 合同付款货币：买方以卖方在投标书标价中说明的一种或几种货币，和卖方在投标书中说明在执行合同中所需的一种或几种货币比例进行支付。

b. 付款时间：每次付款在卖方所提供的单证符合规定之后，买方须从卖方提出日期的一定期限内（一般 45 天内），将相应的货款付给卖方。

（2）专制机械设备的结算

专制机械设备的结算一般分为三个阶段，即预付款、阶段付款和最终付款。

①预付款。一般专制机械设备的采购，在合同签订后开始制造前，由买方向卖方提供合同总价的 10% ~20% 的预付款。

预付款一般在提出下列文件和单证后进行支付：

a. 由卖方委托银行出具以买方受益人的不可撤销的保函，担保金额与预付款货币金额相等；

b. 相当于合同总价形式的发票；

c. 商业发票；

d. 由卖方委托的银行向买方的指定银行开具由买方承兑的即期汇票。

②阶段付款。按照合同条款，当机械制造开始加工到一定阶段，可按设备合同价一定的百分比进行付款。阶段的划分是当机械设备加工制造到关键部位时进行一次付款，到货物装船买方收货验收后再付一次款。每次付款都应在合同条款中作较详细的规定。

机械设备制造阶段付款一般条件如下：

a. 当制造工序达到合同规定的阶段时，制造厂应以电传或信件通知业主；

b. 开具经双方确认完成工作量的证明书；

c. 提交以买方为受益人的所完成部分保险发票；

d. 提交商业发票副本。

机械设备装运付款，包括成批订货分批装运的付款，应由卖方提供下列文件和单证：

a. 有关运输部门的收据；

b. 交运合同货物相应金额的商业发票副本；

c. 详细的装箱单副本；

d. 由制造厂（商）出具的质量和数量证书副本；

e. 原产国证书副本；

f. 货物到达买方验收合格后，当事双方签发的合同货物验收合格证书副本。

③最终付款。最终付款指在保证期结束时的付款。付款时应提交：

a. 商业发票副本；

b. 全部设备完好无损，所有待修缺陷及待办的问题，均已按技术规范说明圆满解决后的合格证副本。

（3）利用出口信贷方式支付进口设备、工器具和材料价款

对进口设备、工器具和材料价款的支付，我国还经常利用出口信贷的形式。出口信贷根据借款的对象分为卖方信贷和买方信贷。

①卖方信贷是卖方将产品赊销给买方，规定买方在一定时期内延期或分期付款。卖方通过向本国银行申请出口信贷，来填补占用的资金。其过程如图 5.7 所示。

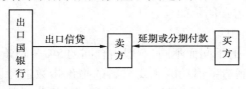

图 5.7　卖方信贷示意图

采用卖方信贷进行设备、工器具、材料结算时，一般是在签订合同后先预付 10% 定金，在最后一批货物装船后再付 10%，在货物运抵目的地并经验收后付 5%，待质量保证期届满时再付 5%，剩余的 70% 货款应在全部交货后规定的若干年内一次或分期付清。

②买方信贷有两种形式：一种是由产品出口国银行把出口信贷直接贷给买方，买卖双方以即期现汇成交，其过程如图 5.8 所示。例如，在进口设备材料时，买卖双方签订贸易协议后，买方先付 15% 左右的定金，其余货款由卖方银行贷给买方，再由买方按现汇付款条件支付给卖方。此后，买方分期向卖方银行偿还贷款本息。另一种形式是由出口国银行把出口信贷给进口国银行，再由进口国银行转贷给买方，买方用现汇支付货款，进口国银行分期向出口国银行偿还借款本息。其过程如图 5.9 所示。

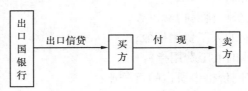

图 5.8　买方信贷（出口国银行直接贷款给进口商）示意图

图 5.9　买方信贷（出口国银行借款给进口国银行）示意图

3）设备、工器具和材料价款的动态结算

①设备、工器具和材料价款的动态结算主要是依据国际上流行的货物及设备价格调值公式来计算，即：

$$P_1 = P_0 \left(a + b \times \frac{M_1}{M_0} + c \times \frac{L_1}{L_0} \right)$$

式中　P_1——应付给供货人的价格或结算款；

　　　　P_0——合同价格（基价）；

　　　　M_0——原料的基本物价指数，取投标截止前 28 天的指数；

L_0——特定行业人工成本的基本指数,取投标截止日期前 28 天的指数;

M_1,L_1——在合同执行时的相应指数;

a ——代表管理费用和利润占合同的百分比,这一比例是不可调整的,因而称之为"固定成分";

b——代表原料成本占合同价的百分比;

c——代表人工成本占合同价的百分比。

上式中,$a + b + c = 1$,其中:

a 的数值可因货物性质的不同而不同,一般占合同的 5% ~ 15% 。

b 是通过设备、工器具制造中消耗的主要材料的物价指数进行调整的。如果主要材料是钢材,但也需要铜螺丝、轴承和涂料等,那么也仅以钢材的物价指数来代表所有材料的综合物价指数;如果有二三种主要材料,其价格对成品的总成本都是关键因素,则可把材料物价指数再细分成二三个子成本。

c 通常是根据整个行业的物价指数调整的(例如机床行业)。在极少数情况下,将人工成本 c 分解成二三个部分,通过不同的指数来进行调整。

②对于有多种主要材料和成分构成的成套设备合同,则可采用更为详细的公式进行逐项的计算调整:

$$P_1 = P_0 \left(a + b \times \frac{M_{S1}}{M_{S0}} + c \times \frac{M_{C1}}{M_{C0}} + d \times \frac{M_{P1}}{M_{P0}} + e \times \frac{L_{E1}}{L_{E0}} + f \times \frac{L_{P1}}{L_{P0}} \right)$$

式中 M_{S1}/M_{S0}——钢板的物价指数;

M_{C1}/M_{C0}——电解铜的物价指数;

M_{P1}/M_{P0}——塑料绝缘材料的物价指数;

L_{E1}/L_{E0}——电气工业的人工费用指数;

L_{P1}/L_{P0}——塑料工业的人工费用指数;

a——固定成分在合同价格中所占的百分比;

b,c,d——每类材料成分的成本在合同价格中所占的百分率;

e,f——每类人工成分的成本在合同价格中所占的百分率。

· 5.3.7 FIDIC 合同条件下工程价款的支付与结算 ·

1)工程结算的范围和条件

(1)工程结算的范围

FIDIC 合同条件所规定的工程结算的范围主要包括两部分,如图 5.10 所示。一部分费用是工程量清单中的费用,这部分费用是承包商在投标时,根据合同条件有关规定提出的报价,并经业主认可的费用;另一部分费用是工程量清单以外的费用,这部分费用虽然在工程量清单中没有规定,但是在合同条件中却有明确的规定。因此它也是工程结算的一部分。

(2)工程结算的条件

①质量合格是工程的必要条件。结算以工程计量为基础,计量必须以质量合格为前提。所以,并不是对承包商已完工程的全部支付,而只支付其中质量合格的部分,对于工程质量不合格的部分一律不予支付。

②符合合同条件。一切结算均需要符合合同规定的要求,例如:承包预付款的支付款额要

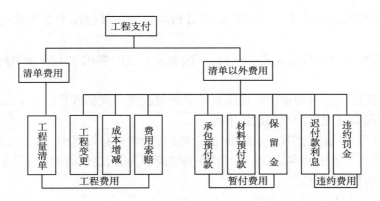

图 5.10　工程结算的范围

符合标书附件中规定的数量,支付的条件应符合合同条件的规定,即承包商提供履约保函和承包预付款保函之后才予以支付承包预付款。

③变更项目必须有工程师的变更通知。FIDIC 合同条件规定,没有工程师的指示,承包商不得作任何变更。如果承包商没有收到指示就进行变更的话,他无理由就此类变更的费用要求补偿。

④支付金额必须大于临时支付证书规定的最小限额。合同条件规定,如果在扣除保留金和其他金额之后的净额少于投标书附件中规定的临时支付证书的最小限额时,工程师没有义务开具任何支付证书。不予支付的金额将按月结转,直到达到或超过最低限额时才予以支付。

⑤承包商的工作使工程师满意。为了确保工程师在工程管理中的核心地位,并通过经济手段约束承包商履行合同中规定的各项责任和义务,合同条件充分赋予了工程师有关支付方面的权力。对于承包商申请支付的项目,即使达到以上所述的支付条件,但承包商其他方面的工作未能使工程师满意,工程师可通过任何临时证书对他所签发的任何原有的证书进行任何修正或更改,也有权在任何临时证书中删去或减少该工作的价值。所以,承包商的工作使工程师满意,也是工程价款支付的重要条件。

2)工程支付的项目与要求

(1)工程量清单项目与要求

工程量清单项目分为一般项目、暂定金额和计日工三种。

①一般项目是指工程量清单中除暂定金额和计日工以外的全部项目。这类项目的支付是以经过工程师计量的工程数量为依据,乘以工程量清单中的单价,其单价一般是不变的。这类项目的支付占了工程费用的绝大部分,工程师应给予足够的重视。这种支付程序比较简单,一般通过签发期中支付证书支付工程进度款。

②暂定金额是指包括在合同中,供工程任何部分的施工,提供货物、材料、设备、服务,提供不可预料事件费用的一项金额。这项金额按照工程师的指示可能全部或部分使用,甚至根本不予动用。没有工程师的指示,承包商不能进行暂定金额项目的任何工作。

承包商按照工程师的指示完成的暂定金额项目的费用,若能按工程量表中开列的费率和价格则按此估价,否则承包商应向工程师出示暂定金额开支有关的所有报价单、发票、凭证、账单或收据。工程师根据上述资料,按照合同的规定,确定支付金额。

③使用计日工费用的计算一般采用下述方法:

a. 按合同中包括的计日工作表中所定项目和承包商在其投标书中所确定的费率和价格计算;

b. 对于工程量清单中没有定价的项目,应按实际发生的费用加上合同中规定的费率计算有关的费用。

所以,承包商应向工程师提供可能需要的证实付款额的收据或其他凭证,并且在订购材料之前,向工程师提交订货报价单供他批准。

对这类按计日工实施的工程,承包商应在该工程持续进行过程中,每天向监理工程师提交从事该工作的所有工人的姓名、工种和工时的确切清单,同时提供表明该项工程所用和所需材料、设备的种类和数量的报表。

(2)工程量清单以外项目与要求

①动员预付款。动员预付款是业主借给承包商进驻施工现场和工程施工准备用款。预付款额度的大小,是承包商在投标时,根据业主规定的额度范围(一般为合同价的 5% ~10%)和承包商本身资金的情况,提出预付款的额度,并在标书附录中予以明确。

动员预付款的付款条件是:业主和承包商签订合同协议书;提供了履约押金或履约保函;提供动员预付款保函。动员预付款保函是不可撤销的无条件的银行保函,担保金额与预付款金额相等,并应在业主收回全部动员预付款之前一直有效。但上述银行担保的金额,应随动员预付款的逐次回收而减少。

在承包商完成上述三个条件的 14 天内,由工程师向业主提交动员预付款证书。业主收到工程师提交的支付动员预付款证书后,在合同规定的时间内,按规定的外币比例进行支付。

动员预付款相当于业主给承包商的无息贷款。按照合同规定,当承包商的工程进度款累计金额超过合同价格的 10% ~20% 时开始扣回,至合同规定的竣工日期前 3 个月全部扣清。用这种方法扣回预付款,一般采用按月等额均摊的办法。如果某一个月支付证书的数额少于应扣数,其差额可转入下一次扣回。扣回预付款的货币应与业主付款的货币相同。

②材料、设备的预付款。材料、设备预付款是指运至工地尚未用于工程的材料、设备预付款。对承包商买进并运至工地的材料、设备,业主应支付无息预付款,预付款按材料、设备款的某一比例(通常为材料发票价的 70% ~80%,设备发票价的 50% ~60%)支付。在支付材料设备预付款时,承包商需提交材料、设备供应合同或订货合同的影印件,要注明所供应材料的性质和金额等主要情况;材料已运到工地并经工程师认可其质量和储存方式。

材料、设备预付款按合同中规定的条款从承包商应得的工程款中分批扣除。扣除次数和各次扣除金额随工程性质不同而异,一般要求在合同规定的完工日期前至少 3 个月扣清,最好是材料、设备一用完,该材料、设备的预付款即扣还完毕。

③保留金。保留金是为了确保在施工阶段,或在缺陷责任期间,由于承包商未能履行合同义务,由业主(或工程师)指定他人完成应由承包商承包的工作所发生的费用。FIDIC 合同条件规定,保留金的款额为合同总价的 5%,从第一次付款证书开始,按期中支付工程款的 10% 扣留,直到累计扣留达到合同总额的 5% 止。

保留金的退还一般分两次进行。当颁发整个工程的移交证书时,将一半保留金退还给承包商;当工程的缺陷责任期满时,另一半保留金将由工程师开具证书付给承包商。如果签发的移交证书,仅是永久工程的某一区段或部分的移交证书时,则退还的保留金仅是移交部分的保留金的一半。如果工程的缺陷责任期满时,承包商仍有未完工作,则工程师有权在剩余工程完成之前扣发他认为与需要完成的工程费用相应的保留金余款。

④工程变更的费用。工程变更也是工程支付中的一个重要项目。工程变更费用的支付依据是工程变更令和工程师对变更项目所确定的变更费用,支付时间和支付方式也是列入期中支付证书予以支付。

⑤索赔费用。索赔费用的支付依据是工程师批准的索赔审批书及其计算而得的款额;支付时间则随工程月进度款一并支付。

⑥价格调整费用。价格调整费用是按照 FIDIC 合同条件第 70 条规定的计算方法计算调整的款额。包括施工过程中出现的劳务和材料费用的变更,后继法规及其他政策的变化导致的费用变更等。

⑦迟付款利息。按照合同规定,业主未能在合同规定的时间内向承包商付款,则承包商有权收取迟付款利息。合同规定业主应付款的时间是在收到工程师颁发的临时付款证书的 28 天内或最终证书的 56 天内支付。如果业主未能在规定的时间支付,则业主应在迟付款终止后的第一个月的付款证书中予以支付。

⑧违约罚金。对承包商的违约罚金主要包括拖延工期的误期赔偿和未履行合同义务的罚金。这类费用可从承包商的保留金中扣除,也可从支付给承包商的款项中扣除。

3)工程价款结算程序

(1)承包商提出付款申请

工程费用支付的一般程序是首先由承包商提出付款申请,填报一系列工程师指定格式的月报表,说明承包商认为这个月他应得的有关款项,包括:

a.已实施的永久工程的价值;

b.工程量表中任何其他项目,包括承包商的设备、临时工程、计日工及类似项目;

c.主要材料及承包商在工地交付的准备为永久工程配套而尚未安装的设备发票价格的一定百分比;

d.价格调整;

e.按合同规定承包商有权得到的任何其他金额。

承包商的付款申请将作为付款证书的附件,但它不是付款的依据,工程师有权对承包商的付款申请做出任何方面的修改。

(2)工程师审核,编制期中付款证书

工程师对承包商提交的付款申请进行全面审核,修正或删除不合理的部分,计算付款净金额。计算付款净金额时,应扣除该月应扣除的保留金、动员预付款、材料设备预付款、违约罚金等。若净金额小于合同规定的临时支付的最小限额时,则工程师不需开具任何付款证书。

(3)业主支付

业主收到工程师签发的付款证书后,按合同规定的时间支付给承包商。

5.4 资金计划的编制和控制

·5.4.1 资金计划的编制·

1)控制资金计划对建设工程造价具有重要影响

资金计划的编制与控制在整个建设管理中处于重要而独特的地位,它对建设工程造价的重要影响表现在以下几方面:

①通过编制资金计划,合理确定建设工程造价的总目标值和各阶段目标值,使建设工程造价的控制有章可循,并为资金的筹集与协调打下基础;如果没有明确的造价控制目标,就无法把工程项目实际支出额与之进行比较,也就不能找出偏差,从而使控制措施缺乏针对性。

②通过资金计划的科学编制,可以对未来工程项目的资金使用和进度控制有所预测,消除不必要的资金浪费和进度失控,也能够避免在今后工程项目中由于缺乏依据而进行轻率判断,从而造成不必要的损失,减少了盲目性,增加了自觉性,使现有资金充分发挥作用。

③在建设项目的进行过程中,通过资金计划的严格执行,可以有效地控制建设工程造价上升,最大限度地节约投资,提高投资效益。

④对脱离实际的建设工程造价目标值和资金计划,应在科学评估的前提下,允许修订和修改,使建设工程造价更加趋于合理,从而保障建设单位和承包商各自的合法利益。

2)资金计划的编制

(1)按不同子项目编制资金计划

一个建设项目往往由多个单项工程组成,每个单项工程还可能由多个单位工程组成,而单位工程总是由若干分部分项工程组成。按不同子项目划分资金的使用,进而做到合理分配。工程项目划分的粗细程度应根据实际需要而定。在实际工作中,总投资目标按项目分解只能分到单项工程或单位工程,如果再进一步分解投资目标,就难以保证分目标的可靠性。

一般来说,将投资目标分解到各单项工程和单位工程是比较容易办到的,结果也是比较合理可靠的。按这种方式分解时,不仅要分解建筑工程费用,而且要分解安装工程、设备购置以及工程建设其他费用。这样分解将有助于检查各项具体投资支出对象是否明确和落实,并可从数字上校核分解的结果有无错误。

(2)按时间进度编制资金计划

建设项目的投资总是分阶段、分期支出的,资金应用是否合理与资金时间安排有密切关系。为了编制资金计划,并据此筹措资金,尽可能减少资金占用和利息支出,有必要将总投资目标按使用时间进行分解,确定分目标值。

按时间进度编制的资金计划,通常可利用项目进度网络图进一步扩充后得到。利用网络图控制时间和投资,要求在拟订工程项目计划执行时,一方面要确定完成某项施工活动所花的时间,另一方面也要确定完成这一工作的合适支出预算。

利用确定的网络计划便可计算各项活动的最早及最迟开工时间,获得项目进度计划的甘特图。在甘特图的基础上便可编制按时间进度划分的投资支出预算,进而绘制时间-投资累计曲线（S形曲线）。时间-投资累计曲线的绘制步骤如下：

①确定工程进度计划，编制进度计划的甘特图。

②根据每单位时间内完成的实物工程量或投入的人力、物力和财力，计算单位时间（月或旬）的投资，如表5.9所示。

表5.9　按月编制的资金计划表

月　份	1	2	3	4	5	6	7	8	9	10	11	12
投资/万元	100	200	300	500	600	800	800	700	600	400	300	200

③计算规定时间 t 计划累计完成的投资额，其计算方法为：各单位时间计划完成的投资额累计求和，可按下式计算：

$$Q_t = \sum_{n=1}^{t} q_n$$

式中　Q_t——某时间 t 计划累计完成投资额；

　　　q_n——单位时间 n 的计划完成投资额；

　　　t——规定的计划时间。

④按各规定时间的 Q_t 值，绘制S形曲线，如图5.11所示。

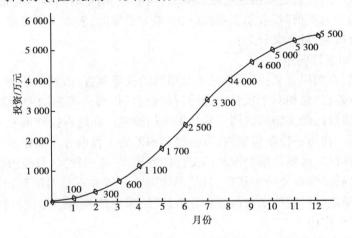

图5.11　时间—投资累计曲线（S曲线）

第1条S形曲线都是对应某一特定的工程进度计划。进度计划的非关键路线中存在许多有时差的工序或工作，因而S形曲线（投资计划值曲线）必然包括在由全部活动都按最早开工时间开始和全部活动都按最迟必须开工时间开始的曲线所组成的"香蕉图"内，如图5.12所示。其中：a 是所有活动按最迟开始时间开始的曲线；b 是所有活动按最早开始时间开始的曲线。建设单位可根据编制的投资支出预算来合理安排资金，同时建设单位也可以根据筹措的建

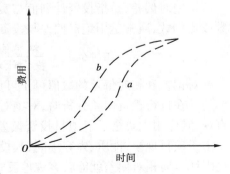

图5.12　投资计划值的香蕉图

设资金来调整 S 形曲线,即通过调整非关键路线上的工序项目最早或最迟开工时间,力争将实际的投资支出控制在预算的范围内。

一般而言,所有活动都按最迟时间开始,对节约建设资金贷款利息是有利的,但同时也降低了项目按期竣工的保证率,因此必须合理地确定投资支出预算,达到既节约投资支出,又控制项目工期的目的。

· 5.4.2 投资偏差分析与纠正 ·

1)投资偏差的概念和程度

投资偏差指投资计划值与实际值之间存在差异,即:

$$投资偏差 = 已完工程实际投资 - 已完工程计划投资$$

上式中结果为正表示投资增加,结果为负表示投资节约。与投资偏差密切相关的是进度偏差,如果不加考虑就不能正确反映投资偏差的实际情况。所以,有必要引入进度偏差的概念。

$$进度偏差 = 已完工程实际时间 - 已完工程计划时间$$

为了与投资偏差联系起来,进度偏差也可表示为:

$$进度偏差 = 拟完工程计划投资 - 已完工程计划投资$$

所谓拟完工程计划投资是指根据进度计划安排在某一确定时间内所应完成的工程内容的计划投资。进度偏差为正值时,表示工期拖延;结果为负值时,表示工期提前。

在投资偏差分析时,具体又分为:

(1)局部偏差和累计偏差

所谓局部偏差,有两层含义:一是相对于总项目的投资而言,指其中单项工程、单位工程和分部分项工程的偏差;二是相对于项目实施的时间而言,指每一控制周期所发生的投资偏差。累计偏差,则是在项目已经实施的时间内累计发生的偏差。在进行投资偏差分析时,对这两种偏差都要进行分析。在每一控制周期内,发生局部偏差的工程内容及其原因一般都比较明确,分析结果也就比较可靠,而累计偏差涉及的工程内容较多、范围较大,且原因也较复杂,因而累计偏差分析必须以局部偏差分析为基础,但是累计偏差分析并不是对局部偏差分析的简单汇总,而需要对局部偏差分析的结果进行综合分析,其结果更能显示规律性,对投资控制工作在较大范围内具有指导作用。

(2)绝对偏差和相对偏差

所谓绝对偏差,是指投资计划值与实际值比较所得差额。相对偏差,则是指投资偏差的相对数或比例数,通常是用绝对偏差与投资计划值的比值来表示,即:

$$相对偏差 = \frac{绝对偏差}{投资计划值} = \frac{投资实际值 - 投资计划值}{投资计划值}$$

绝对偏差和相对偏差的数值可正可负,且两者符号相同,正值表示投资增加,负值表示投资节约。在进行投资偏差分析时,对绝对偏差和相对偏差都要进行计算。绝对偏差的结果比较直观,其作用主要是了解项目投资偏差的绝对数额,指导调整资金支出计划和资金筹措计划。由于项目规模、性质、内容不同,其投资总额会有很大差异,因此,绝对偏差就显得有一定的局限性。而相对偏差就能较客观地反映投资偏差的严重程度或合理程度,从对投资控制工作的要求来看,相对偏差比绝对偏差更有意义,应当给予更高的重视。

2)偏差的分析方法

常用的偏差分析方法有横道图法、表格法和曲线法。

(1)横道图法

用横道图进行投资偏差分析,是用不同的横道标识已完工程计划投资和实际投资以及拟完工程计划投资,横道的长度与其数额成正比。投资偏差和进度偏差数额可以用数字或横道表示,而产生投资偏差的原因则应经过认真分析后填入,如表5.10所示。

表5.10 投资偏差分析表(横道图法)

项目编码	项目名称	投资参数数额/万元	投资偏差/万元	进度偏差/万元	原 因
011	土方工程	70 50 60	10	-10	
012	打桩工程	80 66 100	-20	-34	
013	基础工程	80 80 60	20	20	
	合计	230 196 220	10	-24	

图例: ▬▬▬ 已完工程实际投资   ▬▬ 拟完工程计划投资   •••••• 已完工程计划投资

横道图的优点是简单直观,便于了解项目投资的概貌,但这种方法的信息量较少,主要反映累计偏差和局部偏差,因而其应用有一定的局限性。

(2)表格法

表格法是进行偏差分析最常用的一种方法,可以根据项目的具体情况、数据来源、投资控制工作的要求等条件来设计表格,因而适用性较强。表格法的信息量大,可以反映各种偏差变量和指标,对全面深入地了解项目投资的实际情况非常有益。另外,表格法还便于用计算机辅助管理,提高投资控制工作的效率,如表5.11所示。

表5.11 投资偏差分析表

项目编码	(1)	011	012	013
项目名称	(2)	土方工程	打桩工程	基础工程
单位	(3)			
计划单价	(4)			
拟完工程量	(5)			
拟完工程计划投资	(6)=(4)×(5)	50	66	80
已完工程量	(7)			
已完工程计划投资	(8)=(4)×(7)	60	100	60
实际单价	(9)			
其他款项	(10)			
已完工程实际投资	(11)=(7)×(9)+(10)	70	80	80

续表

投资局部偏差	$(12)=(11)-(8)$	10	-20	20
投资局部偏差程度	$(13)=(11)\div(8)$	1.17	0.8	1.33
投资累计偏差	$(14)=\sum(12)$			
投资累计偏差程度	$(15)=\sum(11)\div\sum(8)$			
进度局部偏差	$(16)=(6)-(8)$	-10	-34	20
进度局部偏差程度	$(17)=(6)\div(8)$	0.83	0.66	1.33
进度累计偏差	$(18)=\sum(16)$			
进度累计偏差程度	$(19)=\sum(6)\div\sum(8)$			

(3)曲线法

曲线法是用投资时间曲线进行偏差分析的一种方法。在用曲线法进行偏差分析时,通常有三条投资曲线,即已完成工程实际投资曲线 a,已完工程计划投资曲线 b 和拟完工程计划投资曲线 p,如图 5.13 所示,图中曲线 a 与 b 的竖向距离表示投资偏差,曲线 p 的水平距离表示进度偏差。图中所反映的是累计偏差,而且是绝对偏差。用曲线法进行偏差分析,具有形象直观的优点,但不能直接用于定量分析,如果能与表格法结合起来,则会取得较好的效果。

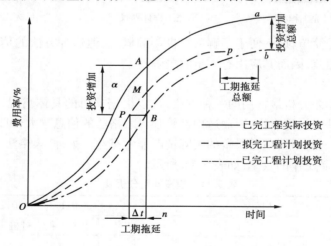

图 5.13　3 种投资—进度曲线

3)偏差的原因和类型

(1)偏差原因

进行偏差分析,不仅要了解"已经发生了什么",而且要知道"为什么会发生这些偏差",即找出引起偏差的具体原因,从而采取有针对性的措施,进行有效的造价控制。因此,客观全面地对偏差原因进行分析是偏差分析的一个重要任务。

要进行偏差分析,首先应将各种可能导致偏差的原因一一列举出来,并加以适当分类。对偏差原因分类时,不能过于笼统,否则就不能准确地分清每种原因在投资偏差中的"贡献";也不宜过于具体,否则会使分析结果缺乏综合性和一般性。需要指出的是,这种投资偏差原因的综合分析需要一定数量的局部偏差数据为基础,因此只有当工程项目实施了一定阶段以后才有意义。

一般来讲,引起投资偏差的原因主要有4个方面,即客观原因、业主原因、设计原因和施工原因,如图5.14所示。

为了对偏差原因进行综合分析,通常采用图表工具。在用表格法时,首先要将每期所完成的全部分部分项工程的投资情况汇总,确定引起各分部分项工程投资偏差的具体原因;然后通过适当的数据处理,分析每种原因发生的频率及其影响程度(平均绝对偏差或相对偏差);最后按偏差原因的分类重新排列,就可以得到投资偏差原因综合分析表,如表5.12所示。

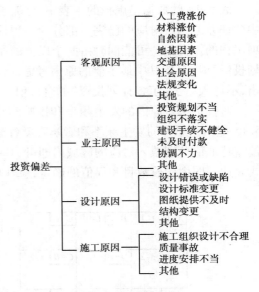

图 5.14 投资偏差原因

表 5.12 投资偏差原因分析表

偏差原因	次数	频率	已完工程计划投资/万元	绝对偏差/万元	平均绝对偏差/万元	相对偏差/%
1-1	3	0.12	500	24	8	4.8
1-2	1	0.04	(100)	3.5	3.5	3.5
⋮						
1-9	3	0.12	50	3	1	6.0
2-1	1	0.04	20	1	1	10.0
2-2	1	0.04	20	1	1	5.0
⋮						
2-9	4	0.16	30	4	1	13.3
3-1	5	0.20	150	20	4	13.3
3-2	2	0.08	(150)	4	2	2.7
⋮						
3-9	1	0.04	50	1	1	2.0
4-1	1	0.04	20	1	1	5.0
4-2	2	0.08	30	4	2	13.3
⋮						
4-9	1	0.04	(30)	0.5	0.5	1.7
合　计	25	1.00	870	68	2.72	7.82

表 5.14 的数据是虚拟的。表中:已完工程计划投资由各期"投资偏差分析表"(表 5.12)中各偏差原因所对应的已完分部分项工程计划投资累加而得。这里要特别注意,某一分部分项工程的投资偏差可能同时由两个以上的原因引起,为了避免重复计算,在计算"已完工程计划投资"时,只按其中最主要的原因考虑,次要原因引起的计划投资重复部分在表中以括号标出,不计入"已完工程计划投资"的合计值。

对投资偏差原因的发生频率和影响程度进行综合分析,还可以采用图 5.15 的形式。图 5.15 把偏差原因的发生频率和影响程度各分为 3 个阶段,形成 9 个区域,将表 5.13 中的投资偏差特征值分别填入对应的区域内即可,其中影响程度可用相对偏差和平均绝对偏差两种形式表达。图中阶段数目和界值的确定,应视项目实施的具体情况和对偏差分析的要求而定。

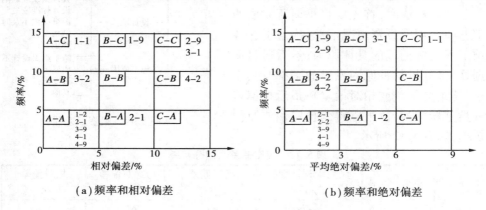

(a)频率和相对偏差   (b)频率和绝对偏差

图 5.15   投资偏差原因的发生频率和影响程度

(2)偏差类型

为了便于分析,往往还需要对偏差类型作出划分。任何偏差都会表现某种特点,其结果对造价控制的影响也各不相同。一般来说,偏差不外乎有以下 4 种情况:投资增加且工期拖延;投资增加且工期提前;工期拖延但投资节约;投资节约且工期提前,如图 5.16 所示。这种划分综合性较强,便于表述和应用,在实际分析中经常用到。

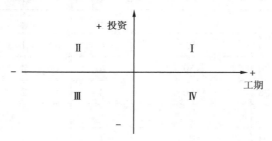

图 5.16   投资偏差类型

4)投资偏差的纠正措施

对投资偏差原因进行分析后,就要采取强有力措施加以纠正,尤其注意主动控制和动态控制,尽可能实现投资控制目标。

(1)明确纠偏的主要对象

①根据偏差类型明确纠偏主要对象。按照图 5.16 划分的偏差类型,纠偏的主要对象首先

是偏差Ⅰ型,即投资增加且进度拖延。对这种类型的偏差必须高度重视,纠偏措施要坚决、果断、确有效果。否则,可能陷入投资偏差积重难返、进度纠偏又使投资偏差处于"雪上加霜"的境地。其次是Ⅱ型,在这种情况下,要适当考虑工期提前所能产生的收益。若这种收益与增加的投资大致相当甚至高于投资增加额,则未必需要采取纠偏措施。至于偏差Ⅲ型,从投资控制的角度来看,要考虑是否需要进度纠偏,如果必须采取进度纠偏措施,要综合评价纠偏与投资增加额。偏差Ⅳ型是投资控制工作非常理想的结果,但要特别注意排除假象。

②根据偏差原因明确纠偏主要对象。在以上列举的4类投资偏差原因中,客观原因一般是无法避免和控制的。施工原因所导致的经济损失通常是由施工单位自己承担。这两类偏差原因都不是纠偏的主要对象。而业主原因和设计原因所造成的投资偏差则是纠偏的主要对象。

③根据偏差原因的发生频率和影响程度明确纠偏主要对象。按照图5.15对投资偏差原因发生频率和影响程度的区域划分,应把图$C—C,B—C,C—B$三个区域内的偏差原因作为纠偏的主要对象,尤其是对同时出现在图5.15(a)和(b)中的$C—C,B—C,C—B$三个区域内的偏差原因,要予以特别的重视。这些偏差原因的发生频率大,所导致的相对偏差或平均绝对偏差也大。因此,对这些偏差原因要采取双管齐下的纠偏策略,即一方面要采取切实有效的措施降低发生频率,另一方面则要设法减少或避免其发生后所产生的经济损失。

(2)采取有效的纠偏措施

纠偏就是对系统实际运行状态偏离标准状态的纠正,以使实际运行状态恢复或保持在标准状态控制下。一般而言,可以通过三种途径来实现纠偏,如图5.17所示。

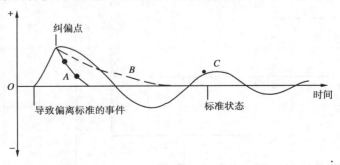

图5.17 纠偏的三种途径

在图5.17中,路径A最为直接,使系统恢复到标准状态所需要的时间最短;路径B较为平缓,因而使系统恢复到标准状态所需要的时间较长;而路径C则表现为在标准状态两侧的摆动,其振幅逐渐衰减,最终趋近于标准状态。这样,路径C使系统恢复到标准状态的时间可能并不很长,但由于又发生反方向的偏离(而且反复发生),因而使系统保持在标准状态下所需要的时间可能很长。

对建设项目的投资控制系统来说,纠偏一般是针对偏差而言。所以建设项目投资控制中的纠偏措施,多表现为路径A和路径B,而路径C则较为少见。

通常纠偏措施可分为组织措施、经济措施、技术措施、合同措施4个方面。

①组织措施。组织措施指从投资控制的组织管理方面采取的措施。例如,落实投资控制的组织机构和人员,明确各级投资控制人员的任务、职能分工、权力和责任,改善投资控制工作流程等。组织措施往往被人忽视,其实它是其他措施的前提和保障,而且一般无需增加什么费

用,运用得当时可以收到良好的效果。

②经济措施。经济措施最易为人们接受,但运用中要特别注意不可把经济措施简单理解为审核工程量及相应的价款支付。应从全局出发来考虑问题,如检查投资目标分解是否合理,资金计划有无保障,会不会与施工进度计划发生冲突,工程变更有无必要,是否超标等。解决这些问题往往是标本兼治,事半功倍。另外,通过偏差分析和未完工程预测还可以发现潜在的问题,及时采取预防措施,从而取得造价控制的主动权。

③技术措施。从造价控制的要求来看,技术措施并不都是因为发生了技术问题才加以考虑的,也可以因为出现了较大的投资偏差而加以运用。不同的技术措施往往会有不同的经济效果,因此运用技术措施纠偏时,要对不同的技术方案进行技术经济分析后加以选择。

④合同措施。合同措施在纠偏方面主要指索赔管理。在施工过程中,索赔事件的发生是难免的,造价工程师在发生索赔事件后,要认真审查有关索赔依据是否符合合同规定,索赔计算是否合理等,从主动控制的角度出发,加强日常的合同管理,落实合同规定的责任。

【例5.10】 某工程计划进度与实际进度如表5.13所示。表中实线表示计划进度(计划进度线上方的数据为每周计划投资),虚线表示实际进度(实际进度线上方的数据为每周实际投资)。各分项工程每周计划完成和实际完成的工程量相等。

表5.13 工程计划进度与实际进度表　　　　单位:万元

分项工程	计划进度与实际进度/周											
	1	2	3	4	5	6	7	8	9	10	11	12
A	5 5 5											
	5 5 5											
B		4 4 4 4 4										
		4 4 4 3 3										
C				9 9 9 9								
				9 8 7 7								
D						5 5 5 5						
						4 4 4 5 5						
E								3 3 3			
								3 3 3		

试问:

(1)计算投资数据,并将结果填入表5.14。

表5.14　投资数据表

投资数额/万元　工期/周　项　目	1	2	3	4	5	6	7	8	9	10	11	12
每周拟完工程计划投资												
拟完工程计划投资累计												
每周已完工程实际投资												
已完工程实际投资累计												
每周已完工程计划投资												
已完工程计划投资累计												

（2）试在图5.18中绘制该工程三种投资曲线，即：拟完工程计划投资曲线、已完工程实际投资曲线和已完工程计划投资曲线。

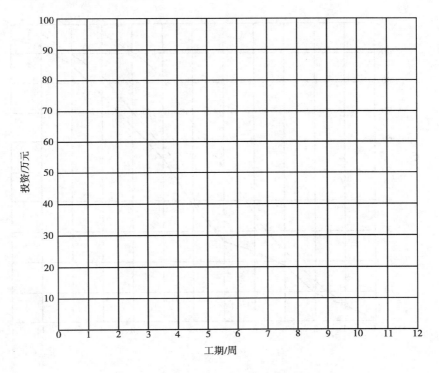

图5.18　工程投资曲线图

（3）分析第6周末和第10周末的投资偏差和进度偏差（以投资额表示）。

【解】　（1）计算数据如表5.15所示。

表 5.15　投资数据表

投资数额/万元　工期/周　项　目	1	2	3	4	5	6	7	8	9	10	11	12
每周拟完工程计划投资	5	9	9	13	13	18	14	8	8	3		
拟完工程计划投资累计	5	14	23	36	49	67	81	89	97	100		
每周已完工程实际投资	5	5	9	4	4	12	15	11	11	8	8	3
已完工程实际投资累计	5	10	19	23	27	39	53	65	76	84	92	95
每周已完工程计划投资	5	5	9	4	4	13	17	13	13	7	7	3
已完工程计划投资累计	5	10	19	23	27	40	57	70	83	90	97	100

(2)根据表中数据在图 5.19 中绘出三种投资曲线:a 为拟完工程计划投资曲线,b 为已完工程实际投资曲线,c 为已完工程计划投资曲线。

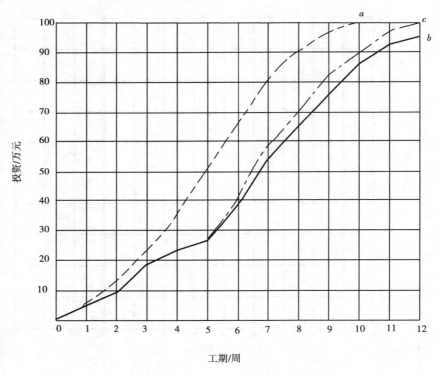

图 5.19　工程投资曲线图

(3)第 6 周末投资偏差 = 39 万元 − 40 万元 = −1 万元,即:投资节约 1 万元

第 6 周末进度偏差 = 67 万元 − 40 万元 = 27 万元,即:进度拖后 27 万元

第 10 周末投资偏差 = 84 万元 − 90 万元 = −6 万元,即:投资节约 6 万元

第 10 周末进度偏差 = 100 万元 − 90 万元 = 10 万元,即:进度拖后 10 万元

小 结

本章主要讲述工程变更及合同价调整、变更费用计算、建设工程结算、资金计划的编制与控制等。现就其基本要点归纳如下：

（1）工程变更包括设计变更、进度计划变更、施工条件变更以及原招标文件和工程量清单中未包括的"新增工程"。

工程变更的处理程序如图 5.1 所示。

（2）索赔是指在合同履行过程中，对于并非自己的过错，而是应由对方承担责任的情况造成的实际损失，向对方提出经济补偿和时间补偿的要求。可以从不同的角度、以不同的标准进行分类：按索赔发生的原因、按索赔的目的、按索赔的依据、按索赔的有关当事人、按索赔的对象、按索赔的业务性质、按索赔的处理方式等分类。

（3）施工索赔文件包括索赔信、索赔报告、附件三个部分组成。施工索赔的主要特点是由于业主或其他非承包商方面原因，致使承包商在项目施工中付出了额外的费用或造成了损失，承包商通过合法途径和程序，运用谈判、仲裁或诉讼等手段，要求业主偿付其在施工中的费用损失或延长工期。

（4）业主反索赔是业主向承包商所提出的索赔，由于承包商不履行或不完全履行约定的义务，或是由于承包商的行为使业主受到损失时，业主为了维护自己的利益，向承包商提出的索赔。

（5）施工索赔费用计算方法有：分项法、总费用法、修正总费用法。其费用如图 5.5 所示。

（6）工程结算是指承包商按照合同的约定和规定的程序，向建设单位（业主）办理已完工程价款清算的经济文件。分为工程价款结算、年终结算和竣工结算 3 种类型。结算方式有按月结算、竣工后一次结算、分段结算、目标结款方式、合同约定的其他结算方式共 5 种。

（7）预付备料款的限额按下式计算：

$$备料款限额 = \frac{年度承包工程总值 \times 主要材料所占比率}{年度施工日历天数} \times 材料储备天数$$

$$工程备料款额度 = \frac{主要材料所占比率 \times 材料储备天数}{年度施工日历天数}$$

$$备料款限额 = 年度承包工程总值 \times 工程备料款额度$$

工程备料款额度建筑工程一般不应超过 30%；安装工程 10%；材料占比率较大的安装工程可以按 15% 左右拨付。

（8）工程竣工结算是指施工企业按照合同规定的内容全部完成所承包的工程，经验收质量合格，并符合合同要求之后，向发包单位进行的最终工程价款结算。工程竣工结算办理的首要条件是工程竣工验收报告经甲方认可。

（9）工程价款动态方法有建设工程造价指数调整法、实际价格调整法、调价文件计算法、调值公式法。

（10）资金计划的编制与控制在整个建设管理中处于重要而独特的地位，它有按不同子项目编制和按时间进度编制的两种资金计划。

（11）投资偏差指投资计划值与实际值之间存在差异,即

$$投资偏差 = 已完工程实际投资 - 已完工程计划投资$$

在投资偏差分析时,具体又分为:局部偏差与累计偏差、绝对偏差与相对偏差。偏差的分析方法有横道图法、表格法和曲线法 3 种。一般来讲,引起投资偏差的原因主要有四个方面,即客观原因、业主原因、设计原因和施工原因,如图 5.14 所示。

（12）偏差有投资增加且工期拖延、投资增加且工期提前、工期拖延但投资节约、投资节约且工期提前 4 种类型。投资偏差的纠正要注重主动控制和动态控制,有 3 种途径来实现纠偏,如图 5.17 所示。通常纠偏措施有组织措施、经济措施、技术措施、合同措施 4 个方面。

复习思考题

1. 什么叫工程变更? 工程变更的处理程序是什么?

2. 工程变更价款的确定方法有哪些? 其变更价款的确认有哪些时限要求?

3. FIDIC 合同条件下工程变更的一般程序是什么? 其估价步骤是什么?

4. 什么叫索赔? 索赔的处理原则是什么? 索赔所依据的合同文件的解释顺序是什么?

5. 索赔的分类方法有哪些? 各自划分的类型有哪些?

6. 索赔的基本程序是什么? 它有哪些时限要求?

7. 索赔证据的种类有哪些? 索赔文件由哪些组成?

8. 我国施工索赔的主要内容有哪些? 业主反索赔的主要内容有哪些?

9. 我国和国际索赔费用的组成是什么? 其计算方法有哪些?

10. 什么叫工程结算? 其类型和结算方式有哪些?

11. 工程价款中的价差调整方法有哪几种?

12. 资金计划的编制方法有哪几种?

13. 什么叫投资偏差? 投资偏差分析中主要分析哪几种偏差? 偏差的分析方法有哪些?

14. 引起投资偏差的原因有哪些? 偏差的类型有哪些?

15. 如何进行投资偏差的纠正? 纠偏措施有哪些?

16. 某建设单位(甲方)与施工单位(乙方)签订一份建设工程合同,有关规定如下:

（1）合同总价 900 万元,施工进度要求各月完成产值(合同价)如下表所示,其中:工程主要材料和结构构件总值占合同总价的 60%;

月　　份	4	5	6	7	8	9
完成产值 /万元	120	150	180	180	150	120

（2）预付备料款为合同总价的 25%,于 3 月 20 日前拨给施工单位;

（3）工程进度款由乙方逐月(每月末)申报,经甲方审核后于下月 5 日前支付;

（4）工程竣工交付竣工结算报告后 30 日内支付工程总价的 95%,留下 5% 为工程质量保修费,保修半年期满后,全部结清。

请按合同施工进度计划,为甲方提出一份完整的逐月拨款计划。

6 竣工决算的编制与竣工后费用的控制

6.1 竣工验收

· 6.1.1 竣工验收的概念 ·

竣工验收是建设项目建设全过程的最后一个程序,是全面考核建设工作,检查设计、工程质量是否符合要求,审查投资使用是否合理的重要环节,是投资成果转入生产或使用的标志。竣工验收对保证工程质量,促进建设项目及时投产,发挥投资效益,总结经验教训都有重要作用。据此,国家规定:所有建设项目,按批准的设计文件所规定的内容建成,工业项目经负荷运转和试生产考核,能够生产合格产品;非工业项目符合设计要求,能够正常使用,都要及时组织验收。验收合格后,才能交付使用。凡是符合验收条件的工程,又不及时办理验收手续的,其一切费用不准从基建项目投资中支出。

凡新建、扩建、改建的基本建设项目和技术改造项目,按批准的设计文件所规定的设计内容和验收标准进行及时验收,并办理固定资产移交手续。

· 6.1.2 竣工验收的条件和依据 ·

1)竣工验收的条件

建设工程竣工验收应当具备以下条件:

①完成建设工程设计和合同约定的各项内容;

②有完整的技术档案和施工管理资料;

③有工程使用的主要建筑材料,建筑构配件和设备的进场试验报告;

④有勘察、设计、施工、工程监理等单位分别签署的质量合格文件;

⑤有施工单位签署的工程保修书。

为了尽快发挥建设投资的经济效益和社会效益,在坚持竣工验收基本条件的基础上,通常对于具备下列条件的工程项目,也可报请竣工验收:一是房屋室外或住宅小区内的管线已经全部完成,但个别不属于承包商施工范围的市政配套设施尚未完成,因而造成房屋尚不能使用的建筑工程,承包商可办理竣工验收手续;二是房屋工程已经全部建成,只是电梯尚未到货或晚到货而未安装,或虽已安装但不能与房屋同时使用,承包商可办理竣工验收手续;三是工业项目中的房屋建筑已经全部完成,只是因为主要工艺设计变更或主要设备未到货,只剩下设备基础未做,承包商也可办理竣工手续。

2）竣工验收的依据

建筑工程竣工验收的依据,除了必须符合国家规定的竣工标准(或地方政府主管机关规定的具体标准)之外,还应以下列文件为依据:

①上级主管部门的有关工程竣工的文件和规定;

②业主与承包商签订的工程承包合同(包括合同条款、规范、工程量清单、设计图纸、设计变更、会议纪要等);

③国家现行的施工验收规范;

④建筑安装工程统计规定;

⑤凡属从国外引进的新技术或成套设备的工程项目,除上述文件外,还应按照双方签订的合同和国外提供的设计文件进行验收。

·6.1.3 竣工验收工作内容·

1）提交竣工资料

为了建设单位对工程合理使用和维护管理,为改建、扩建提供依据和办理决算需要,承包单位应向建设单位提供下列资料:

①工程项目开工报告;

②工程项目竣工报告;

③图纸会审和设计交底记录;

④设计变更通知单;

⑤技术变更核实单;

⑥工程质量事故发生后调查和处理资料;

⑦水准点位置、定位测量记录、沉降及位移观测记录;

⑧材料、设备、构件的质量合格证明资料;

⑨材料、设备、构件的试验、检验报告;

⑩隐蔽工程验收记录及施工日志;

⑪设备试车记录;

⑫竣工图;

⑬质量检验评定资料;

⑭未完工程项目一览表(如有未完工程在交工使用后一段时间内可暂缓交工的项目)。

2）建设单位组织检查和鉴定

3）进行设备的单体试车、无负荷联动试车及有负荷联动试车

①所谓单体试车,即按规程分别对机器和设备进行单体试车。单体试车由承包单位自行组织。

②所谓无负荷联动试车,是在单体试车以后,根据设计要求和试车规程进行的。通过无负荷的联动试车,检查仪表、设备以及介质的通路,如油路、水路、汽路、电路、仪表等是否畅通,有无问题;在规定的时间内,如未发生问题,就认为试车合格。无负荷联动试车一般由承包单位组织,建设单位、监理工程师等参加。

③有负荷联动试车,是指无负荷联动试车合格后,由建设单位组织承包商等参加,近来又

有以总包主持、安装单位负责、建设单位参加的形式进行。不论是由谁主持,这种试车都要达到运转正常,生产出合格产品,参数符合规定,才算负荷联动试车合格。

4)办理工程交接手续

检查鉴定和负荷联动试车合格后,合同双方签订交接验收证书,逐项办理固定资产移交,根据承包合同的规定办理工程决算手续。除注明承担的保修工作内容外,双方的经济关系和法律责任可予以解除。

· 6.1.4 竣工验收的程序 ·

工程项目竣工验收工作范围较广,涉及的单位、部门和人员多,为了有计划有步骤地做好各项工作,保证竣工验收的顺利进行,应事先制订出竣工验收进度计划,按照竣工验收工作的特点和规律,执行规定的工作程序。其基本环节包括:

①承包单位进行竣工验收准备工作,主要任务是围绕着工程实物的硬件方面和工程竣工验收资料的软件方面做好准备;

②承包单位内部组织自验收或初步验收;

③承包单位提出工程竣工验收申请,报告驻场监理工程师或业主方代表;

④监理工程师(或业主代表)对竣工验收申请做出答复前的预验和核查;

⑤正式竣工验收会议。

· 6.1.5 竣工验收的组织 ·

1)成立竣工验收委员会或验收组

根据工程规模大小和复杂程度组成验收委员会或验收组,其人员构成应由银行、物资、环保、劳动、统计、消防及其他有关部门的专业技术人员和专家组成。建设主管部门和建设单位(业主)、接管单位、施工单位、勘察设计及工程监理等有关单位也应参加验收工作。

大中型和限额以上建设项目及技术改造项目,由国家计委或国家计委委托项目主管部门、地方政府部门组织验收;小型和限额以下建设项目及技术改造项目,由项目主管部门或地方政府部门组织验收。

2)验收委员会或验收组的职责

①负责审查工程建设的各个环节,听取各有关单位的工作报告。

②审阅工程档案资料,实地察验建筑工程和设备安装工程情况。

③对工程设计、施工和设备质量、环境保护、安全卫生、消防等方面客观地、实事求是作出全面的评价。签署验收意见,对遗留问题应提出具体解决意见并限期落实完成。不合格工程不予验收。

6.2 建设工程竣工决算

· 6.2.1 建设工程竣工决算的概念 ·

建设工程竣工决算是由建设单位编制的反映建设项目实际造价和投资效果的文件,是竣工验收报告的重要组成部分,是基本建设经济效果的全面反映,是核定新增固定资产价值,办理其交付使用的依据。

进行基本建设的目的是提供新的固定资产并及时交付使用,扩大再生产。通过竣工决算及时办理移交,不仅能够正确反映基本建设项目实际造价和投资结果,而且对投入生产或使用后的经营管理,也有重要作用。通过竣工决算与概算、预算的对比分析,考核建设成本,总结经验教训,积累技术经济资料,促进提高投资效果。

· 6.2.2 建设工程竣工决算的内容 ·

建设工程竣工决算,应包括从筹建到竣工投产全过程的全部实际支出费用,即建筑工程费用,安装工程费用,设备、工器具购置费用和其他费用等。

竣工决算由竣工决算报表、竣工财务决算说明书、工程竣工图、建设工程造价对比分析4个部分组成。

根据国家有关"基本建设项目竣工决算编制办法"的规定,竣工决算分大、中型建设项目和小型建设项目进行编制。大中型建设项目竣工决算报表一般包括建设项目竣工财务决算审批表、竣工工程概况表、竣工财务决算表、建设项目交付使用财产总表及明细表等;小型项目竣工决算报表则由建设项目竣工财务决算审批表、竣工决算总表和交付使用财产明细表组成。

1)竣工财务决算说明书

竣工财务决算说明书综合反映竣工工程建设成果和经验,是全面考核分析工程投资与造价的书面总结,是竣工决算报告的重要组成部分。其主要内容包括:

①建设项目概况;

②会计账务的处理、财产物资情况及债权债务的清偿情况;

③资金节余、基建结余资金等的上交分配情况;

④主要技术经济指标的分析、计算情况;

⑤基本建设项目管理及决算中存在的问题、建议;

⑥需说明的其他事项。

2)建设项目竣工财务决算报表

(1)建设项目财务决算审批表(表6.1)

表6.1 建设项目竣工财务决算审批表

建设项目法人(建设单位)		建设性质	
建设项目名称		主管部门	
开户银行意见: 盖章 年　　　月　　　日			
专员办审批意见: 盖章 年　　　月　　　日			
主管部门或地方财政部门审批意见: 盖章 年　　　月　　　日			

大、中、小型建设项目竣工决算均要填报此表。

（2）大、中型建设项目概况表（表6.2）

此表用来反映建设项目总投资、基建投资支出、新增生产能力、主要材料消耗和主要技术经济指标等方面的设计或概算数与实际完成数的情况。

表6.2　大、中型建设项目概况表

建设项目（单项工程）名称			建设地址				项　目	概算	实际	主要指标
主要设计单位			主要施工企业				建筑安装工程			
占地面积	计划	实际	总投资/万元	设计		实际		基建支出单位	设备 工具 器具			
				固定资产	流动资金	固定资产	流动资金		待摊投资其中:建设单位管理费			
新增生产能力	能力（效益）名称		设计	实际				其他投资			
								待核销基建支出			
建设起止时间	设计	从　年　月开工至　年　月竣工						非经营项目转出投资			
	实际	从　年　月开工至　年　月竣工						合　计			
设计概算批准文号							主要材料消耗	名称			
								钢材			
								木材			
完成主要工程量	建筑面积/m²		设备/台套吨					水泥			
	设计	实际	设计	实际			主要技术经济指标				
收尾工程	工程内容		投资额单位	完成时间							

（3）大、中型建设项目竣工财务决算表（表6.3）

此表是用来反映建设项目的全部资金来源和资金占用（支出）情况，是考核和分析投资效果的依据。该表是采用平衡表形式，即资金来源合计等于资金占用（支出）合计。

表6.3　大、中型建设项目竣工财务决算表

资金来源	金额	资金占用	金　额	补充资料
一、基建拨款		一、基本建设支出		1.基建投资借款期末余额
1.预算拨款		1.交付使用资产		

续表

资金来源	金额	资金占用	金额	补充资料
2.基建基金拨款		2.在建工程		2.应收生产单位投资借款期末数
3.进口设备转账拨款		3.待核销基建支出		
4.器材转账拨款		4.非经营项目转出投资		3.基建结余资金
5.煤代油专用基金拨款		二、应收生产单位投资借款		
6.自筹资金拨款		三、拨付所属投资借款		
7.其他拨款		四、器材		
二、项目资本		其中:待处理器材损失		
1.国家资本		五、货币资金		
2.法人资本		六、预付及应收款		
3.个人资本		七、有价证券		
三、项目资本公积		八、固定资产		
四、基建借款		固定资产原值		
五、上级拨入投资借款		减:累计折旧		
六、企业债券资金		固定资产净值		
七、待冲基建支出		固定资产清理		
八、应付款		待处理固定资产损失		
九、未交款				
1.未交税金				
2.未交基建收入				
3.未交基建包干节余				
4.其他未交款				
十、上级拨入资金				
十一、留成收入				
合　计		合　计		

(4)大、中型建设项目交付使用资产总表(表6.4)

交付使用资产总表反映了建设项目建成交付使用新增固定资产、流动资产、无形资产和递延资产的全部情况及价值,作为财产交接、检查投资计划完成情况和分析投资效果的依据。

表6.4 大、中型建设项目交付使用资产总表

单项工程项目名称	总计	固定资产					流动资产	无形资产	递延资产
		建筑工程	安装工程	设备	其他	合计			
1	2	3	4	5	6	7	8	9	10

交付单位盖章　　年　　月　　日　　　　　　接收单位盖章　　年　　月　　日

(5)建设项目交付使用资产明细表(表6.5)

大、中型和小型建设项目均要填列此表,该表是交付使用财产总表的具体化,反映交付使用固定资产、流动资产、无形资产和递延资产的详细内容,是使用单位建立资产明细账和登记新增资产价值的依据。

表6.5 建设项目交付使用资产明细表

单项工程项目名称	建筑工程			设备、工具、器具、家具						流动资产		无形资产		递延资产	
	结构	面积/m²	价值/元	名称	规格型号	单位	数量	价值/元	设备安装费/元	名称	价值/元	名称	价值/元	名称	价值/元
合计															

交付单位盖章　　年　　月　　日　　　　　　接收单位盖章　　年　　月　　日

(6)小型建设项目竣工财务决算总表(表6.6)

该表是由大、中型建设项目概况表与竣工财务决算表合并而成的,主要反映小型建设项目的全部工程和财务情况。

表6.6　小型建设项目竣工财务决算总表

建设项目名称			建设地址				资金来源		资金运用	
初步设计概算批准文号							项目	金额/元	项目	金额/元
占地面积/m²	计划	实际	总投资/万元	计划		实际	一、基建拨款 其中:预算拨款		一、交付使用资产	
				固定资产	流动资金	固定资产　流动资金			二、待核销基建支出	
							二、项目资本		三、非经营性项目转出投资	
							三、项目资本公积			
新增生产能力	能力(效益)名称	设计		实际			四、基建借款		四、应收生产单位投资借款	
							五、上级拨入借款			
建设起止时间	计划	从　年　月开工至　年　月竣工					六、企业债券资金		五、拨付所属投资借款	
	实际	从　年　月开工至　年　月竣工					七、待冲基建支出		六、器材	
基建支出	项目		概算/元	实际/元			八、应付款		七、货币资金	
	建筑安装工程						九、未交款 其中:未交基建收入 未交包干收入		八、预付及应收款	
	设备、工具、器具								九、有价证券	
									十、原有固定资产	
	待摊投资 其中:建设单位管理费						十、上级拨入资金			
	其他投资						十一、留成收入			
	待核销基建支出									
	非经营性项目转出投资									
	合　计						合　计		合　计	

3) 工程竣工图

建设工程竣工图是真实地记录各种地上、地下建筑物、构筑物等情况的技术文件,是工程进行交工验收、维护、改建和扩建的依据,是国家的重要技术档案。国家规定:各项新建、扩建、改建的基本建设工程,特别是基础、地下建筑、管线、结构、井巷、桥梁、隧道、港口、水坝以及设备安装等隐蔽部位,都要编制竣工图。为确保竣工图质量,必须在施工过程中(不能在竣工后)及时做好隐蔽工程检查记录,整理好设计变更文件。其具体要求如下:

①绘制竣工图的主要依据是原设计图、施工期间的补充图、工程变更洽商记录、质量事故分析处理记录和地基基础验槽时的隐蔽工程验收记录。所以,绘制前,必须将上述资料搜集齐全,对虽已变更做法但未办洽商的项目补办洽商。

②凡按图施工没有变动的,则由施工单位在原施工图上加盖"竣工图"标志后,即作为竣

工图。

③凡在施工中,虽有一般性设计变更,但设计的变更量和幅度都不大,能将原施工图加以修改补充作为竣工图的,可不重新绘制,由承包商负责在原施工图(必须是新蓝图)上注明修改部分,并附以设计变更通知单和施工说明,加盖"竣工图"标志后,即作为竣工图。

④如果设计变更的内容很多,或是改变平面布置、改变工艺、改变结构形式等重大的修改,就必须重新绘制竣工图。由于设计原因造成的,则由设计单位负责重新绘制;由于施工原因造成的,则由施工单位负责绘制;由于其他原因造成的,由建设单位自行绘制或委托设计单位绘制,施工单位负责在新图上加盖"竣工图"标志,并附以记录和说明,作为竣工图。

⑤改建或扩建的工程,如果涉及原有建筑工程并使原有工程的某些部分发生工程变更者,应把与原工程有关的竣工图资料加以整理,并在原工程档案的竣工图上增补变更情况和必要说明。

4)竣工建设工程造价比较分析

竣工决算是用来综合反映竣工建设项目或单项工程的建设成果和财务情况的总结性文件。在竣工决算报告中必须对控制建设工程造价所采取的措施、效果以及其动态的变化进行认真的比较分析,总结经验教训。批准的概算是考核建设工程造价的依据,在分析时,可将决算报表中所提供的实际数据和相关资料与批准的概算、预算指标进行对比,以确定竣工项目总造价是节约还是超支,在对比的基础上,总结先进经验,找出落后原因,提出改进措施。

为考核概算执行情况,正确核实建设工程造价,财务部门首先必须积累概算动态变化资料(如材料价差、设备价差、人工价差、费率价差等)和设计方案变化,以及对建设工程造价有重大影响的设计变更资料;其次,考查竣工形成的实际建设工程造价节约或超支的数额,为了便于进行比较,可先对比整个项目的总概算,之后对比工程项目(或单项工程)的综合概算和其他工程费用概算,最后再对比单位工程概算,并分别将建筑安装工程、设备、工器具购置和其他基建费用逐一与项目竣工决算编制的实际建设工程造价进行对比,找出节约或超支的具体环节。实际工作中,应主要分析以下内容:

①主要实物工程量。概(预)算编制的主要实物工程数量的增减变化必然使工程的概(预)算造价和实际建设工程造价随之变化。因此,对比分析中,应审查项目的建设规模、结构、标准是否遵循设计文件的规定,其间的变更部分是否按照规定的程序办理,对造价的影响如何,对于实物工程量出入比较大的情况,必须查明原因。

②主要材料消耗量。在建筑安装工程投资中材料费用所占的比重往往很大,因此考核材料费用也是考核建设工程造价的重点。考核主要材料消耗量,要按照竣工决算表中所列明的三大材料实际超概算的消耗量,查清是在工程的哪一个环节超出量最大,再进一步查明超量的原因。

③考核建设单位管理费、建筑及安装工程间接费的取费标准。概(预)算对建设单位管理费列有投资控制额,对其进行考核,要根据竣工决算报表中所列的建设单位管理费与概(预)算所列的控制额比较,确定其节约或超支数额,并进一步查清节约或超支的原因。

对于建安工程间接费的取费标准,国家有明确规定。对突破概(预)算投资的各单位工程,要查清是否有超过规定的标准而重计、多取间接费的现象。

以上考核内容,都是易于突破概算、增大建设工程造价的主要因素,因此要在对比分析中列为重点去考核。在对具体项目进行具体分析时,究竟选择哪些内容作为考核重点,则应因地制宜,依竣工项目的具体情况而定。

·6.2.3 竣工决算的编制·

1)竣工决算的原始资料

①工程竣工报告和工程验收单;

②工程合同和有关规定;

③经审批的施工图预算;

④经审批的补充修正预算;

⑤预算外费用现场签证;

⑥材料、设备和其他各项费用的调整依据;

⑦以前的年度结算,当年结转工程的预算;

⑧有关定额、费用调整的补充规定;

⑨建设、设计单位修改或变更设计的通知单;

⑩建设单位、施工单位会签的图纸会审记录;

⑪隐蔽工程检查验收记录。

2)编制竣工决算的有关规定

①竣工决算应在竣工项目办理验收使用一个月之内完成;

②由建设单位编制竣工决算上报主管部门,其中有关财务成本部分,应送开户银行备查签证;

③每项工程完工后,施工单位在向建设单位提出有关技术资料和竣工图纸,办理交工验收应同时编制工程决算,办理财务结算;

④施工单位应该负责提供给建设单位编制竣工决算所需施工资料部分;

⑤竣工决算的内容按大、中型和小型建设项目分别制定。

3)竣工决算的编制方法与步骤

根据经审定的竣工结算等原始资料,对原概预算进行调整重新核定各单项工程和单位工程造价。属于竣工项目固定资产价值的其他投资,如建设单位管理费、研究试验费、土地征用及拆迁补偿费等,应分摊于受益工程,随同受益工程交付使用的同时,一并计入竣工项目固定资产价值。竣工决算的编制,主要就是进行竣工决算报表的编制、竣工决算报告说明书的编制等工作,其具体步骤如下:

①收集、整理、分析原始资料。从工程开始就按编制依据的要求,收集、清点、整理有关资料,主要包括建设项目档案资料,如:设计文件、施工记录、上级批文、概(预)算文件、工程结算的归集整理,财务处理、财产物资的盘点核实及债权债务的清偿,做到账表相符。对各种设备、材料、工具、器具等要逐项盘点核实并填列清单,妥善保管,或按照国家有关规定处理,不准任意侵占和挪用。

②对照、核实工程变动情况,重新核实各单位工程、单项工程造价。将竣工资料与原设计图纸进行查对、核实,必要时,可实地测量,确认实际变更情况:根据经审定的施工单位竣工结算等原始资料,按照有关规定对原概(预)算进行增减调整,重新核定建设工程造价。

③经审定的待摊投资、其他投资、待核销基建支出和非经营项目的转出投资,按照国家的

规定严格划分和核定后,分别计入相应的基建支出(占用)栏目内。

④编制竣工财务决算说明书。按要求编制,力求内容全面、简明扼要、文字流畅、说明问题。

⑤认真填报竣工财务决算报表。

⑥认真做好建设工程造价对比分析。

⑦清理、装订好竣工图。

⑧按国家规定上报审批,存档。

· 6.2.4 竣工项目资产核定 ·

竣工决算是办理交付使用财产价值的依据。正确核定竣工项目资产的价值,不但有利于建设项目交付使用以后的财务管理,而且可以为建设项目进行经济后评估提供依据。

根据财务制度规定,竣工项目资产是由各个具体的资产项目构成,按其经济内容的不同,可以将企业的资产划分为固定资产、流动资产、无形资产、递延资产和其他资产。资产的性质不同,其计价方法也不同。

1)固定资产价值的确定

(1)固定资产的内容

竣工项目固定资产,又称新增固定资产、交付使用的固定资产,它是投资项目竣工投产后所增加的固定资产价值,它是以价值形态表示的固定资产投资最终成果的综合性指标。

竣工项目资产价值的内容包括:

①已经投入生产或交付使用的建筑安装工程价值。

②达到固定资产标准的设备工器具的购置价值。

③增加固定资产价值的其他费用,如建设单位管理费、施工机构转移费、报废工程损失、项目可行性研究费、勘察设计费、土地征用及迁移补偿费、联合试运转费等。

从微观角度考虑,竣工项目固定资产是工程建设项目最终成果的体现。因此,核定竣工项目固定资产的价值,分析其完成情况,是加强建设工程造价全过程管理工作的重要方面。

从宏观角度考虑,竣工项目固定资产意味着国民财产的增加,它不仅可以反映出固定资产再生产的规模与速度,同时也可以据以分析国民经济各部门的技术构成变化及相互间适应的情况。因此,竣工项目固定资产也可以作为计算投资经济效果指标的重要数据。

(2)竣工项目固定资产价值的计算

竣工项目固定资产价值的计算是以独立发挥生产能力的单项工程为对象的,当单项工程建成经有关部门验收鉴定合格,正式移交生产或使用,即应计算竣工项目固定资产价值。一次性交付生产或使用的工程,应一次计算竣工项目固定资产价值,分期分批交付生产或使用的工程,应分期分批计算竣工项目固定资产价值。

①在计算中应注意以下几种情况:

a. 对于为了提高产品质量、改善劳动条件、节约材料消耗、保护环境而建设的附属辅助工程,只要全部建成,正式验收或交付使用,就要计入竣工项目固定资产价值;

b. 对于单项工程中不构成生产系统但能独立发挥效益的非生产性工程,如住宅、食堂、医务所、托儿所、生活服务网点等,在建成并交付使用后,也要计算竣工项目固定资产价值;

c. 凡购置达到固定资产标准不需安装的设备、工器具,应在交付使用后,计入竣工项目固定资产价值；

d.属于竣工项目固定资产价值的其他投资,应随同受益工程交付使用的同时一并计入。

②交付使用财产成本,应按下列内容计算:

a.房屋、建筑物、管道、线路等固定资产的成本,包括:建筑工程成本、应分摊的待摊投资;

b.动力设备和生产设备等固定资产的成本,包括:需要安装设备的采购成本、安装工程成本、设备基础支柱等建筑工程成本或砌筑锅炉及各种特殊炉的建筑工程成本、应分摊的待摊投资;

c.运输设备及其他不需要安装设备、工具、器具、家具等固定资产,一般仅计算采购成本,不分摊"待摊投资"。

③待摊投资的分摊方法。竣工项目固定资产的其他费用,如果是属于整个建设项目或2个以上的单项工程的,在计算竣工项目固定资产价值时,应在各单项工程中按比例分摊。分摊时,什么费用应由什么工程负担,又有具体的规定。一般情况下,建设单位管理费按建筑工程、安装工程、需安装设备价值总额作等比例分摊,而土地征用费、勘察设计费等费用则只按建筑工程价值分摊。

【例6.1】 某建设项目为一所学校,其竣工决算的各项费用如表6.7所示,试核定该建设项目中A实验楼固定资产价值。

表6.7 某学校竣工决算各项费用表 单位:万元

项目名称	建筑工程	设备及安装工程	建设单位管理费	土地征用费	勘察设计费	合 计
建设项目竣工决算	1 405	695	48	36.9	72	2 256.9
其中:A实验楼	268	105				

【解】 (1)应分摊建设单位单位管理费 = [(268万元+105万元)÷(1 405万元+695万元)]×48万元=8.5万元

(2)应分摊土地征用费 = (268万元÷1 405万元)×36.9万元=7万元

(3)应分摊勘察设计费 = (268万元÷1 405万元)×72万元=13.7万元

(4)则A实验楼固定资产价值 = (268万元+105万元)+(8.5万元+7万元+13.7万元)=402.2万元

2)流动资产价值的确定

流动资产是指可以在一年内或者超过一年的一个营业周期内变现或者运用的资产,包括现金及各种存款、存货、应收及预付款项等。在确定流动资产价值时,应注意以下几种情况:

①货币性资金,即现金、银行存款及其他货币资金,根据实际入账价值核定。

②应收及预付款项包括应收票据、应收账款、其他应收款、预付贷款和待摊费用。一般情况下,应收及预付款项按企业销售商品、产品或提供劳务时的实际成交金额入账核算。

③各种存货应当按照取得时的实际成本计价。存货的形成,主要有外购和自制两个途径。

外购的,按照买价加运输费、装卸费、保险费、途中合理损耗、入库前加工、整理及挑选费用以及缴纳的税金等计价;自制的,按照制造过程中的各项实际支出计价。

3)无形资产价值的确定

无形资产是指企业长期使用但是没有实物形态的资产,包括专利权、商标权、著作权、土地使用权、非专利技术、商誉等。无形资产的计价,原则上应按取得时的实际成本计价。企业取得无形资产的途径不同,所发生的支出也不一样,无形资产的计价也不相同。

(1)无形资产的计价原则

财务制度规定按下列原则来确定无形资产的价值:

①投资者将无形资产作为资本金或者合作条件投入的,按照评估确认或合同协议约定的金额计价;

②购入的无形资产,按照实际支付的价款计价;

③企业自创并依法申请取得的,按开发过程中的实际支出计价;

④企业接受捐赠的无形资产,按照发票账单所持金额或者同类无形资产市价作价。

(2)无形资产的计价方式

①专利权的计价。专利权分为自创和外购两类。对于自创专利权,其价值为开发过程中的实际支出,主要包括专利的研究开发费用、专利登记费用、专利年费和法律诉讼费等。专利转让时(包括购入和卖出),其费用主要包括转让价格和手续费。由于专利是具有专有性并能带来超额利润的生产要素,因而其转让价格不按其成本估价,而是依据其所能带来的超额收益来估价。

②非专利技术的计价。如果非专利技术是自创的,一般不得作为无形资产入账,自创过程中发生的费用,财务制度允许作当期费用处理,这是因为非专利技术自创时难以确定是否成功,这样处理符合稳健性原则。购入非专利技术时,应由法定评估机构确认后再进一步估价,往往通过其产生的收益来进行估价,其基本思路同专利权的计价方法。

③商标权的计价。如果是自创的,尽管商标设计、制作、注册和保护、宣传广告都要花费一定的费用,但它们一般不作为无形资产入账,而是直接作为销售费用计入当期损益。只有当企业购入和转让商标时,才需要对商标权计价。商标权的计价一般根据被许可方新增的收益来确定。

④土地使用权的计价。根据取得土地使用权的方式有两种情况:一是建设单位向土地管理部门申请土地使用权,通过出让方式支付一笔出让金后取得有限期的土地使用权,在这种情况下,应作为无形资产进行核算;二是建设单位获得土地使用权是原先通过行政划拨的,这时就不能作为无形资产核算,只有在将土地使用权有偿转让、出租、抵押、作价入股和投资,按规定补交土地出让价款时,应作为无形资产核算。

无形资产计价入账后,其价值应从受益之日起,在有效使用期内分期摊销,也就是说,企业为无形资产支出的费用应在无形资产的有效期内得到及时补偿。

4)其他资产价值的确定

其他资产是指不能全部计入当年损益,应当在以后年度内分期摊销的各项费用,如开办费。

开办费是指在筹建期间发生的费用,包括筹建期间人员工资、办公费、培训费、差旅费、印刷费、注册登记费以及不计入固定资产和无形资产购建成本的汇兑损益和利息等支出。根据财务制度的规定,除了筹建期间不计入资产价值的汇兑净损失外,开办费从企业开始生产经营月份的次月起,按照不短于5年的期限平均摊入管理费用。

6.3 工程保修费用的处理

建设工程承包单位在向建设单位提交工程竣工验收报告时,应向建设单位出具质量保修书。质量保修书中应当明确建设工程的保修范围、保修期限和保修责任。

所谓保修,是指施工单位按照国家或行业现行的有关技术标准,设计文件以及合同中对质量的要求,对已竣工验收的建设工程在规定的保修期限内,进行维修、返工等工作。这是因为建设产品在竣工验收后仍可能存在质量缺陷和隐患,直到使用过程中才能逐步暴露出来,如屋面漏雨、墙体渗水、建筑物基础超过规定的不均匀沉降、采暖系统供热不佳、设备及安装工程达不到国家或行业现行的技术标准等,需要在使用过程中检查观测和维修。为了使建设项目达到最佳状态,确保工程质量,降低生产或使用费用,发挥最大的投资效益,业主应督促设计单位、施工单位,设备材料供应单位认真做好保修工作,并加强保修期间的投资控制。

· 6.3.1 工程保修期的规定 ·

2000年1月国务院发布的第279号令《建设工程质量管理条例》中规定:建设工程实行质量保修制度。明确规定在正常使用条件下,建设工程的最低保修期限:

①基础设施工程,房屋建筑的地基基础工程和主体结构工程,为设计文件规定的该工程的合理使用年限;

②屋面防水工程、有防水要求的卫生间、房间和外墙面的防渗漏,为5年;

③供热与供冷系统,为两个采暖期、供冷期;

④电气管线、给排水管道、设备安装和装修工程为2年。

其他项目的保修期限由发包方与承包方约定。

建设工程的保修期,自竣工验收合格之日起计算。

· 6.3.2 工程保修费的处理办法 ·

保修费用是指对建设工程在保修期限和保修范围内所发生的维修、返工等各项费用支出。保修费用应按合同和有关规定合理确定和控制。基于建筑安装工程情况复杂,不如其他商品那样单一,出现的质量缺陷和隐患等问题往往是由于多方面原因造成的。因此,在费用的处理上,应分清造成问题的原因以及具体返修内容,按照国家有关规定和合同要求与有关单位共同商定处理办法。

(1)勘察、设计原因造成保修费用的处理

勘察、设计方面的原因造成的质量缺陷,由勘察、设计单位负责并承担经济责任,由施工单位负责维修或处理。按合同法规定,勘察、设计人应当继续完成勘察、设计,减收或免收勘察、设计费并赔偿损失。

（2）施工原因造成的保修费用处理

施工单位未按国家有关规范、标准和设计要求施工,造成质量缺陷,由施工单位负责无偿返修并承担经济责任。

（3）设备、材料、构配件不合格造成的保修费用处理

因设备、建筑材料、构配件质量不合格引起的质量缺陷,属于施工单位采购的或经其验收同意的,由施工单位承担经济责任,属于建设单位采购的,由建设单位承担经济责任。至于施工单位、建设单位与设备、材料、构配件供应单位或部门之间的经济责任,应按其设备、材料、构配件的采购供应合同处理。

（4）用户使用原因造成的保修费用处理

因用户使用不当造成的质量缺陷,由用户自行负责。

（5）不可抗力原因造成的保修费用处理

因地震、洪水、台风等不可抗力造成的质量问题,施工单位和设计单位都不承担经济责任,由建设单位负责处理。

小 结

本章主要讲述竣工决算的概念、竣工决算的内容和编制方法、保修费用的处理。现就其基本要点归纳如下:

（1）竣工验收是建设项目建设全过程的最后一个程序,是审查投资使用是否合理的重要环节,对保证工程质量、促进建设项目及时投产、发挥投资效益有重要作用。

（2）竣工决算是由建设项目实际造价和投资效果的文件,是竣工验收报告的重要组成部分。竣工决算的内容包括竣工财务决算说明书、竣工财务决算报表、工程竣工图和建设工程造价对比分析4个部分。

（3）正确核定新增资产,有利于建设项目交付使用后的财务管理,为建设项目后评估提供依据。按照新的财务制度和企业会计准则,新增资产按资产性质可分为固定资产、流动资产、无形资产、递延资产和其他资产五大类。

（4）按照建设工程的施工合同和国家有关规定合理确定、控制工程保修费用。

复习思考题

1.论述竣工决算的概念和内容? 竣工决算的基础是什么?

2.在编制竣工决算时,新增固定资产价值应以什么为计算对象? 为什么?

3.论述保修费用的处理方法。

4.因屋面漏水造成保修期内工程损失应如何明确责任?

参考文献

[1] 柯　洪.工程造价计价与控制[M].北京:中国计划出版社,2006.

[2] 廖天平.建筑工程定额与预算[M].2版.北京:高等教育出版社,2007.

[3] 中华人民共和国建设部.GB 50500—2008　建设工程工程量清单计价规范[S].北京:中国计划出版社,2008.

[4] 尹贻林.中国内地与香港工程造价管理比较[M].天津:南开大学出版社,2002.

[5] 谭德精.工程造价确定与控制[M].4版.重庆:重庆大学出版社,2006.

[6] 陈建国.工程计量与造价管理[M].3版.上海:同济大学出版社,2010.

[7] 全国造价工程师执业资格考试培训教材编审组.工程造价计价与控制[M].北京:中国计划出版社,2009.

[8] 任宏.建设工程成本计划与控制[M].北京:高等教育出版社,2004.